茯苓　　　　　　　　柴胡　　　　　　　　丹参

黄姜　　　　　　　　葛根　　　　　　　　石参

附子　　　　　　　　半夏　　　　　　　　前胡

元胡　　　　　　　　百合　　　　　　　　何首乌

党参　　　　　　　　玄参　　　　　　　　天麻

牛膝　　　　　　　　白术　　　　　　　　当归

地黄　　　　　　　　黄芪　　　　　　　　黄连

防风　　　　　　　　芍药　　　　　　　　淫羊藿

石斛　　　　　　　　益母　　　　　　　　紫苏

青蒿　　　　　　　　银杏　　　　　　　　菘蓝

黄柏　　　　　　　　厚朴　　　　　　　　金银花

川芎　　　　　　　　山茱萸　　　　　　　五味子

娑罗果　　　　　　　女贞子　　　　　　　大黄

红豆杉　　　　　　　决明子　　　　　　　木瓜

山楂　　　　　　　　杜仲　　　　　　　　瓜蒌

木通

五倍子

桔梗

黄精

荷包牡丹

豪猪刺

红毛七

阔叶十大功劳

石榴

乌药

紫堇

猪苓

略阳乌鸡

大鲵

林麝

注：原植物图片主要由中国科学院植物研究所刘冰、西北农林科技大学生命科学学院朱仁斌提供。

秦巴山区中药材种植技术

——略阳篇

衡智洲　主编

西北农林科技大学出版社

图书在版编目(CIP)数据

秦巴山区中药材种植技术·略阳篇／衡智洲主编. —— 杨凌：西北农林科技大学出版社，2010.5
ISBN 978 - 7 - 81092 - 575 - 4

Ⅰ．①秦… Ⅱ．①衡… Ⅲ．①药用植物—栽培—西北地区 Ⅳ．①S567

中国版本图书馆 CIP 数据核字(2010)第 084421 号

秦巴山区中药材种植技术
——略阳篇

衡智洲　主　编

出版发行	西北农林科技大学出版社
地　　址	陕西杨凌杨武路 3 号　　邮　编　712100
电　　话	总编室:029 - 87093105　　发行部　87093302
电子邮箱	press0809@ 163. com
印　　刷	杨凌三和印务有限公司
版　　次	2010 年 6 月第 1 版
印　　次	2010 年 6 月第 1 次
开　　本	787×960　1/16
印　　张	18.75
字　　数	346 千字

ISBN 978 - 7 - 81092 - 575 - 4

定价:38.00 元

本书如有印装质量问题,请与本社联系

编 审 人 员

主　编　衡智洲

副主编　（排名不分先后）

　　　　郑素花　周海涛　李晓东　姚正浪

编　者　（排名不分先后）

　　　　钟玉贵　章春燕　毋建民　柯　健

　　　　马永升　曹克俭　赵　强　江翠兰

　　　　孙　莹　杜　诚

审　稿　梁宗锁

序

　　"秦地无闲草"，中药材资源是陕西一大优势，陕南的秦岭和巴山山区，被称为"药材摇篮"。秦巴山区中药材以其种类多、产量大、分布广、储量高为古今中外医药界所重视。有药用动、植、矿物药材 1 235 种，现在全国常用的 500 多种药材中秦巴山区出产的就达 333 种，其中植物药材 266 种，动物药材 55 种，矿物药材 12 种，约占全国常用药材品种的 60% 以上，天麻、丹参、杜仲、山茱萸、薯蓣、葛根、绞股蓝、酸枣仁、水飞蓟等品种，无论是在数量上，还是品质上都处在全国前列。秦巴山区药材得益于得天独厚的自然地理、气候条件和悠久的药用植物栽培历史。秦巴山区是长江和黄河流域的分水岭，是我国南北气候的分界线，境内沟壑交织、峰峦重叠、地势高低悬殊、地形变化复杂，形成东西承接、南北过渡、四方杂居、区系复杂，是多种中药材的适生地。周秦古韵、汉唐盛世，一代又一代名医在这里诞生，一部又一部医学典籍使中医药学日臻丰富和完善，从扁鹊到孙思邈，从武之望到黄竹斋、米伯让，几千年来，无数的医学家在三秦大地上沉积了深厚的中医药历史文化，推动了祖国中医药的进步和发展。

　　陕西省汉中市略阳县，地处陕、甘、川三省交界地带，是我国南北地理分界线和气候交汇点，被生物学家誉为"天然药库"、"种质资源库"、"生物基因库"、"地球上同纬度生态环境最好的区域之一"，县境内常见中药材 143 科 489 种，国家挂牌收购的就有 172 种，被国家列为重点保护的 42 种中药材中就有 12 种。

　　陕南现代中药产业是陕西省委、省政府确立的主导产业，近年来建立和扶持了若干个规范化药材生产基地，以保障大型制药企业的原药材供应，不仅为制药企业提供"优质、安全、稳定、可控"的药材，也为山区农户增加收入开辟了重要的途径，对调整农业产业结构亦起到了重要作用。同时，略阳县高度重视中药材资源的开发利用，不失时机的确定了以中药材为主导产业的农村经济发展格局，大力发展杜仲、天麻、猪苓、银杏等优势药材品种。通过产、学、研相结合，略阳县积极与省内高等院校和科研院所合作，改进栽培技术和生产方式，引进资金、技术、市场进行产业开发，拓宽上、中、下游产业链条，对中药材实行标准化栽培和规范化生产，建成杜仲、天麻、猪苓规范化生产基地。2005 年略阳县的天麻通过了国家食品药品监督管理局的 GAP 认证。截止 2008 年共种植中药材 68 万亩。还编制了《杜仲优质高产栽培技术》、《天麻高产栽培技术》等生产技术资料。2002 年，略阳县被命名为陕西省中药现代化科技示范县。

中药的基础在药材，优质稳定的药材是药品生产质量的保障。本书结合科技研究成果和当地实际生产经验，不仅对略阳县境内主产的 53 种中药材关键生产技术做了一一介绍，还重点介绍了杜仲、天麻、猪苓、银杏等骨干中药材的栽培管护方法。该书具有很强的基础性、综合性、专业性和实用性；在附录中对国家颁布的《中药材生产质量管理规范》（GAP）以及认证细则等进行了介绍。希望该书的出版能够成为农民朋友脱贫致富，发展中药材规范化生产的技术指南，同时，也成为宣传略阳资源优势的知识窗口，让国内投资贸易者充分了解略阳药材的优势，将促进略阳的药材资源优势转化为农民致富和县域经济发展的优势。

希望这棵秦巴山区的"略阳中药"之花，更加绚丽，并以此为序。

西北农林科技大学生命科学学院院长、教授　梁宗锁

2009 年 10 月 26 日

前　言

　　《秦巴山区中药材种植技术——略阳篇》（以下简称《种植技术》）是根据略阳县中药产业发展形势需要，结合多年来生产实践经验和野生资源状况，经专题会议研究决定编写的指导全县药农种植、发展中药材的实用性技术资料，也可作为相关专业技术人员的参考资料。

　　近年来，随着中医药科技的发展、中药材栽培、开发技术的完善提高及国际社会对中药材的认可，特别是中、省、市、县各级政府对中药产业的高度重视与大力支持，有力地推动了略阳中药产业的发展。在 2002 年略阳县被列为陕西省中药现代化种植科技示范县以后，略阳县委、县政府进一步加大了中药产业的发展力度，把中药产业作为全县农村经济发展的主导产业，通过多种措施大力发展中药材种植，中药材种植规模稳步扩大，基地建设日益规范，中药加工项目有序进行。略阳县被国家林业总局分别命名为"中国名特优经济林——杜仲之乡"和"杜仲良种基地"；略阳天麻、猪苓基地被中国民族医药学会确定为"全国商品天麻种植基地"和"全国猪苓种子生产基地"。天麻 GAP 基地已首家通过国家认证公示，猪苓 GAP、杜仲 GAP 基地均已上报至国家药监总局申请认证，黄精 GAP 认证项目已完成了基地建设、SOP 汇编等各项基础准备工作，即将申请上报。同时，略阳乌鸡、杜仲、天麻、猪苓已列入国家地理标志产品。依靠基地、面向市场，大力推进中药产业化建设，建成了绿洲食品饮料有限公司、汉王略阳中药科技公司、嘉木杜仲产业有限公司等中药材加工企业 19 家，研制开发出杜仲茶、杜仲酱油醋、杜仲雄花茶、银杏茶、杜仲浸膏粉、杜仲酒、杜仲胶、杜仲油"雪之溶"胶囊、杜仲饲料、灵芝片、灵芝酒、康乐胶囊系列产品近 20 个，其中，"中哗"灵芝酒、"力箭"杜仲饮料、"雪之溶"杜仲软胶囊已经国家卫生部批准上市，"百圣"康乐胶囊获得国家食品药品监督管理局批准文号。新产品杜仲养坤胶囊及柔脉胶囊、绿原酸生产线均在建设中。总之，略阳中药产业正逐步成为全县农民脱贫致富的主导产业。

　　结合近年来的工作实践，我们组织长期在一线指导生产的技术人员，集中药材基础知识及秦巴山区地道中药材资源编写完成了《种植技术》。《种植技术》的完成对略阳县药农科学种植中药材提供了技术支撑，对略阳县的中药材发展是一个促进，也可为其他地区的中药材发展提供技术参考；同时对提高略阳县药农的认识、规范中药材种植、提高中药材产量和品质具有深远的意义。

本书既涵盖中药材基础知识，又包括了略阳县优势中药材资源介绍；既是略阳对外宣传的专利名片，又是略阳县药农生产中很好的工具书。此书的编写参考了大量的中药材书籍编撰而成，并得到了西北农林科技大学梁宗锁教授的指导，在此一并致谢！

由于编者能力和水平有限，难免有不当和疏漏之处，敬请广大读者予以指正。

《秦巴山区中药材种植技术——略阳篇》编　者
2009 年 10 月 12 日

编写说明

　　依据《秦巴山区中药材种植技术——略阳篇》编写提纲要求，本书分总论和各论两大部分。总论主要对我国中药材资源分布和市场现状进行了介绍，并就中药材资源和种植市场进行了分析论述，使群众对中药产业有一个比较全面的了解。同时，通过对中药材产业发展目的意义、陕西秦巴山区的中药材资源、中药材市场及略阳县中药材产业发展的规划等方面的政策和资源介绍，进一步增加群众发展中药产业的信心和决心。各论主要对略阳县植物药、动物药、矿物药这三类药材进行了系统的阐述。

　　总论分为二个章节，第一章主要写我国及秦巴山区中药资源分布情况，其中又分三个小节；第二章主要介绍中药材市场规律及现状。

　　各论分为三个部分，按传统的药材进行归类划分，这里主要选择了秦巴山区略阳县内有一定生长基础的植物药、动物药及矿物质药进行介绍，共计53 种中药材。第一部分是植物药类，分为六个章节。第一章是菌类，介绍了猪苓，灵芝和茯苓；第二章是根及根茎类，介绍了天麻、柴胡、黄精、丹参、黄姜、葛根、石参、附子、川芎、半夏、前胡、元胡、百合、何首乌、党参、玄参、桔梗、牛膝、白术、当归、地黄、黄芪、黄连、防风、芍药等25 种中药材；第三章是全草类，介绍了淫羊藿、石斛、益母草、紫苏、青蒿、菘蓝这 6 种中药材；第四章是皮、叶类，介绍了杜仲、黄柏、厚朴这 3 种中药材；第五章是花、果实类，介绍了银杏、金银花、山茱萸、五味子、娑罗果、女贞子、红豆杉、决明子、木瓜、山楂、瓜蒌、木通这 12 种中药材；第六章是其他类，主要是介绍了五倍子。

　　药材种植技术的主要编写结构是：1. 基本特征：1.1 科、属、种；1.2 主要化学成分；1.3 功能与主治；2. 栽培技术：2.1 整地及施底肥；2.2 繁殖方法；2.3 田间管理：2.3.1 除草；2.3.2 施肥；2.3.3 浇水；2.3.4 修剪或间苗；2.4 主要病虫害防治；2.5 采收；2.6 加工；3. 开发与利用；附表生产农时季节安排：包括生产时间和工作内容两部分，以表格的形式说明，种植时间和工作要点直观明了，易于药农快速掌握种植技术。

　　第二部分主要介绍动物药类，这里根据略阳县境内野生和人工养殖的有一定规模的种群，重点选择了乌鸡、大鲵、林麝三种动物，分为三节。第一节介绍乌鸡，第二节介绍大鲵，第三节介绍林麝。

　　第三部分主要介绍矿物药类，主要是基础知识的介绍。略阳县属于矿产资源大县，但矿物药可用资源种类较少，且不成规模，所以在这里就没有一一列举，详细介绍。

附录主要是国家、省（市）有关中药材发展的法规、办法等，最后附有中药材原植物形态照片，可以直观地供读者了解，从而更加丰富此书的应用价值，增加读者的阅读视野。

《秦巴山区中药材种植技术——略阳篇》编　者
2009 年 10 月 12 日

目　录

目录

一、总　论

中医药是一个伟大的宝库，是中华民族的瑰宝，是我国劳动人民在数千年与疾病作斗争的实践中形成和发展起来的，在保障中华民族的繁衍强盛中起着巨大的作用。中药材开发利用历史悠久，从神农尝百草到东汉《神农本草经》问世，从明代《本草纲目》到现代《中华本草》的编纂；从晋朝的中医理论医学家葛洪《肘后备急方》到东汉张仲景《伤寒杂病论》、《金匮要略》和孙思邈的《千金要方》等等，浩瀚的本草文献无不深刻反映了我国医药发展和劳动人民开发利用中药资源的丰富经验。新中国成立后为中医药事业的发展创造了良好的社会环境，使中药资源的培育、开发利用、中药的经营管理、中药市场的供求出现了蒸蒸日上的大好局面，中药材种植、野生资源保护及中成药生产得到持续、稳定、协调地发展，中药产业由单纯的分散经营、收购转向多学科、规范化、多部门协同配合，多层次、多方位的研究利用。民族药、民间药和海洋药的研究有了新的发展，拓宽了中药作为农业产业的特色产业而单独发展起来。近年来，现代疾病对人类的威胁正在改变着疾病谱，医疗模式已由单纯的疾病治疗转变为预防、保健、治疗、康复相结合的模式，各种替代医学和传统医学正发挥着越来越大的作用。中医药与其他传统医药一样受到世界各国的高度重视，国际地位不断得到提升。随着现代科学技术日新月异的发展和医学模式的转变，"回归自然"的世界潮流和天然药物的巨大市场，要求我们必须依靠现代科学技术，实现中医药的现代化。这是历史发展的必然趋势，是社会发展的需要，也是中医药自身发展的最终结果。

中药是我国的优势产品，以其独特的疗效，已日益为世界所重视，在国际上享有很高的声誉。中药包括中药材、饮片和中成药，而中药材又是饮片和中成药的原料，是中医学的物质基础，是实现中药现代化的物质保证。中药材的基原包括药用植物、药用动物、药用菌物及矿物药材，其中药用植物为其主要来源。因此，我国重点对362种中药材做了调查，基本摸清了它们的资源情况及自然分布现状。据调查，全国用于饮片和中成药的药材有1 000～1 200余种，其中野生中药材种类占80%左右；栽培药材种类占20%

左右。在全国应用的中药材中，植物类药材有 800 ~ 900 种，占 90%；动物类药材 100 多种；矿物类药材 70 ~ 80 种。植物类药材中，根及根茎类药材在 200 ~ 250 种；果实种子类药材 180 ~ 230 种；全草类药材 160 ~ 180 种；花类药材 60 ~ 70 种；叶类药材 50 ~ 60 种；皮类药材 30 ~ 40 种；藤木类药材 40 ~ 50 种；菌藻类药材 20 种左右；植物类药材加工品如胆南星、青黛、竹茹等 20 ~ 25 种。动物类药材中，无脊椎动物药材如紫梢花、海浮石等有 30 ~ 40 种；昆虫类药材 30 ~ 40 种；鱼类两栖类、爬行类药材 40 ~ 60 种；兽类药材 60 种左右。这里，我们重点介绍植物类药材资源情况及自然分布现状。

第一章　我国及秦巴山区中药资源情况

第一节　我国中药资源分布及区划

　　我国是一个多山的国家，在不同的区域内分布着不同高度的山地。地形对植物和动物群落分布影响相当深刻。环境的变化，形成了高海拔的山体，随着海拔高度的上升，从山麓到山顶，不断而有规律地更替着植被类型和动物群，并形成了垂直地带性分布和有一定顺序的演替系列——山地垂直带谱。植物种类众多、植被构成复杂，受地形和其他自然条件的影响比动物群更大，因而垂直地带性分布也较动物群明显。

　　药用植物是植被的重要组成部分，多数的药用植物都分布在不同气候带的山地，具有山地植被垂直分布的规律性。由于所处的地理位置、地貌形态、水热条件、干湿程度和海拔高度的差异，每个山体都有其特定的植物垂直分布带谱。植物的垂直分布一方面受所在山体的水平地带的制约，另一方面也受山体高度、山脉走向、坡向、地形、基质和局部气候等的影响。但位于同一水平的山地，其植被垂直带谱总是比较近似的，可以将它们列入同一类型。从我国重点调查过的 362 种药材的资源情况及自然分布现状来看，野生药材分布在高原和山地的多于丘陵区，丘陵区又多于平原区；北方多于南方，如长白山、大兴安岭、太行山、天山、大巴山、伏牛山、大别山、秦岭、大娄山等山脉，都是野生药材蕴藏量较丰富的区域。由于北方地区（东北、华北、西北）气候寒冷，植被类型较南方简单，因此药材的植物群落结构比较单一，分布地域较广阔，因而资源的蕴藏量大于南方，如甘草、麻黄、刺五加、罗布麻、苍术、黄芩、地榆、苦参、狼毒和赤芍等药藏量较大的品种，多数分布在北方各省。

据有关资料显示，从栽培药材产量与产区来看，药材种植面积以四川最大，平均每年种植 40 万亩；陕西、甘肃次之，每年种植 30 多万亩；山西、山东、浙江、河南、湖北、广东每年种植面积在 15 万亩以上。药材的年产量，甘肃居第一位，约 5 万吨；其次是四川，约 3 万吨；河北、山西、河南和广东各 2 万吨左右。大兴安岭、太行山至青藏高原以东的广大地区是药材栽培适宜区。东部地区气候湿润，日照充足，土地肥沃，生产力水平较高，如黄河、长江、淮河、海河、珠江流域的大部分平原地区，既是粮、棉、油等农产品的主产区，也是药材的主要栽培生产区，尤以长江和黄河流域栽培药材的面积和产量最大；其次是珠江中下游平原和杭嘉湖平原；西北地区气候干旱，土地广阔，光热条件较好，又有一定的农业生产基础，适宜喜光耐旱药材的生长，虽然种植品种较少，但产量占有一定的比重；青藏高原气候寒冷，农业生产条件落后于其他地区，很少栽培药材。

浙江省：野生药材主要蕴藏于天目山、雁荡山和四明山地区，蕴藏量较大的有杭州市 38%、丽水地区 11% 和绍兴市 9%。栽培药材以东北部地区较多，主要集中于金衢盆地、杭嘉湖平原和浙东低山丘陵，产量较大的有金华市 20%、嘉兴市 16%、绍兴市 11% 和东阳市 9%。大宗药材有浙贝母、白术、延胡索、菊花、麦冬、白芍、海螵蛸等。

安徽省：野生药材以皖南低山丘陵和大别山地区较多，蕴藏量较大的有宣州市 26%、安庆市 19%、巢湖地区 10%、六安地区 10%、滁县地区 10%、芜湖市 10%。栽培药材较集中于淮北平原区，以阜阳地区为最多，占本省的60%。大宗药材有茯苓、白芍、牡丹皮、菊花、木瓜、桔梗、板蓝根、紫菀、太子参、明党参、蕲蛇、蜈蚣、鳖甲等。

福建省：野生药材蕴藏量较大的有三明市 25%、宁德地区 17%、建阳地区 13%、漳州市 11%、龙岩地区 12%。栽培药材多集中于东南丘陵地区，产量较大的有泉州市 24%、漳州市 30%、建阳地区 9%。大宗药材有泽泻、莲子、乌梅、厚朴、太子参、穿心莲、陈皮、牡蛎等。

江西省：野生药材多分布于怀玉山、井冈山、大庾岭等山区。蕴藏量较大的有上饶地区 29%、九江市 24%、赣州地区 22% 和吉安地区 11%。栽培药材多集中于中部平原丘陵区，产量较大的有九江市 26%、宜春地区 23%、吉安地区 12% 和抚州地区 11%。大宗药材有枳壳（实）、栀子、车前子、香薷、蔓荆子、荆芥、薄荷、金钱白花蛇等。

山东省：野生药材以中部丘陵区较多，蕴藏量较大的有临沂地区 27%、烟台市 25% 和淄博市 18%。栽培药材集中于沂蒙山区和胶东半岛，产量较大的有临沂地区 40% 和潍坊市 13%。大宗药材有金银花、北沙参、太子参、瓜蒌、蔓荆子、酸枣仁、柏子仁、香附、远志、黄芩、马兜铃、猪牙皂、全蝎、蟾酥、土鳖虫、海藻等。

河南省：野生药材以中条山、太行山、桐柏山和大别山地区为多，蕴藏量较大的有三门峡市 50%、洛阳市 17% 和信阳地区 10%。栽培药材多集中于黄河冲积平原和南阳盆地，产量较大的有焦作市 35%、南阳地区 15% 和三门峡市 11%，其中焦作市所属武陟、温县、沁阳和博爱等县，是著名的"四大怀药"的主要产区。大宗药材有地黄、牛膝、山药、菊花、金银花、山茱萸、连翘、辛夷、猫爪草、红花、柴胡、全蝎、土鳖虫及龟甲等。

湖北省：野生药材以武当山、桐柏山、巫山、大别山地区较多，蕴藏量较大的有郧阳地区 31%、襄樊市 18% 和鄂西州 14%。栽培药材以中低盆地和丘陵、平原较多，产量较大的有鄂西州 28%、黄冈地区 19% 和襄樊市 17%。大宗药材有茯苓、黄连、厚朴、杜仲、独活、续断、苍术、射干、玄参、辛夷、银耳、木瓜、麦冬、鳖甲、乌梢蛇及蕲蛇等。

湖南省：野生药材以湘西武陵山区、湘中丘陵和湘南南岭山区较多，蕴藏量较大的有湘西自治州 18%、大庸市 13%、邵阳市 13%、长沙市 10%、零陵地区 9%。栽培药材以洞庭湖平原和雪峰山两侧河谷山地较多，年产量较大的有益阳地区 16%、邵阳市 16%、怀化地区 17% 和岳阳市 11%。大宗药材有白术、枳壳、栀子、金银花、杜仲、厚朴、黄柏、茯苓、玄参、玉竹、莲子、乌梢蛇等。

广东省：野生药材以粤北山区和粤西山地较多，蕴藏量较大的有韶关市 19%、肇庆市 17% 和清远市 17%。栽培药材多集中于西江以南的热带和亚热带地区，年产量较大的有湛江市 26%、茂名市 27% 和肇庆市 12%，大宗药材有砂仁、巴戟天、广藿香、陈皮、高良姜、佛手、茯苓、山药、海马、石决明、珊瑚、金钱白花蛇及地龙等。

广西壮族自治区：野生药材以桂西山地丘陵和桂东北山地较多，蕴藏量较大的百色地区 26%、桂林地区 23% 和河池地区 12%。栽培药材以桂东南低山丘陵区为主，年产量较大的有钦州地区 39%、玉林地区 27% 和梧州地区 19%。大宗药材有三七、罗汉果、肉桂、天花粉、山药、葛根、金银花、石斛、钩藤、安息香、郁金、珍珠、蛤蚧及穿山甲等。

海南省：野生药材多分布于五指山区，蕴藏量以保亭县较大，占全省的 68%。栽培药材多在五指山东西两侧较平坦的地区，是全国引种进口的南药生产基地，产量较大的有琼海县 20%、陵水县 14%、屯昌县 12% 和万宁县

10%。大宗药材有槟榔、益智仁、丁香、白豆蔻、檀香、胖大海、南玉桂、肉豆蔻、大枫子、马钱子、安息香、天仙子及广藿香等。

四川省：野生药材以川西高原较多，蕴藏量较大的有阿坝州31%、凉山州20%和甘孜州14%。栽培药材多在四川盆地和盆周山区，年产量较大的有成都市11%、达县地区11%、乐山市5%、绵阳市7%、都江堰市6.5%。大宗药材有黄连、川芎、川贝母、附子、川牛膝、白芷、麦冬、白芍、白术、云木香、党参、郁金、枳壳、天麻、杜仲、黄柏、厚朴、羌活、大黄、冬虫夏草、麝香及熊胆等。

贵州省：野生药材蕴藏量较大的有遵义地区23%、毕节地区23%、安顺地区14%，黔南州13%和黔东南地区10%。栽培药材年产量较大的有黔东南地区33%、遵义地区22%和毕节地区23%。大宗药材有天麻、杜仲、吴茱萸、天冬、白芨、何首乌、通草、五倍子、百合、南沙参、百部、麝香及穿山甲等。

云南省：野生药材以滇西北横断山高山峡谷和滇西南高原蕴藏较多，怒江州30%、丽江地区16%和思茅地区10%等。栽培药材分布全省各地，年产量较大的有迪庆藏族自治州21%、文山壮族苗族自治州11%、丽江地区11%、昆明市9%和怒江州9%。大宗药材有三七、砂仁、云木香、当归、黄连、天麻、茯苓、儿茶、马槟榔、木蝴蝶、雷丸、猪苓、麝香及穿山甲等。

西藏自治区：野生药材主要分布于藏东澜沧江、怒江上游和藏南雅鲁藏布江流域的高山峡谷区，蕴藏量较大的有昌都地区54%、那曲地区29%和山南地区10%。由于各种条件的限制，尚未开展人工栽培。收购经营的药材仅40多种，其中收购量较大的有川贝母、冬虫夏草、秦艽、龙胆、麝香、鹿角及全蝎等。

陕西省：野生药材主要分布于秦巴山区和陕北黄土高原，蕴藏量较大的有商洛地区26%、延安地区16%、榆林地区15%和宝鸡市10%。栽培药材以秦巴山区和渭河平原较多，年产量较大的有汉中地区36%、渭南地区13%和宝鸡市9%。大宗药材有杜仲、天麻、党参、附子、沙苑子、黄芪、甘草、连翘、远志、猪苓、麝香及全蝎等。

甘肃省：野生药材蕴藏量较多的有武威地区18%、定西地区16%、酒泉地区12%、陇南地区11%。栽培药材多集中于陇南地区34%。大宗药材有当归、党参、大黄、甘草、秦艽、羌活、款冬花、远志、赤芍、猪苓、麝香及鹿茸等。

青海省：野生药材以东南部黄河上游地区较多，蕴藏量较大的有海南藏族自治州64%、黄南藏族自治州10%和果洛藏族自治州10%。栽培药材多集中于东部农业区、年产量较大的是海东地区40%和海南藏族自治州38%。大宗药材有大黄、川贝母、甘草、麻黄、羌活、秦艽、冬虫夏草、地骨皮、枸杞子、麝香等。

宁夏回族自治区：野生药材蕴藏量以银南地区最多，占90%，为甘草、麻黄主产区。栽培药材多集中于南部两地区，即固原地区49%和银南地区36%。大宗药材有枸杞子、甘草、麻黄、银柴胡、大黄、党参及黄芪等。

新疆维吾尔自治区：野生药材以塔里木盆地四周的绿洲蕴藏量较大，如巴音郭楞州31%、阿克苏地区28%和喀什地区12%。栽培药材以北疆较多，年产量较大的有博尔塔拉蒙古自治州28%、昌吉回族自治州23%和喀什地区23%。大宗药材有甘草、伊贝母、肉苁蓉、红花、紫草、杏仁、锁阳、罗布麻、马鹿茸及鹿角等。

第二节　秦巴山区中药资源分布

秦岭是我国自然地理南北方分界线，秦巴山区地处我国东部向西部和南部向北部的过渡地带，为南北气候的自然分界线，总面积8.29万平方公里。境内山峦起伏，地貌复杂，气象万千，四方物种交汇。由于多样性的地质地貌，形成各种各样的中小气候条件。从山下到山上具有北亚热带、暖温带、温带、高山苔藓和雪山冰冻等气候类型。加上雨量充沛、无霜期长，有利于动植物的生长繁衍，自然资源极其丰富。区内多样性气候、复杂地形地貌和多种土壤类型为各种生物的繁衍生息提供了良好自然条件。这里药材多，质量好，是因为自然地理和气候条件得天独厚，至今这里还生存着世界其他地方早已灭绝的珍贵动植物。秦巴山区独特的地理优势及中医药资源优势使得这里素有"秦地无闲草"、"天然药库"的美誉。陕西65%的药材分布在秦巴山区和秦岭，由于特殊的自然条件，使陕南成为我国"生物资源基因库"和"中药材之乡"。据统计，陕南现有各类中药材资源3 000余种，占全国药用植物资源的22%左右，占陕西省总数的2/3以上，达到1 500多种，仅秦岭山地的太白山就有中草药资源千余种，其中《中华人民共和国药典》收列的主要品种达580多种，常年收购、经营的中药材400多种，属国家规定的珍稀濒危保护药材20多种。这里的中药材具有种类多、产量大、贵重药材种类多等特点。其中著名的药材有党参、当归、地黄、黄芪、黄芩、贝母、茯苓、黄连、杜仲、天麻、秦艽、白芍、菊花、牛膝、山茱萸、丹参、薯蓣、大黄、红毛五加、桔梗、防风、柴胡、太白红杉、厚朴、鹅掌楸、陕西鹅耳枥、沙棘、葛根、远志、金银花、板蓝根、黄柏及九节菖蒲等。民间草药种类丰富，多为本区的代表种和特有种。著名的"太白七药"是指以"七"命名的药用植物，达到了144种之多，如桃儿七、红毛七、长春七等；稀有的药用植物有太白贝母、太白米、凤凰草、枇杷芋、延龄草、祖师麻、黄瑞香、太白美花草、独叶草、手掌参、太白乌头（金牛七）、太白黄连和朱砂莲（朱砂七）等。不仅野生药材丰富，同时也是我国中药栽培和生产的主要区域，药材种植面积约500多万亩，其中药材销量列全国前三位的药材有：杜仲、天麻、黄姜、山茱萸、丹参、绞股蓝、酸枣仁、秦艽等。

1. 秦巴山区药用动物资源现状

秦巴山区药用动物资源丰富多样，共有6个门，15个纲，49个目，79科，218种。涉及脊索动物门，节肢动物门，软体动物门，环节动物门，海绵动物门和原生动物门等。其中属于脊索动物门的药用动物有哺乳动物纲的黑熊、梅花鹿、林麝、黄羊、羚羊、果子狸、水獭、豪猪等，合计为：9目，19科，58种；鸟纲的乌骨鸡、血雉、毛鸡、班翅山鹑、岩鸽、灰斑鸠、金雕、金丝燕、巴山白鸭、汉中麻鸭、赤颈鸭等，合计为：6目，7科，31种；爬行纲的中华鳖、乌龟、黄缘闭壳龟、赤链蛇、乌梢蛇、蝮蛇、王斑锦蛇、黑眉锦蛇、虎斑游蛇、竹叶青蛇、大壁虎、多疣壁虎、无蹼壁虎等，合计为：3目、5科、16种；两栖纲的大鲵、山溪鲵、秦岭北鲵、中国林蛙、美洲牛蛙、中华大蟾蜍、花背蟾蜍、金线蛙等，合计为：2目，4科，10种；鱼纲的黄鳝、泥鳅、鲈鱼、鲤鱼、鲫鱼、青鱼、鲢鱼、乌鱼、大黄鱼、小黄鱼等，合计为：4目，4科，11种；属于节肢动物门的药用动物有甲壳纲的河虾、沼虾、河蟹等合计为：2目，2科，3种；多足纲的少棘蜈蚣、多棘蜈蚣、模棘蜈蚣等合计为1目，1科，3种；蛛形纲的东亚钳蝎、链蝎、蜘蛛等合计为2目，2科，7种；昆虫纲的中华地鳖、金边地鳖、斗蟋、华北蝼蛄、非洲蝼蛄、中华螳螂、九香虫、鸣蝉、红蝉、角倍蚜、黄刺蛾、柞蚕、三星龙虱、家白蚁、紫胶虫等合计为：11目、26科、56种。属于软体动物门腹足纲的药用动物有红螺、椎实螺等合计为：2亚纲，3目，3科，5种；瓣鳃纲的药用动物有河蚌、褶纹冠蚌等合计为：1目，1科，3种。属于环节动物门的药用动物有寡毛纲的环毛蚓、异唇蚓等合计为：2目，2科，8种；蛭纲的宽体金线蛭、光润金线蛭等合计为：1目，1科，4种。海绵动物门的药用动物包括寻常海绵纲的脆弱针骨淡水海绵、浴海绵等合计为：1目，1科，2种。原生动物门的药用动物包括纤毛纲的草履虫等合计为：1目，1科，1种。

2. 秦巴山区珍稀、濒危药用动植物资源现状

由于秦岭在第四纪冰川时期特殊的地史过程中受冰川影响较小，因此保存了许多古老珍稀的动植物种类，同时也造成了一些中草药的特有种。目前，陕西列入珍稀、濒危中药的植物药有22种，包括了部分草药，9种动物药全部为传统中药。其中梅花鹿（仅有人工养殖）、虎和云豹属濒危I级药用动物。属于濒危II级的药用植物有荷包牡丹、漏斗泡囊草等，药用动物有林麝等。矮牡丹、羽叶丁香被列为濒危III级药用植物。此外，还有濒危和稀有种的中药资源。属于濒危种类的中药有：狭叶瓶尔小草、厚朴、凹叶厚朴、模荚黄芪、紫斑牡丹、秦岭冷杉、红豆杉、延龄草、天麻、马蹄香、太白乌头等。而银杏、杜仲、中国林蛙、中华大蟾蜍、黑熊、马鹿、连香树、鹅掌楸、木通、马兜铃、白龙菖蒲、桃儿七、秦岭党参等中药资源则被列为稀有中药种类。这些珍稀濒危中药资源在我国具有悠久的药用历史和较高的药用价值，有些种类在民间具有独特疗效，是极有发展前途的中草药资源，它们的研究和利用已经受到人们的广泛关注。

3. 秦巴山区中药材种植加工利用现状

秦巴山区中药材对我国和世界医药学有巨大的贡献和影响。战国时期，神医扁鹊隐居秦巴山区为民采药治病，人称"医圣"，逝于汉中城固。唐代"药王"孙思邈深入秦岭发掘药物，著有《千金翼方》，为唐代颁布的世界最早的"药典"——《唐本草》奠定了基础。秦巴山区大多数群众都有较为成熟的中药材栽培技术和采收加工经验。近年来，涌现了一批中药材专业种植大户，自主成立了种植协会，自发形成了中药材市场。目前，陕南人工种植中药材已达400多万亩，实现销售收入14亿元。安康的黄姜、绞股蓝、葛根，汉中的天麻、杜仲、猪苓、西洋参，商洛的丹参、黄姜、山茱萸、柴胡等中药材已经成为具有区域特色经济的主导产业。其中，旬阳县、白河县的黄姜种植面积已达30多万亩，被誉为"中国黄姜之乡"；略阳县的猪苓资源占全国总量的1/3，天麻产量占全国总量的1/4，杜仲资源占全国总量的1/8，是全国最大的杜仲基地县，被誉为"杜仲之乡"。新中国成立以来，秦巴山区中药材事业有了很大发展。中药材种植由1957年的近10个品种，8 000多亩，发展到现在的80多个品种，40多万亩。已陆续建立起天麻、黄连、当归、西洋参、杜仲、连翘、金银花、山茱萸、绞股蓝等地道药材的生产基地。从外省和国外引进的白芷、茯苓、枸杞、牛膝、西洋参等20余个品种，也能供全省自给有余。野生变家种家养成功的有天麻、丹参、桔梗、金银花、绞股蓝、麝香、牛黄等。天麻野生变家种成功，荣获全国科学大会奖，天麻有

性繁殖、无性繁殖科研成果，获国家科技进步二等奖、省科技一等奖和国家科委自然科学创造发明二等奖。安康绞股蓝的开发利用，获国家科技进步二等奖。人工养麝、人工牛体育黄、控制当归早期抽薹、贝母及西洋参引种和速生高产等科研项目也获得成功。同时还开展了药源普查，摸清了秦巴山区药材种源底子。安康、汉中、商洛等地区建立了药用植物或药材研究所。编辑出版了《陕西中草药》和分地区的《中药资源名录》、《秦巴山区天然药物志》、《秦巴山区土特名产》等书。建立中成药制药厂6家，所用成方都是民间传统有效方剂，原料多采用秦巴山区特产的地道药材。一些中成药如六神丸、乌鸡白凤丸、培坤丸、妙济丹、人参再造丸、牛黄清心丸、黄连上清丸、绞股蓝总甙片、天麻丸、天麻补酒、木瓜酒、盘龙七酒、山萸酒、蚕公酒、秦巴杜仲片、梅花点舌丹、天麻精、鹿寿茶、绞股蓝茶等，因疗效显著，深受患者欢迎。目前，陕南现有中药制药企业30多家，取得国家批准药号的有300多种，医药中间体加工企业20多家，分别从事黄姜、绞股蓝、天麻、杜仲、丹参、葛根、虎仗、红豆杉等多种药材有效组分的提取、提纯。以中药材为原料的食品、化妆品、保健品及化工等工业原料企业约30余家，产品达100余种。已形成黄姜、天麻、绞股蓝、杜仲、葛根、丹参等中药加工链条及系列加工产品。其中，汉王药业研究开发的"天麻定眩片"、"舒胆片"已被列入国家中药保护品种。安康北医大药物研究院研究开发的"绞股蓝总甙"被批准为国家第一个二类新药。镇坪葛根素原料药厂主要产品——国家四类新药葛根素的市场占有率稳定在70%以上。商洛市的陕西盘龙制药有限公司、陕西必康制药有限公司、陕西香菊制药有限公司通过了国家GMP认证，销售收入连年猛增，经营效益显著上升，逐步成为区域经济的支柱。此外，中药技术研发也具有较高水平，天麻、猪苓、杜仲、西洋参、丹参、绞股蓝等品种的种植生产技术在全国处于领先水平。加快中药产业发展，做大做强陕南中药产业，对振兴陕南经济，推动全省经济实现跨越式发展，早日建成西部经济强省，全面建设小康社会具有十分重要的意义。

第三节　略阳县中药资源状况及中长期发展规划

略阳县位于陕西省的西南端，汉中市西缘，秦岭南麓，嘉陵江上游，处于陕、甘、川三省交界地带，属于秦巴山区。东南与汉中市宁强、勉县接壤；西北与甘肃省的康县、成县、徽县相邻。全县幅员面积 2 831km²。属北亚热带北缘山地暖温带温润季风气候，夏无酷暑，冬无严寒，年平均气温 13.2℃，年平均降雨量 860mm。

略阳植物资源丰富，共有 265 科 1 150 多种。其中，常见的植物药材 143 科 489 种，国家挂牌收购的有 172 种，尤以杜仲、天麻、灵芝、银杏、猪苓、柴胡、枣皮野生和人工栽培居多，杜仲、蚕桑、食用菌分别被列为国家和省、市生产基地，特别是名贵中药材——杜仲，全县种植面积 58 万亩，属全国最大基地县。

1. 指导思想及中长期发展规划

依托资源优势和现代技术，以市场为导向，以企业为主体，以产品为核心，加快构建中药药源生产体系、中药加工生产体系和中药市场营销与技术服务体系，实现中药材种植规模化、规范化和加工企业优化升级，努力形成具有国内竞争力的知名品牌，使中药产业成为略阳农民增收的重要渠道。

近期目标：到 2012 年，全县中药材种植面积达到 70 万亩，其中规范化种植面积达到 20 万亩，按照"一品一村"的发展思路建成一批优势中药材示范村；在县内建成一个中药工业园区，培育 2 ~ 3 个年产值超 5 000 万的开发企业，开发上市 3 ~ 5 个知名品牌；中药材市场体系逐步完善，形成具有竞争力的区域特色知名品牌 3 ~ 4 个；全县中药产业销售收入达到 2.3 亿元，其中中药材基地实现销售收入 1.2 亿元，中药材开发企业实现销售收入 1.1 亿元；农民从中药产业中获得的收入人均达到 1 000 元以上。

远期目标：到 2020 年，基本完成略阳中药产业的现代化、国际化进程，使略阳的中药材优势资源得到充分、科学、合理的开发利用。以中药产业为主导的绿色产业达到相当规模，带动略阳经济全面振兴，真正成为支撑略阳经济发展的支柱产业。2020 年，中药产业销售收入预期达到 4.9 亿元，占略阳 GDP 总量 8% 左右。

2. 重点工作

2.1 优化区域布局。按照"因地制宜、集中连片"的原则，加强地域专业化种植基地建设，以利于加强引导、示范推广、技术服务，提高集约化、规范化、专业化水平，避免盲目发展，重复建设，无序竞争。根据市场需求和略阳县中药材资源现状，选择杜仲、天麻、猪苓、银杏、柴胡五个骨干品种为重点，做到布局合理，规范科学，优势互补。其具体布局是：将横现河、金家河、郭镇、乐素河、白雀寺、城关镇、白石沟、观音寺、硖口驿、黑河坝等 13 个乡镇建设为杜仲药源基地；将九中金、西淮坝、仙台坝、观音寺、两河口等 8 个乡镇建设为天麻药源基地；将白石沟、九中金、仙台坝、两河口、观音寺、何家岩等 7 个乡镇建设为猪苓药源基地；将接官亭、何家岩、硖口驿、黑河坝、金家河、郭镇、乐素河等 7 个乡镇建设为银杏药源基地；将郭镇、徐家坪、马蹄湾、乐素河、白雀寺等 5 个乡镇建设为柴胡药源基地。

2.2 启动中药材重点村建设工程。按照一村一品的建设要求，根据因地制宜、适生优育、突出特色、打造亮点的发展要求，重点抓好 12 个中药材重点村建设，具体是：以横现河镇石坝村、金家河镇天台村、寒峰村为主的杜仲示范村建设；以九中金乡垭河村、郭镇干河坝村为主的天麻示范村建设；以白石沟乡安林沟村、九中金乡五龙洞村、仙台坝乡新店子村、何家岩镇水磨坝村为主的猪苓示范村建设；以接官亭镇接官亭村为主的银杏示范村建设；以郭镇大石湾村、徐家坪镇药木院村为主的柴胡示范村建设。

2.3 加快发展中药材加工企业。发展以杜仲、天麻、猪苓、银杏等为原料的中药材深加工和综合利用。突出抓好中药工业园区建设，强化产业链的构建和技术改造，延伸产业链条，提高附加值。重点发展以略阳嘉木杜仲公司、绿洲食品公司为龙头的杜仲产业开发产业链，在杜仲胶、食品、药品、保健品、饮品等开发领域实现突破；发展以汉王略阳科技公司、百圣生物工程公司为龙头的菌业产业开发产业链，加速天麻、猪苓的开发转化，在医药、食品及中间体提取方面实现突破；发展以略阳向阳商贸公司、略阳华泰贸易公司、汉中永杨医药科技公司为龙头的中药材营销产业链，在原药产品初加工、包装、销售、中药材饮片加工、中间体提取等方面实现突破。着力构建具有区域特色的中药材加工生产、营销体系，壮大中药产业的主体实力。最终实现以企业发展带动基地建设，以基地建设带动农民增收致富的目的。

3. 主要措施

3.1 落实优惠政策，引导扶持产业发展。认真落实科学发展观，着眼于长远，注重战略思维，促进中药产业的健康有序发展。将中药产业作为全县的优势产业和重要接续产业加以培育，支持中药产品结构性的调整，制定优惠政策，加大招商引资工作力度，引进资金、技术、人才和管理经验，促进略阳中药产业生产上规模，产品上档次，管理上水平。大力引进医药集团来略阳建立药源基地和加工企业。通过建设药源基地，促进全县中药种植扩大规模上水平。同时鼓励企业采取新技术、新工艺及新设备，加大产品研发力度，提升中药产品的科技含量和市场竞争力，支持企业参与市场竞争。

3.2 加强人才队伍建设，增加发展活力。树立科学的人才观，着力培养适用型人才。根据全县中药产业发展需要，引进各类专业技术人才、经营管理人才、技能型人才等中药产业现代化发展急需的各类人才，加快人才聚集。建立激励机制，加大对中药产业人才的奖励，积极创造能使高素质人才脱颖而出的良好环境，形成一支高水平的产、研、发复合型人才队伍。

3.3　加快企业改革，增强发展动力。遵循市场经济规律，改革国有资产管理体制，加快全县国有制中药产业的企业改制。按照有进有退、有所为有所不为的原则，通过产权制度改革，加大产权转换力度，推进产权流动重组，实现资源优化配置和制度创新。对现有的国有资产通过分离重组、租赁、出售、股份制改造等形式，建立起产权明晰，权责明确，管理科学，自主经营，自负盈亏，自我发展，自我约束的现代企业制度。通过内引外联，吸引不同所有制性质的制药企业兼并、改造现有的中药材加工企业，推动股权多元化，提高企业抵御市场风险的能力，增强企业的整体竞争力。

3.4　增强科技意识，健全服务体系。强化中药材科技服务体系建设，以略阳县中药材技术推广服务中心和乡镇中药办两级中药材技术服务网络为依托，开展对广大药农的技术示范推广和技术培训，提高科学务药水平。把定点服务与巡回服务相结合，组织有关技术人员深入种植基地，进行以规范化、标准化为重点的中药栽培知识培训。通过技术培训、技术指导和技术服务，使广大药农熟知规范化、标准化规程，并掌握操作要点。采用技术承包和有偿服务的形式，提高和改善技术人员的待遇水平。

3.5　加大融资力度，建立中药产业多元化资金投入体系。多途径增加资金投入，形成政府投资引导、企业投资为主、民间投资参与、吸收外商投资的多元化投资格局。积极争取国家对中药产业的资金支持，充分利用各类中药材发展项目资金、扶贫资金、农业发展资金、林业生态资金、银行信贷资金及风险投资基金。同时各企业应进一步加大投入，加强研发能力，成为技术投入和创新的主体。通过合资合作、转让经营权、出售股权、兼并重组等方式，引进社会资金投入中药现代化建设，促进全县中药产业快速可持续发展。

3.6　加强信息化建设，健全知识产权保护体系。加强中药信息网建设，为全县中药产业的开发、生产和产业化发展提供信息服务。健全中药知识产权保护体系，鼓励申请原创性、基础性的专利技术，提高略阳县中药产业对市场占领和控制能力。充分运用知识产权法规、专利制度保护略阳县中药材技术和产品的知识产权，促进全县中药产业发展。

第二章　中药材市场规律及现状

　　中药材市场拥有悠久的历史。早在唐代，江西省樟树市即辟为药墟。目前全国共有 17 家中药材专业市场，享负盛名的有安徽亳州、河南禹州、河北安国以及成都荷花池，称为我国四大药都。其中，安徽亳州中药材交易中心日上市品种达 2 600 余种，日上市量高达 6 000 吨，成交额约百亿元，其规模之宏大、设备之完善堪称全国乃至世界最大的中药材集散基地。成都市荷花池药材专业市场年成交量达 20 万吨，辐射整个西部地区，并销往沿海及国外，是西部最大的中药材专业市场，享有很高的知名度。

　　中药材市场具有自身周期性，也同样遵循市场规律和价值规律。单位时间内劳动生产率越高，创造的产品越多，其价值量就越小，反过来也一样，如红花和白芷的价格差，红花费工费时产量低，白芷省时省力产量高，即造成两种药材的价格差异；其次是供求关系的影响。在中药材市场上，货疏则价高，货丰则走动不快，价格浮动较小；此外全球性的金融调整、国家宏观政策调控，科技水平的不断进步，这些来源于外界的作用力也对中药材市场走势产生一定影响。纵观中药材市场的历史变动轨迹，它的时间主周期大致在 10 年以上，并存有或大或小的次级周期感应。近 20 年来，中药材市场的变化过程为：1988 年为市场高潮期，1990 年左右进入低潮，1998～1999 年左右为高潮期，2000～2001 年进入低潮，但是也有部分品种在大部分品种价格已接近高位时才开始起步涨价，形成二次上涨行情。同时下跌的能量也形成积聚，如 2000 年 7 月后形成的一刀切极端跌势（史称黑色七月）。认识中药材的市场规律以及外界因素的可变性，对于调整生产结构，把握市场时机，促进农民增收具有一定的指导意义：一是要选择适宜当地生长的良种药材，通过提高产量来增加销售收入，降低市场风险；二是根据市场变化安排种植相应品种，在市场疲软时种植周期较长的药材，在市场行情较好时种植短期可收获的药材；三是要合理搭配种植，实行间作、套种，只要是适宜品种，可将一年生、多年生、根茎类及花果类搭配种植，以提高效益；四是不可盲目跟风。要正确认识药材的价格浮动，若该品种其市场价格远远高于其本身的价值，则此药材价格的高涨具有很大的水分，如果盲目跟风进行种植，在次年收获时价格必定会有所调整。

2009 年的中药材市场总体呈上升趋势，多数品种价格大幅上涨。一方面是由于 2008 年全球金融危机使药市跌入谷底，2009 年随着全球经济复苏，中药材市场会有所反弹；另一方面劳动用工成本的增加、市场空闲资金的囤积也是促使中药材价格变动的原因，尤其是甲流感疫情的蔓延，促使流感用药大幅涨价，甚至带动其他品种"水涨船高"。如今的中药材市场在经过全球经济危机洗礼后，更趋完善和理性化，由于科技进步，疫情突发等因素的影响，也促使中药产业加快调整步伐，推动大型仓储物流、电子商务等现代化中药材市场的发展。因此，充分认识中药材市场的规律及现状，才能把握商机、趋利避害，在激烈的市场竞争中立于不败之地。

二、各论

第一部分　植物药

　　我国幅员辽阔，自然条件优越，蕴藏着极其丰富的天然药物资源，其种类之多是一大特点。植物药，占全部种数的 87%，涉及 385 科，2 312 属，计 11 118 种（包括 9 905 种、1 208 个种以下单位）。可以说，药用植物是所有经济植物类中种类最多的一类。植物类药材中，根及根茎类药材有 200 ~ 250 种；果实种子类药材有 180 ~ 230 种；全草类药材有 160 ~ 180 种；花类药材有 60 ~ 70 种；叶类药材有 50 ~ 60 种；皮类药材有 30 ~ 40 种；藤木类药材有 40 ~ 50 种；菌藻类药材有 20 种左右；植物类药材加工品如胆南星、青黛、竹茹等 20 ~ 25 种。下面，我们选择略阳县有大规模野生和优势种植的药用植物共 50 种，按传统的中药材分类法从种植技术方面进行介绍。

第一章　菌类

第一节　猪苓

1. 基本特征

　　1.1　猪苓：猪苓俗名猪屎苓，猪屎菌，地乌桃。在分类学上属真菌门，担子菌亚门，层菌纲，无褶菌目，多孔菌科，多孔菌属。猪苓在我国分布较广，但以陕西、山西、四川、甘肃、云南分布较多，在国外，欧洲、北美及日本也有生长。

　　秦巴山区是全国主要猪苓适生区。略阳是猪苓适生区之一，从 1997 年引进半野生栽培技术试验，2000 年开始在全县推广种植，21 个乡镇均有分布。

截至目前，全县累计地存 130 万窝，主要在两河口、仙台坝、九中金、白石沟、何家岩、乐素河等乡镇。其中猪苓种植大户是仙台坝的罗继中、袁田平，九中金乡的王小虎、袁成虎等人，在猪苓发展中取得良好的经济效益。略阳县已申请上报猪苓 GAP 认证。

1.2　化学成分：主要有多糖类，猪苓聚糖，另含有麦角甾醇、α - 羟基 - 二十四碳酸、维生素、糖蛋白等。

1.3　功能与主治：猪苓药用部分为地下菌核，猪苓入药在我国已有2 500 年的历史。主要用于治疗咳症、解毒、利尿及解伤寒、发汗、小便不利和治疗肿瘤等，提取的猪苓多糖具有免疫刺激作用，能提高人体免疫机能，对人体无毒副作用，用猪苓多糖制成的注射液对治疗慢性病毒性肝炎具有明显疗效，也可作为治疗肿瘤的辅助性药物。

1.4　形态特征

子实体——猪苓子实体多在每年夏天连绵阴雨后从接近地表的菌核顶部生出，有时春末夏初也有少量发生。子实体呈丛状生长，质地柔软，俗称"猪苓花"或叫"千层蘑菇"，小的一丛仅一至数厘米，大的直径可达 30cm。猪苓花幼嫩时可食，味道鲜美。子实体肉质，有柄。着生于丛状分枝顶端，菌盖圆形，浅褐色至白色，中部下凹近呈浅漏斗形，边缘内卷，有被深色鳞片，直径 1~4cm。菌肉白色，孔面白色，干后草黄色，孔口原形或破裂呈不规则齿状，孢子无色、光滑、圆形或一端圆形一端有歪尖。

菌丝——为白色绒状管状物，具有横隔，呈不规则分枝，有锁状联合现象。

菌核——猪苓菌核实质上是由无数菌丝纽结而成的菌丝团。菌核是猪苓的药用部分，生长于地下，呈长形或不规则块状，半木质，有弹性，个体大小不等，大的长达 30cm，直径 10cm，重几百克，小的仅黄豆粒大小。

菌核表面凹凸不平，多皱褶及瘤状凸起，表皮按颜色区分有白苓、灰苓和黑苓三种颜色的猪苓，正常情况下代表着三个不同的生长年限，即生长当年、第二年、第三年，但在特殊情况下，在一个生长年限内也可同时出现白苓和灰苓甚至黑苓。

白苓——生长当年所形成的菌核，皮色洁白，皮薄，有弹性，质地软，手捏易烂，断面菌丝嫩白，含水量高，内含物很少，折干率很低，烘干后呈米黄色。

灰苓——当年新生长的白苓，到冬季随着气温的降低，白色皮层颜色逐渐加深，由白变为黄灰色，越冬后变为灰色、灰黑色，光泽暗有一定的韧性和弹性，质地疏软，折干率约为 35% 左右，断面菌丝白色。

黑苓——灰苓经过一年生长，越冬后皮色变为黑褐色至黑色，表面有油漆般光泽，质地致密，有韧性弹性，断面菌丝白色或淡黄色，可见到被蜜环菌侵入的褐色隔离腔，年久的黑苓也称老苓、枯苓，皮墨黑，弹性小，断面菌丝呈深黑色，有被蜜环菌侵染形成的空腔，折干率在40%以上。

1.5 生长发育特性

只要条件适宜，在春、夏、秋季节，灰苓和黑苓上都可萌发出新生白苓。一般在每年4～5月份，当地温上升到10℃左右，土壤含水量在30%～50%时，猪苓开始萌发。随着气温的升高，到7～8月份，当平均地温达到18℃左右，白苓生长速度加快，冬初地温逐渐降低，猪苓生长速度减慢，新生苓的白色生长点或秋季新萌发的白苓，越冬后变为灰苓。第二年春季条件适宜其生长时，灰苓变为褐色或黑褐色，到第三年完全变为黑色，这是在一般正常状态下由白苓至灰苓到黑苓的生长过程。因此，白苓、灰苓和黑苓，大致可分为生长当年、次年和第三年不同生长年限的猪苓菌核。在采挖野生猪苓及人工栽培穴时，常发现在一个独立的猪苓菌核上同时存在白、灰、黑三种颜色的苓块，两个苓体之间都有一个像葫芦状细腰相连，出现这种现象的原因，是在猪苓生长季节内，由于高温、干旱等原因，猪苓停止生长，原灰苓皮色变深至黑色，白苓皮色变成黄灰至灰色，外界条件适宜其生长后，当年形成的新苓生长点又开始向前生长，再一次形成新的白苓，两个白苓之间便形成了一个像葫芦状细腰。因此，在遇到干旱或一些不正常气候条件影响到猪苓正常生长时，三种颜色的猪苓菌核，只能反映出三个不同的生育特征，而不能准确地表达其生长年限。

2. 栽培技术

2.1 地理条件

2.1.1 地形、地势：猪苓喜生于气候凉爽的山林中，多分布于海拔1 000～2 000m的山区，以海拔1 200～1 600m地区生长较多。根据老药农的经验及实地采挖结果看，阴坡阳坡均有分布，但半阴半阳的二阳坡生长最多，坡度以20～45°缓坡地分布较多。

2.1.2 植被：猪苓一般生长在亮脚林，遮阴度为七阴三阳处的猪苓生长较多。杂木林中，常可在树根旁挖到猪苓，以桦树、青岗、杨树、柳树、椴树、漆树及山毛榉科的其他树种等树根旁最多，除松、杉、柏等含油质树种外，其他树种的阔叶林、混交林、次生林、竹林等均有野生猪苓分布，但以次生林腐殖土壤生长猪苓最多。森林土壤中的大量枯枝落叶腐烂后形成营养丰富的腐殖质层，其中各种树根、毛细根纵横交错，极有利于蜜环菌生长，而蜜环菌又是猪苓生长的主要营养来源，因而猪苓喜生长于这些树林中。

2.1.3 土壤：猪苓属好气性真菌，喜生长于富含腐殖质的表层土壤中，呈上大下小的倒三角形生长，深度一般为 0～40cm 处，喜向上、向两侧方向发展。腐殖土、沙质土壤中都有猪苓生长，但以含颗粒状团粒结构、疏松的腐殖土层易于猪苓生长，尤以黑沙腐殖质土生长最好，产量较高，土壤酸碱度（pH 值）在 6～8 之间。

2.1.4 营养源：在采挖野生猪苓时可发现，猪苓生长穴中及猪苓体上，有蜜环菌索存在，部分蜜环菌索已侵入到猪苓体内，没有蜜环菌生长的土中不长猪苓。另外，从猪苓喜生长于疏松、透气、腐殖土层深厚的现象来看，猪苓是否可以直接分解利用腐殖土中的营养，目前尚未完全搞清楚，但腐殖土中一般都有蜜环菌生长，蜜环菌的主要营养来源是枯枝落叶，同时也寄生在活树根下，因此完全可以肯定，猪苓生长与蜜环菌密切相关。

2.1.5 气象条件：①湿度：当平均地温达到 9.5℃ 时，猪苓菌核开始萌动，温度 12℃、土壤含水量在 30%～50% 左右菌核萌发率迅速提高生成新苓（白苓），14℃ 左右新苓萌发增多，18～25℃ 个体生长速度最快，超过 28℃ 生长受到抑制。略阳县海拔在 1 000～1 200m 地区，4 月上旬 10～20 cm 地温（下同）可达 13.2～11.6℃，猪苓开始正常萌动生长，6 月中下旬，地温达到 22℃ 以上，新生白苓开始快速生长，7 月、8 月是白苓生长最佳时段，进入 9 月以后，猪苓生长速度开始放慢，11 月至第二年 3 月生长基本停止。②湿度：猪苓生长喜湿润环境，土壤含水量在 50%～60% 适于猪苓生长，7～8 月份平均日降雨量在 20mm 以上，土壤含水量在 60%～70%，空气相对湿度在 70%～90% 之间，此时是猪苓生长的最佳时段，土壤水分若低于 30%，干旱伴随高温，猪苓即停止生长。长期土壤水分处于饱和状态，有可能引起猪苓腐烂，但干旱也会造成猪苓减产。

2.2 栽培前准备

2.2.1 培养蜜环菌枝、菌材

猪苓生长发育的主要营养来源是靠蜜环菌，培养足够的蜜环菌菌枝、菌材是栽培猪苓的前提条件。为节省劳力，培养菌材应在离栽培地点近的地点实施。

培育优质蜜环菌材：①在培育前一个月选用适合于猪苓生长的材质，将树棒截成长 50～60cm，粗 8～12cm，在树棒的两至三面砍适当的鱼磷口，然后以井字形叠放晾晒备用。将树枝截成长 3～5cm 备用。一般在 8 月份开始培养菌材，但也可根据自己是秋栽还是春栽而定。培养菌材一般采用坑培法或半坑法。培养前先用 0.25% 硝酸铵溶液将树棒和树枝浸泡 4～6h。实践证明用硝酸铵溶液浸泡树棒和树枝，补充了足够的氮源，能促进蜜环菌丝旺盛生长，菌材发菌快质量好。②在选好的林地间挖坑，坑宽一般为 50～60cm，深30cm，长度不限，不过以小坑为好，小坑便于管理，可有效控制杂菌污染。坑挖好后先用清水浇透坑穴，待水渗干后，先在坑底铺一层 1cm（压实）湿树叶，然后一根靠一根摆放树枝，树枝与树枝之间应留 0.5～1cm 间隙，在树枝上摆放一层树棒，棒间距 3～5cm，在树棒间均匀摆放蜜环菌菌种，用腐殖土填实枝间空隙，覆土厚度以盖严树棒为准，不宜太厚。依次培养第二层、第三层，最后坑顶覆盖 5～6cm 腐殖土，顶部盖一层树叶保温、保湿。

2.2.2　栽培时间

猪苓一年四季均可栽培，但应在它休眠期栽培为好，秋末冬初为 11～12 月，春栽为 2～3 月。

2.3　栽培步骤

2.3.1　备新棒：在 10 月初（11～12 月份栽培的）砍好新棒，规格与培育菌材树棒相同，然后以井字形叠放晾晒备用。

2.3.2　准备苓种：每窝用种苓应为 0.35～0.5kg。

2.3.3　挖窝：在选好的栽培区挖坑，坑深 30cm 左右，宽 50cm，长60～70cm。

2.3.4　填树叶、树枝、菌枝：坑底刨平后先铺 1cm 左右一层潮湿枯枝落叶，再均匀铺一层树枝，树枝中间夹放蜜环菌或菌枝节，用腐殖土填实空隙。

2.3.5　放树棒：将菌材紧靠依次摆放在坑内，间距 3～5cm。

2.3.6　摆放苓种：将苓种沿菌材两侧上下均匀摆放，并用腐殖土填满空隙后再依前法铺一层树叶和树枝，然后将备好的新棒摆放一层。

2.3.7　盖土：在栽好的坑上，加盖 10～15cm 一层枯枝落叶，最后盖一层 3～5cm 干树叶。

2.4　栽后管理

猪苓林地栽培的管理较为简单，主要抓好以下几点：一是防旱、保湿，猪苓生长的主要营养来源是靠蜜环菌提供，蜜环菌生长的旺盛与否，决定着猪苓产量的高低，而蜜环菌能否旺盛生长，除是否有充足的木材、枯枝落叶外，在很大程度上就取决于是否有充足的土壤水分。在土壤水分低于 50% 时，蜜环菌虽能生长，但菌索分枝少，红色菌索及白色生长点极少，不能及时为猪苓提供足够营养。因此，在遇到雨水偏少及夏季高温季节，需及时为猪苓栽培坑浇水，务必使栽培穴内土壤能维持在较湿润状态。二是保温，大雨过后及每年冬春应及时为栽培穴顶加盖枯枝落叶。三是防止人畜践踏。

2.5　收获与加工

猪苓生长新苓后，母苓不会腐烂，由于菌材不断为蜜环菌提供营养，会延长猪苓生长年限，其灰苓及黑苓上的新苓萌发点会越来越多，产量逐年增加，这也是野生猪苓在一窝中能挖到几十上百斤的原因。猪苓人工栽培1～2年内，逐渐与蜜环菌建立起营养关系，生长缓慢，但一般生长量仍可达到5～10倍，到第三年生长速度加快，第四、第五年为生长旺盛时期，如无人畜践踏，只要猪苓本身不散架，后续营养源能够及时跟上，都仍可继续生长。因此，栽培3～4年后，可随机进行检查，如果发现萌发的白头很少，或不再萌发新苓，或猪苓已散架，必须于次年3～5月份及时采挖翻栽。即挖出猪苓菌核，选出灰苓作种苓进行翻栽，老苓及时晒干，除去泥土，即为成品的猪苓，一般折干率为50%。

3. 开发与利用

猪苓多糖与已知的担子菌类多糖药物相似，主要是提高机体的细胞免疫功能。实验表明，正常人连续给药10天，可见淋巴细胞转化率显著上升。猪苓多糖能增强带瘤小鼠的免疫功能，单核吞噬细胞系统的吞噬活力提高。临床于肺癌，可见巨噬细胞功能明显增强，并能提高玫瑰花结形成率和OT试验等免疫功能。对白血病患者减少出血和感染，减轻化疗的某些不良反应，并可延长患者生存期。现在对猪苓研究的结果表明，猪苓的主要成分是多糖类的葡聚糖。通过多年使用猪苓多糖注射液，治疗晚期癌的疗效观察中，能够起到较好的免疫调节剂作用，使用后能明显提高机体免疫机能。免疫机能的增强，机体的抗病能力增强，延长了病人寿命。目前开发的药品主要有猪苓丸、猪苓散、猪苓汤。

表1-1　猪苓生产农时表

时　间	生　产　内　容
7月	准备育棒材料（新棒）
8月	用蜜环菌育菌材菌枝
10月	准备新棒
11月	种植
12月以后	管护

本节编写人员：姚正浪　毋建民　章春燕

第二节　灵芝

1. 基本特征

1.1　灵芝 [*Ganoderma lucidum* (Leyss. Fr.) Karst]：为灵芝菌科灵芝属真菌，别名：红芝、赤芝、木灵芝、还阳草、神仙草、灵芝草。

1.2　化学成分：目前从灵芝中分离到150余种化合物，有多糖类，核苷类，呋喃类，氨基酸和蛋白质类，三萜类，油脂类，甾醇类，无机离子，有机锗类等10大类。有关灵芝化学成分的最新研究主要集中在三萜类，多糖类，蛋白质类成分。

1.3　功能与主治：滋补、健脑、强壮、消炎、利尿、健胃等功能，主治慢性支气管炎、冠心病、神经衰弱、失眠、急慢性肝炎、白细胞减少症、偏头痛、矽肺以及阳痿、遗精、耳鸣、腰酸等症，有镇静、镇痛、抗惊厥、降血脂、镇咳、祛痰、保肝解毒、抗缺氧、增强免疫力和抗癌作用。

2. 栽培技术

人工培养：目前多采用瓶栽和断木培养两种方法。

2.1　灵芝瓶栽法

2.1.1　培养料的配方：一组：阔叶树锯木屑75%、麸皮25%；二组：棉籽壳80%、麸皮16%、蔗糖1%、生石膏3%。以上二组配方可任选一组，然后加水适量，搅拌均匀，使培养料含水量为65%～70%（以手握之，指缝中有水而不滴下为度），调节pH值5～6。

2.1.2　装瓶灭菌：料拌均匀后，先闷一小时，装入广口瓶中（或罐头瓶或菌种瓶），装料要注意上紧下松，装量距瓶口3～5cm即可。装好后在中间用尖圆木棒打一通气孔，擦净瓶体，用塑料薄膜加牛皮纸扎紧瓶口，然后进行灭菌：采用高压灭菌，在1.1kg/cm^{2}压力下，保持1.5h。采用常压灭菌，当温度100℃时，保持8～10h，再闷12h。

2.1.3　接种：将灭过菌的料瓶培养温度降至30℃时，用0.1%高锰酸钾溶液擦净瓶体表面。再将接种工具等用75%酒精消毒，在接种箱或接种室内，在无菌条件下进行接种。其操作方法是：接种开始时，先用75%酒精棉球擦手和菌种瓶口及棉塞等，然后用右手拿接种耙或镊子，在酒精灯火焰上灭菌，左手拿菌种瓶，并打开菌种瓶盖，在火焰旁用接种耙或镊子，从瓶内取出一块枣子大的菌种，迅速放入栽培料瓶内，经火焰烧口，用牛皮纸包扎好，置于培养室内培养。

2.1.4 培养与管理：在温度 20~26℃，空气相对湿度在 60% 以下，约培养 20~30 天，菌丝即可长满瓶。再继续培养，培养料上就会长出 1cm 大小的白色疙瘩或突起物，即为子实体原基——芝蕾。当芝蕾长到接近瓶塞时，拔掉瓶口棉塞，让其向瓶口外生长。这时控制室温在 26~28℃，空气相对湿度在 90%~95%，保持空气新鲜，给以散射光等条件，芝蕾向上伸长成菌柄，菌柄上再长出菌盖，孢子可由菌盖中散发出来。从接种到散发孢子约需要 2 个月左右。生长期注意管理，每天要通过定时开窗的办法换气：如在气温高时，于上午 8~10 时，下午 3~4 时开窗；气温低时，可在中午开窗换气，避免因气温骤然变化造成灵芝畸形生长。室内二氧化碳过高，会影响子实体（灵芝）生长，只长菌柄，不长菌盖，此外还要注意调节空气的相对湿度，可采用悬挂湿布或喷水的方法。

2.2 灵芝段木培养法

2.2.1 段木的选择与处理：应选用栎、柞、桃、杨、刺槐等阔叶树作段木，可选用直径 5~15cm 段木。选定树种后一般在 4~5 月砍伐，不必剥皮。锯成长 1m 的段木，如果树种含水率较高，则要堆积干燥，直至用木楔打进段木内，不见流出树液时，便可接种。

2.2.2 接种：选择培养 20 天，子实体原基刚形成的新鲜菌种。这种菌种生命力强，接入段木后发育迅速，且不怕杂菌感染。接种工具可用直径 1~1.2cm 的打孔器或电钻头，打入段木的深度为 1cm。孔距 20×20cm，呈品字形错开排列，打孔后立即接种，否则孔穴干燥，影响成活率。接种应在荫凉的地方进行。接种前，先将供接种的菌种（栽培种）取出，截成 1cm³ 的小块，轻轻塞入孔穴内，稍压紧后，盖上木楔或树皮，然后用小木槌轻轻锤平。

2.2.3 接种的时期：应选气温在 20~26℃，空气相对湿度在 60% 以下时进行，有利于干燥培养，避免杂菌感染。接种后 30 天左右，菌丝便侵入段木内，并可见孔穴四周形成棕色菌圈，显示接种已成活。然后将段木埋入栽培场，进行生长期管理。

2.2.4 生长期管理：接种后将段木架成"井"字形，进行干燥培养 10~15 天，然后揭开木楔或树皮盖观察：见有白色菌丝，菌穴四周变成白色或淡黄色后逐渐变为浅棕色，木楔或树皮盖已被菌丝布满而固定时，即为接活。立即将段木埋入 pH 值 5~6 的酸性土壤内。若天气干旱，可淋水湿润土壤，遇雨季或雨天，要注意排水，避免场地积水。此外还要在栽培场周围撒一圈拌有蚁灵的毒土，诱杀白蚁，防止危害。翌年清明节后，当气温升至 25℃ 左右，可取出数根段木检查：揭开树皮盖或木楔，见孔穴周围生长茶褐色菌膜或已长出芝蕾，段木两端有白色菌丝或浅褐色菌膜，并可嗅到灵芝菌丝的特殊气味，显示菌丝成熟，立即将段木挖出，截成长 17～22cm 的小段木。然后，将其斜埋入酸性含沙砾的土壤中，上端露出地面约 3cm，且覆盖草遮阴，隔数日洒水 1 次，保持土壤湿润，经 7～10 天开始长出芝蕾。在生长芝蕾时期，栽培场地的湿度应保持在 90% 左右。太干太湿，均会导致芝蕾死亡。在适宜的温、湿度条件下培养，芝蕾生长迅速，先生出菌柄，接着又长出菌盖。约经两个月左右即可采收。在管理过程中，还要注意防止杂菌感染，发现青霉菌、毛霉菌、根霉菌等杂菌感染，可用烧过的刀片刮去周围的树皮和木质部，再涂抹浓石灰乳防治，或用沾有 75% 酒精棉球填入孔穴内防治。

2.3 采收与加工

2.3.1 采收加工

在菌盖中孢子散发后，菌盖开始由软变硬，颜色由淡黄逐渐转成红褐色，不再生长增厚，说明菌盖已经成熟，即可采收。采收后及时阴干或置 40～50℃ 温度下烘干。若收集孢子粉供药用，可在孢子散发期用纸袋将菌盖罩住收集，子实体发散孢子可延续 1 个月左右。

2.3.2 产量与质量

2.3.2.1 产量：灵芝采收后，段木还可再用，只要清除段木上的污物及不能形成菌盖的小子实体，再喷足水分，在适宜的条件下，5～7 天可长出芝蕾，一直可以采收到 11 月。一般直径 20cm 以上的段木，可连续采收 2～3 年。100 kg 培养料，第一年可收灵芝干品 1～1.5kg。

2.3.2.2 质量：以身干、菌盖肥厚、菌柄粗壮、质坚硬、色红褐、具漆样光泽者为佳。

2.4 开发与利用

我国是最早研究和开发灵芝的国家，在灵芝有效成分分离、鉴定药理作用方面取得了突破性的进展。目前开发的灵芝保健食品及药品主要有灵芝保健酒、灵芝口服液、灵芝糖浆、灵芝茶、乌鸡白凤丸、中华灵芝宝、灵芝胶囊等，可以增强人体免疫力及抵抗艾滋病的能力，结合中医治疗艾滋病效果很好。

本节编写人员：毋建民 王芝琴

第一部分 植物药

第三节 茯苓

1. 基本特征

1.1 茯苓：为多孔菌科卧孔菌属真菌，以菌核入药，药材名茯苓。茯苓喜暖、干燥、通风、阳光充足、雨量充沛的环境。菌丝生长的最适温度为25~30℃。适宜在土壤含水量为25%~30%，pH为5~6，砂多泥少、疏松通气、排水良好、土层深厚的砂质壤土中生长。我国除东北、西北西部、内蒙古、西藏外，其余省区均有分布。主产于云南、湖北、安徽三省。此外，福建、广西、广东、湖南、浙江、四川及贵州也有一定规模的种植。

1.2 化学成分：茯苓的主要化学成分有：β—茯苓聚糖、戊聚糖、果糖、葡萄糖、茯苓糖、茯苓酸、层孔酸、三萜类、甾醇、胆碱、卵磷脂以及多种氨基酸和微量元素等。

1.3 功能主治：性平，味甘、淡。具有利水渗湿，健脾和中，宁心安神等功效。切去赤茯苓后的白色部分称白茯苓，主治水肿胀满、心悸失眠、脾虚湿盛；白茯苓中心穿有细小松木者称茯神，主治心虚、惊悸、失眠、健忘等症；茯神中的松木称茯神木，主治中风不语、脚气转筋等。现代药理研究证明，茯苓有镇静、利水、降血糖、抑菌、预防胃溃疡，以及抗肿瘤与增强免疫功能的作用。

1.4 形态特征：菌核由菌丝集结而成，形态不一，有球形、长椭圆形、扁圆形或不规则块状，大小不等，小的重数百克，大的可达数十千克，一般为0.5~5kg。菌核表面黑褐色或棕褐色，皮壳有皱纹，内部白色或淡红色。子实体平伏地生长在菌核表面，初时白色，老熟干燥后变为淡褐色。孔口多角形至不规则形，孔壁薄，孔缘渐变为齿状。孢子长方形至近圆柱形，壁表面平滑，透明无色。

1.5 生物学特性：茯苓的生长发育可分为菌丝和菌核两个阶段。在适宜条件下，茯苓的孢子与松木结合，先萌发产生单核菌丝，而后发育成双核菌丝，形成菌丝体。菌丝体将木材中纤维素、半纤维素分解，吸收后转化为其自身所需的营养物质，并繁殖出大量的营养菌丝体，在木材中旺盛生长，这一阶段为菌丝生长阶段。由于菌丝体不断地分解和吸收木材中营养物质，茯苓聚糖日益增多，到了生长的中后期聚结成团，形成菌核。菌核初时为白色，后渐变为浅棕色，最终变为棕褐色或黑褐色的茯苓个体，这一阶段为菌核生长阶段，俗称结苓阶段。由于茯苓的营养物质主要来自于松木，故人工栽培茯苓应选用 7 ~ 10 年生、胸径 10 ~ 45cm、含水量在 50% ~ 60% 的松树段木，作为茯苓菌丝的营养源。人工栽培茯苓质量的好坏，与种植地的环境因子（主要是温度、湿度、光照、通风条件等）、营养条件、菌种优劣等有密切的关系。因此，人工栽培应选含水量 50% ~ 60% 的松树段木，种植地坡度为 10 ~ 30°，向阳，土壤含砂量在 60% ~ 70% 为宜。

2. 栽培技术

培养茯苓的材料采用松树段木、松树蔸及松毛（松叶及短枝条）均可。用松木能稳产高产，但要消耗大量的木材；用树蔸可节约木材，但来源有限，难以扩大生产；用松针可节约木材，但产量低，且药材质量差。目前仍以松树段木栽培为主。

栽培茯苓所需的菌种，历来沿用茯苓的菌核组织，通称"肉引"。将菌核组织压碎成糊状作种用，称为"浆引"。将"浆引"接种于段木，再锯成小段作种的称"木引"。"肉引"栽培一窖茯苓，要消耗鲜茯苓 200 ~ 500g，极不经济，并且菌种质量不稳定，难以达到稳产高产的目的。因此，目前广泛采用纯菌种接种的方法。

2.1 茯苓纯菌种的培养

2.1.1 母种（一级菌种）的培养

2.1.1.1 培养基的配制：多采用马铃薯—琼脂（PDA）培养基。其配方是：马铃薯（切碎）、蔗糖 50g、琼脂 20g、尿素 3g、水 1 000mL。制备方法是：先称取去皮切碎的马铃薯 250g，加水 1 000mL，煮沸 0.5h，用双层纱布滤过，滤液加入琼脂，煮沸并搅拌，使其充分溶化后，再加入蔗糖和尿素，待溶解后，加水至 1 000mL，即成液体培养基。调 pH 值至 6 ~ 7，分装于试管中，包扎，以 1.1 kg/cm² 高压灭菌 30 分钟，稍冷却后摆成斜面，凝固后即成斜面培养基。

2.1.1.2 纯菌种的分离与接种：选择新鲜皮薄、红褐色、肉白、质地紧密、具特殊香气的成熟茯苓菌核，先用清水冲洗干净，并进行表面消毒，然后移入接种箱或接种室内，用 0.1% 砷汞液或 75% 酒精冲洗，再用蒸馏水冲洗数次，稍干后，用手掰开，用镊子挑取中央白色菌肉 1 小块（黄豆大小）接种于斜面培养基上，塞上棉塞，置 25 ~ 30℃ 恒温箱中培养 5 ~ 7 天，当白色绒毛状菌丝布满培养基的斜面时，即得纯菌种。

2.1.2 原种（二级菌种）的培养

2.1.2.1 培养基的配制：母种不能直接用于生产，必须再进行扩大繁殖。扩大培养所得的菌种称为原种或二级菌种。原种的培养基配方是：松木块（长×宽×厚为：30×15×5mm）55%、松木屑 20%、麦麸或米糠 20%、蔗糖4%、石膏粉1%。配制方法是：先将松木屑、米糠（或麦麸）、石膏粉拌匀。另将蔗糖加1~1.5倍量水使其溶解，调pH值至5~6，放入松木块煮沸30min，待松木块充分吸收糖液后，将松木块捞出。再将上述拌匀的木屑等配料加入糖液中，充分搅匀，使含水量在60%~65%，即以手紧握于指缝中有水渗出，手指松开后不散为度。然后拌入松木块，分装于500mL的广口瓶中，装量占瓶的4/5即可，压实，于中央打一小孔至瓶底，孔的直径约1cm，洗净瓶口，用纱布擦干，塞上棉塞，进行高压灭菌1h，冷却后即可接种。

2.1.2.2　接种与培养：在无菌条件下，从上述母种中挑取黄豆大小的小块，放入原种培养基的中央，置25~30℃的恒温箱中培养20~30天，待菌丝长满全瓶，即得原种。培养好的原种，可供进一步扩大培养用。若暂时不用，必须移至5~10℃的冰箱内保存，但保存时间一般不得超过10天。

2.1.3　栽培菌种（三级菌种）的培养

2.1.3.1　培养基的配制配方：松木屑10%、麦麸或米糠21%、葡萄糖2%或蔗糖3%、石膏粉1%、尿素0.4%、过磷酸钙1%，其余为松木块（长×宽×高为：20×20×10mm）。配制方法：先将葡萄糖（或蔗糖）溶解于水中，调pH值至5~6，倒入锅内，放入松木块，煮沸30 min，使松木块充分吸足糖液后，捞出。另将松木屑、米糠（或麦麸）、石膏粉、过磷酸钙、尿素等混合均匀，将吸足糖液的松木放入混合后的培养料中，充分拌匀后，加水使配料含水量在60%~65%之间。随即装入500mL广口瓶内，装量占瓶的4/5即可。擦净瓶口，塞上棉塞，用牛皮纸包扎，高压灭菌3h，待瓶温降至60℃左右时，即可接种。

2.1.3.2　接种与培养：在无菌条件下，用镊子将上述原种瓶中长满菌丝的松木块夹取1~2片和少量松木屑、米糠等混合料，接种于瓶内培养基的中央。然后将接种的培养瓶移至培养室中进行培养30天。前15天温度调至25~28℃，后15天温度调至22~24℃。当乳白色的菌丝长满全瓶，闻之有特殊香气时，即可供生产用。一般情况下，一支母种可接5~8瓶原种，一瓶原种可接60~80瓶栽培菌种，一瓶栽培菌种可接种2~3窖茯苓。

在菌种整个培养过程中，要勤检查，如发现有杂菌污染，则应及时淘汰，防止蔓延。

2.2　段木栽培

2.2.1　选地与挖窖

2.2.1.1　选地：应选择土层深厚、疏松、排水良好、pH值5~6的砂质壤土（含砂量在60%~70%），25°左右的向阳坡地种植为宜。含砂量少的黏土、光照不足的北坡、陡坡以及低洼谷地均不宜选用。

2.2.1.2　挖窖：地选好后，一般于冬至前后进行挖窖。先清除杂草灌木、树兜、石块等物，然后顺山坡挖窖，窖长 65～80cm，宽 25～45cm，深 20～30cm，窖距 15～30cm，将挖起的土，堆放于一侧，窖底按坡度倾斜，清除窖内杂物。窖场沿坡两侧筑坝拦水，以免水土流失。

2.2.2 伐木备料

2.2.2.1 伐木季节：通常在 1 月前后进行伐木，此时为松木的休眠期，木材水分少，养料丰富。

2.2.2.2 段木制备：松树砍伐后，去掉枝条，然后削皮留筋（筋即不削皮的部分），即用利刀沿树干从上至下纵向削去部分树皮，削一条，留一条不削，这样相间进行。剥皮留筋的宽度，视松木粗细而定，一般为 3～5cm，使树干呈六方形或八方形。削皮应深达木质部，以利菌丝生长蔓延。

2.2.2.3 截料上堆：上述段木干燥半个月之后，进行截料上堆。直径 10cm 左右的松树，截成 80cm 长一段，直径 15cm 左右的则截成 65cm 长一段。然后按其长短分别就地堆叠成"井"字形，放置约 40 天。当敲之发出清脆声，两端无树脂分泌时，即可供栽培用。在堆放过程中，要上下翻晒1～2次，使木材干燥一致。

2.2.3 下窖与接种

2.2.3.1 段木下窖：4～6 月选晴天进行。每窖下段木的数量，视段木粗细而定。通常直径 4～5cm 的小段木，每窖放入 5 根，下 3 根上 2 根，呈"品"字形排列；直径 8～10cm 的放 3 根；直径 10cm 以上的放 2 根；特别粗大的放 1 根。排放时将两根段木的留筋面贴在一起，使中间呈"V"字形。

2.2.3.2 接种：茯苓的接种方法有"菌引"、"肉引"、"木引"等。

"菌引"：先用消过毒的镊子将栽培菌种内长满菌丝的松木块取出，顺段木"V"字形缝中一块接一块地平铺在上面，放 3～6 片，再撒上木屑等培养料。然后将一根段木削皮处向下，紧压在松木块上，使成"品"字形，或用鲜松针、松树皮把松木块菌种盖好。如果段木重量超过 15kg，可适当增加松木块菌种量。接种后，立即覆土，厚约 7cm，最后使窖顶呈龟背形，以利排水。

"肉引"：选择 1～2 代种苓，以皮色紫红、肉白、浆汁足、质坚实、近圆形、有裂纹、个重 2～3 kg 的种苓为佳。下窖时间多在 6 月前后，把干透心的段木，按大小搭配下窖，方法同"菌引"。接种方法在产区常采用下列 3 种："贴引"，即将种苓切成小块，厚约 3cm，将种苓块肉部紧贴于段木两筋之间。若窖内有 3 根段木，则贴下面的 2 根；若有 5 根段木，则贴下面的 3 根，边切种苓边贴引。然后用砂土填塞，以防脱落。"种引"，即将种苓用手掰开，每块重约 250g，将白色菌肉部分紧贴于段木顶端，大料上多放一些，小料少放一些。然后用砂土填塞,防止种引脱落。"垫引",即将种引放在段木顶端下面,白色菌肉部分向上,紧贴段木。然后用砂土填塞,以防脱落。

"木引":将上一年下窖已结苓的老段木,在引种时取出,选择黄白色、筋皮下有菌丝,且有小茯苓又有特殊香气的段木作引种木,将其锯成18~20cm长的小段,再将小段紧附于刚下窖的段木顺坡向上的一端。接种后立即覆土,厚7~10cm。最后覆盖地膜,以利菌丝生长和防止雨水渗入窖内。

2.3 树蔸栽培

选择松树砍伐后60天以内的树蔸栽培最好,一年以内的亦可栽培。选晴天,在树蔸周围挖土见根,除去细根,选粗壮的侧根5~6条,将每条侧根削去部分根皮,宽6~8cm,在其上开2~3条浅凹槽,供放菌种之用。开槽后曝晒一下,即可接种。另选用径粗10~20cm、长40~50cm的干燥木条,也开成凹槽,使其与侧根上的凹槽成凹凸槽形配合。然后在两槽间放置菌种,用木片或树叶将其盖好,覆土压实即可。栽后每隔10天检查一次,发现病虫害要及时防治。9~12月茯苓膨大生长时期,如土壤出现干裂现象,须及时培土或覆草,防止晒坏或腐烂。培养至第二年4~6月即可采收。

2.4 苓场管理

2.4.1 护场、补引:茯苓在接种后,应保护好苓场,防止人畜践踏,以免菌丝脱落,影响生长。10天后进行检查,如发现茯苓菌丝延伸到段木上,表明已"上引"。若发现感染杂菌而使菌丝发黄、变黑、软腐等现象,说明接种失败,则应选晴天进行补引。补引是将原菌种取出,重新接种。一个月后再检查一遍,若段木侧面有菌丝缠绕延伸生长,表明生长正常。两个月左右菌丝应长到段木底部或开始结苓。

2.4.2 除草、排水:苓场应保持无杂草,以利光照。若有杂草滋生,应立即除去。雨季或雨后应及时疏沟排水、松土,否则水分过多,土壤板结,影响空气流动,菌丝生长发育受到抑制。

2.4.3 培土、浇水:茯苓在下窖接种时,一般覆土较浅,以利菌丝生长迅速。当8月开始结苓后,应进行培土,厚度由原来的7cm左右增至10cm左右,不宜过厚或过薄,否则均不利于菌核的生长。每逢大雨过后,须及时检查,如发现土壤有裂缝,应培土填塞。随着茯苓菌核的增大,常使窖面泥土龟裂,甚至菌核裸露,此时应培土,并喷水抗旱。

2.5 病虫害防治

2.5.1 病害:茯苓在栽培(生长)期间,培养料(段木或树蔸)及已接种的菌种,有的会出现霉菌污染。侵染的霉菌主要有绿色木霉 [*Trichoderma viride* (Pers. et Fr.)]、根霉(*Rhizopus* spp.)、曲霉(*Aspergillus* spp.)、毛霉（*Mucor* spp.）、青霉（*Penicillium* spp.）等，正在生长的菌核也易受污染。霉菌污染培养料后，吸收其营养，影响茯苓菌核皮色变黑，菌肉疏松软腐，严重者渗出黄棕色黏液，失去药用和食用价值。产生病害的主要原因是接种前培养料或栽培场已有较多杂菌污染、接种后窖内湿度过大、菌种不健壮、抗病能力差、采收过迟等。

防治方法：（1）选择生长健壮、抗病能力强的菌种。（2）接种前，栽培场要多次翻晒。（3）段木要清洁干净，发现有少量杂菌污染，应铲除掉或用70%酒精杀灭，若污染严重，则予以淘汰。（4）选择晴天栽培接种。（5）保持苓场通风、干燥，经常清沟排渍，防止窖内积水。（6）发现菌核发生软腐等现象，应提前采收或剔除，苓窖用石灰消毒。

2.5.2　虫害

2.5.2.1　白蚁：主要是黑翅土白蚁（*Odontotermes formosanus* Shiraki）及黄翅大白蚁（*Macrotermes barneyi* Light），蛀食段木，干扰茯苓正常生长发育，造成减产，严重时有种无收。

防治方法：（1）苓场应选择南向或西南向。（2）段木和树蔸要求干燥，最好冬季备料，春季下种。（3）下窖接种后，苓场周围挖一道深50 cm、宽40 cm的封闭环形防蚁沟，防止白蚁进入苓场，亦可排水。（4）在苓场附近挖几个诱蚁坑，坑内放置松木、松毛，用石板盖好，经常检查，发现白蚁时，用60%亚砷酸、40%滑石粉配成药粉，沿着蚁路，寻找蚁窝，撒粉杀灭。（5）引进白蚁新天敌——蚀蚁菌，此菌对啮齿类和热血动物及人类均无感染力，但灭蚁率达100%。（6）5～6月白啮齿类和热血蚁分群时，悬挂黑光灯诱杀。

2.5.2.2　茯苓虱［*Mezira*（*zemira*）*poriaicola* Liu］：多群聚于段木菌丝生长处，蛀食茯苓菌丝体及菌核，造成减产。

防治方法：在采收茯苓时可用桶收集茯苓虱虫群，用水溺死；接种后，用尼龙纱网片掩罩在茯苓窖面上，可减少茯苓虱的侵入。

3. 采收与加工

3.1　采收

茯苓接种后，经过6～8个月生长，菌核便已成熟。成熟的标志是：段木颜色由淡黄色变为黄褐色，材质呈腐朽状；茯苓菌核外皮由淡棕色变为褐色，裂纹渐趋弥合（俗称"封顶"）。一般于10月下旬至12月初陆续进行采收。采收时，先将窖面泥土挖去，掀起段木，轻轻取出菌核，放入箩筐内。有的菌核一部分长在段木上（俗称"扒料"），若用手掰，菌核易破碎，可将长有菌核的段木放在窖边，用锄头背轻轻敲打段木，将菌核完整地震下来，然后拣入箩筐内。采收后的茯苓，应及时运回加工。

3.2　加工

先将鲜茯苓除去泥土及小石块等杂物，然后按大小分开，堆放于通风干燥室内离地面15cm高的架子上，一般放2～3层，使其"发汗"，每隔2～3天翻动一次。半个月后，当茯苓菌核表面长出白色茸毛状菌丝时，取出刷拭干净，至表皮皱缩呈褐色时，置凉爽干燥处阴干即成"个苓"。然后将"个苓"按商品规格要求进行加工，削下的外皮为"茯苓皮"；切取近表皮处呈淡棕红色的部分，加工成块状或片状，则为"赤茯苓"；内部白色部分切成块状或片状，则为"白茯苓"；若白茯苓中心夹有松木的，则称"茯神"。然后将各部分分别摊于晒席上晒干，即成商品。

4. 贮藏与运输

4.1　贮藏：将干燥后的茯苓药材，装入纸箱内，置于药材仓库内贮存。药材仓库地面应为水泥地面，坚实而平整。库房要求干燥、通风，墙壁表面平整、光滑、无裂缝、不起尘。门窗要求坚固，关闭严密，并有防虫、防鼠、防火设施。药材堆码要合理、整齐，纸箱码堆的货垛下面用30cm高的木制脚架作垛垫，货垛与库房内墙距约60cm，与屋顶距应大于50cm。

在药材贮藏期间要保持仓库内的清洁卫生，加强仓库内温度与湿度管理，温度控制在30℃以下，相对湿度控制在70%以下。并应经常检查有无霉变、虫蛀、鼠害、变色等现象发生，一经发现，应及时处理。

4.2　运输：起运前，要认真做好药材出库验发工作，根据出库凭证做好"三查"（查货号、单位、开票日期），"六对"（对品名、规格、厂牌、批号、数量、发货日期）等工作。根据货运量安排运输工具，最好安排整车装运，不应与有毒有害货物混装运输。

表1－2　茯苓生产农时表

时　间	生　产　内　容
1月	伐木准备育棒材料（新棒）
4～6月	准备新棒、下窖、接种
7～10月	管护
11月	采挖

本节编写人员：李晓东　毋建民

第二章 根及根茎类

第一节 天麻

1. 基本特征

1.1 天麻：属兰科多年生共生草本植物，为名贵的传统中药材。它无根、无绿色叶片，不能进行光合作用自养生活，必须依靠同化侵入其体内的一些真菌获得营养。天麻在我国分布范围较广，有四川、云南、陕西、湖南、安徽、河南、山东等省。陕南秦巴山区是我国天麻自然分布中心之一。汉中是传统的天麻生产基地，历史悠久，负有盛名，略阳县又是汉中地区重要的天麻生产基地，1997 年以前一直以人工采挖野生麻种进行无性繁殖生产，1997 年略阳县从北京植物研究所徐锦堂教授处引进"有性繁殖"生产技术，并在其指导下开始进行有性繁殖试验和推广种植，2001～2002 年在技术和市场的双重推动下，全县天麻种植量达到 160 万窝，成为全国重要的天麻生产基地。

1.2 化学成分：含天麻甙、天麻甙元、天麻醚甙、派立辛、香草醇、β—谷甾醇、对羟基苯甲醛、柠檬酸、棕榈酸、琥珀酸等。

1.3 功能与主治：天麻性平，味甘。有追风镇静作用，可治头痛眩晕、神经痛、惊风抽搐、肢体麻木、手足不遂、冠心病、心绞痛、面肌痉挛等症。

2. 天麻的市场变动规律

天麻的市场价格变动规律一般为 6～7 年一个周期，必须看到有高峰必有低谷，有低谷必有高峰，市场总是沿一低一高波浪式前进的，这是商品经济发展的规律。在种天麻时，必须要做好市场预测，在低谷时要抓发展，在高峰时要节制，不要盲目发展，盲目就会带来损失。

3. 天麻的形态

3.1 种子：用来有性繁殖，种子很小，种皮像翅，风吹可飞，种子中只有一胚，无胚乳，也无贮藏营养供应。因此种子发芽困难，必须借助萌发菌才能萌发，每个果子中有 3 万～4 万粒种子。

3.2　原球茎：种子萌发后生成的球形体。

3.3　营养繁殖茎：原球茎的分生组织，简称营繁茎。该茎的长短，以接蜜环菌的早晚而变化，营养繁殖茎有节，节间可长出侧芽，顶端可膨大成顶芽，顶芽和侧芽可形成白麻和米麻。

3.4　米麻：营养繁殖茎的顶芽和侧芽所生的在 2cm 以下的小块茎称米麻，栽后第一年长成白麻，第二年长成箭麻。

3.5　白麻：体形较大的米麻，长度 2cm 以上，无明显顶芽，前端有个帽状白头（生长锥），不能抽苔开花，栽后一年形成箭麻，是商品麻的主要繁殖材料。

3.6　箭麻：白麻栽后一年，形成明显的红色顶芽，俗称"鹦哥咀"，出苔后顶端似箭头，茎秆似箭秆，故称箭麻。栽培后可抽薹开花，经授粉后形成天麻种子，进行有性繁殖。箭麻加工干燥后便成商品麻。

3.7　母麻：白麻、米麻长出新生麻后，箭麻出苔开花，其原栽母体衰老变色，形成空壳，通称母麻。

4. 天麻的营养

天麻种子萌发时需萌发菌为其营养，蜜环菌对种子萌发有害，但是种子一旦萌发以后的生长发育直到无性繁殖的整个生长过程，都需蜜环菌为其营养。

4.1　萌发菌：萌发菌就是能促进天麻种子萌发的一类真菌，其适宜生长温度和蜜环菌差不多，在 10～28℃ 都能生长，20～25℃ 为最适生长温度，28℃ 对菌丝生长不利，30℃ 菌丝停止生长，对湿度的要求较大，两菌的最适 pH 值为 5.5～6.5。杂木树叶是萌发菌的主要营养物，树叶上萌发菌菌丝多，发芽率就高，相反发芽率则低，萌发菌不仅能为天麻种子发芽提供营养，同时还可以创造种子发芽后幼体继续生长发育的有利条件，免遭其他微生物的侵害。

优良的萌发菌应具备以下性能：（1）发芽率高；（2）原球茎长得快，长的大；（3）适应性强，特别是对温度和湿度的适应性要强。

4.2　蜜环菌：天麻种子萌发后，萌发菌所提供营养已无法满足其继续繁殖的需要，必须与蜜环菌重新建立营养关系。种子发芽后在原球茎上产生营养繁殖茎，蜜环菌主要侵绕在营养繁殖茎上，少数在原球茎上。营养繁殖茎一旦接上蜜环菌，就要产生米麻、白麻或箭麻。早期接菌产量高，晚期接菌产量低。

5. 天麻的生活环境

5.1　天麻的适生区：海拔 600～1 800m 的中高山区，是天麻的适生区。

天麻生长需凉爽环境，夏无酷暑，冬无严寒，在此海拔范围内，基本能满足其生长。

5.2 温度：天麻块茎在地温 14℃左右开始萌发，20～25℃生长最快，30℃以上停止生长，14℃以下处于休眠，一年之内整个生长季节总积温3 800℃左右。炎热的夏季天麻生长的土层温度持续超过 30℃，蜜环菌和天麻的生长受抑制，影响天麻产量。因此在低海拔地区栽培天麻，夏季高温季节应采取降温措施。天麻耐寒能力较强，地温在－3℃以上可正常越冬，但块茎暴露在空气中，同样低温天麻会遭受冻害。天麻种子在 15～28℃都能发芽，但萌发的最适温度为 20～25℃，超过 30℃种子发芽受到抑制。

5.3 湿度：土壤水分对天麻的生长发育至关重要，适合天麻生长的土壤水分一般在 40%～60%为宜，实践证明稍偏湿一些较好，偏湿麻色白嫩，偏干则发黄，但水分不宜过多，过多则易发生烂麻，雨水多时栽培地要注意排水，天旱时要注意适时浇水。

5.4 土壤：天麻栽培最好是 pH 值为 5～6 的沙壤土，黏土、石砾土都不行，沙子以中粗沙较好，太细，太粗都不好。土壤既要疏松透气，又能保持一定湿度。

5.5 光照：整个天麻生长过程中，不需要光线，但阳光的有无、多少，对天麻生长都有一定的影响，可提高地温。但阳光直射，容易使地温升高，加快土壤水分蒸发，高温干旱同样不利天麻生长，因此，野外栽培天麻夏季一定要遮阴，遮阴的多少，视地温而定。

5.6 地形和地势：地形和地势对天麻生长影响也很大，栽培天麻时应注意选择。高山区温度低，生长季节短，应选择阳山；低山区夏季温度高，雨水少，应选择湿度较高温度较低的阴山；中山区就应选择半阴半阳山。在坡度为 5～10°缓坡地或沟谷地野生天麻较多，这些地方的小气候及肥沃深厚的腐殖层，都有利于天麻的生长。在山脊及大森林深处天麻分布较少，人工栽培时也应选择有一定坡度的地方，尤其是雨水多的地区，更应考虑到排水。

6. 天麻栽培技术

6.1 天麻有性繁殖栽培技术

6.1.1 天麻有性繁殖制种技术

6.1.1.1 栽培箭麻

选择箭麻：在采挖现场就地选择，要求顶芽（鹦哥咀）短粗饱满，1～1.5cm 长，圆锥形（过细过长，抽出的花苔较细且易倒伏）麻体较粗，环纹较少而稀，无损伤和病虫，麻体重在 150～250g 为宜。

栽培时间：冬季栽培在 10 月下旬至 11 月，春栽 3 月。春栽成活率较高，随挖随栽更好。

栽培技术：栽箭麻不放菌材，依靠其自身贮藏的营养，在适宜的温、湿度条件下即可完成抽薹、开花、结果。

栽培方法：栽培时要求底土（沙壤土）达到10cm，土壤湿润，按株距10cm、行距15cm摆放箭麻，顶芽向上，栽完后盖土8～10cm。

6.1.1.2　人工授粉

授粉时间：天麻的开花期，就是天麻授粉期。通常情况下每天开花4～5朵，但当气温升高到25℃左右并持续5～7天时，最多一天可开放10朵左右。无论何时开花，均要及时授粉。凡在开花后1～3天以内授粉，其授粉率和座果率均在95%～100%。开花5天后授粉，其授粉率为零。每天授粉最佳时间为上午9～12时，下午4～6时，避开中午高温时段。

授粉操作：授粉时用授粉针或牙签轻轻挑起天麻花内雄性花药，去掉药冒后准确地放在雌蕊柱头区上，稍压即可。授粉时，异株异花授粉比同株同花授粉要好。

果子成熟与采收：采果期：海拔800m以下的低山丘陵平川区，当气温在22～25℃时，授粉15～17天果子即可成熟（时间约在5月中旬左右）；海拔800～1 000m左右，约需25～30天（时间在6月下旬至7月上旬）。海拔1 000m以上地区7月份播种当年不可能形成新生白麻，生长发育期向后推迟一年。因此，这类地区需建立温室栽培箭麻制种，将播种期提早到5月中旬左右，这样一年半即可收到箭麻，缩短生长周期一年。

果实成熟度的鉴别：一般授粉后18～20天，用手摸果实由硬变软，颜色由深红变为浅红，果缝泛白色，打开后种子能散开，即可采收。

果实的采收与贮藏：天麻果子分批成熟，分批采收。要求在果子裂口前1～2天采摘，如遇雨天不能及时播种，可将天麻种子与共生萌发菌均匀装在塑料袋内可暂存3～5天。外调果子可放入冰箱保鲜层，温度控制在2～5℃暂存，但必须在5天之内播种，以保持种子活力和提高萌发率。运输途中，必须采用冷藏设备保管。

6.1.2　天麻有性繁殖播种技术

6.1.2.1　播种期：天麻种子在15～28℃之间都能发芽，但发芽最适温度为20～25℃，一般在5月至6月上旬播种，如能提前至4月下旬至5月上旬更好。不同的地域，不同的海拔高度，应根据地温回升情况和种子成熟情况确定播种期，早播种可延长生长期，但地温不够应采取增温措施，促进种子萌发。略阳县播种期一般在5月中旬至6月中旬。

6.1.2.2　播前准备

一般把长有密环菌的树棒叫"菌材"或"菌棒"，长有蜜环菌的短树枝叫"菌枝"，反之，未传有蜜环菌的叫"树棒"或"树枝"。

树棒：播前一个月，砍伐直径为6～10cm粗的杂木树干（不含油质），截成50cm长的短节，在树棒的2～3面砍成鱼鳞口。每窝准备树棒10～12根，按"井"字形堆码晾干备用。

树枝：将1～2cm粗的栎类树枝条斜砍成3～5cm长的短节，树枝不能太粗，太粗不易传菌，每窝按2.5kg准备。

树叶：栎类树落叶，每窝约需0.5kg。

浸泡：播种前一天，用0.25%硝酸铵溶液将树枝浸泡30分钟，用清水把树叶浸泡1天捞出备用。如用干树棒，应在0.25%的硝酸铵溶液中浸泡24h。

拌种：将天麻共生萌发菌种撕成单片菌叶，放在盆内，把天麻果子瓣开抖出种子（应在室内无风处操作），倒入播种器，均匀地洒播在萌发菌叶上，反复拌匀，使每片叶上都均匀地粘上天麻种子，按窝装袋备用。

每播种1窝天麻，需要天麻果子10～15个、天麻共生萌发菌1瓶（袋）、蜜环菌2瓶，用菌棒、菌枝比瓶装蜜环菌效果更好。

6.1.2.3 室内播种

栽培料的配制：选用粗粒黄沙（麻骨沙）或中粗河沙，可与杂木屑按体积1:1的比例（如沙偏细，则沙木屑2:1）充分混合均匀，然后用清水拌料，如果有"天麻真菌营养液"（每袋25g，加清水10kg，充分搅拌溶解）拌料更好。料土含水量保持湿润（手捏成团，摺下则散），堆积闷润6～8h后使用。

播种方法：（1）筐、箱播种：选用55×38×30cm的竹筐或简易木箱，清洗干净，先在底部铺塑料薄膜，薄膜在筐底处每隔10cm剪1cm大小的透水孔1个，共剪3排9个透水孔。填进料土10cm，摆放一层浸泡过的湿树叶厚0.5cm作为底叶，将拌过种的共生萌发菌叶均匀地撒在底叶上，取树棒3～4节，紧压在播种层上，棒间距离3～5cm，将蜜环菌条夹放在两棒之间，一端必须靠接在树棒鱼鳞口上，菌枝空隙处放树枝短节数根，树枝不能太粗，放树枝时也要粗细搭配，以利传菌。然后用料土覆盖，土厚3cm，适当洒些水，再按以上操作规程播第二层。播后盖料封顶，厚10cm，上面用湿树叶覆盖，将四周塑料薄膜拉起盖在筐面上，用沙压实即可。（2）室内地栽：用砖砌成70×60×40～50cm栽培坑，坑底铺7～8cm厚的沙砾或小石块形成利水层，铺5～6cm的栽培料，再在其上放一层树叶及一层拌过种的萌发菌树叶，再放5～6根树棒，棒间距3～5cm，菌枝和树枝的摆放与筐、箱播种相同。摆好后栽培料压实，浇水。再播第二层，其方法同第一层保湿保温与筐、箱播种相同。室内有条件的，尽量采用坑播，因坑的播种面积大，栽培层的温度相对稳定，一般产量较高。

6.1.2.4 室外播种

选地：粗沙土或沙壤土最好，死黄泥不宜播种。

挖坑：在选择好的地内挖播种坑，一坑为1窝（以避免因1窝感染杂菌后，传染给其他窝），坑长70cm，宽60cm，深30cm，坡地坑底随坡顺水，呈缓坡形式，平地人为将坑底铺成缓坡状，以防水浸和积水。

播种：坑底土壤干燥时，一定要灌水，干土不能播种。待坑内浸湿后在坑底铺一层湿树叶，厚1cm。将拌好天麻种子（1窝量）的萌发菌叶先取一半，均匀地撒在铺好的树叶上，即是播种层。取备好的树棒5根摆放在播种层上，棒间距离3cm。将蜜环菌菌枝放在鱼鳞口处和棒两端（必须与树棒紧接起来，以加速传菌）。

摆放树枝：将准备好的树枝均匀地夹放在菌枝的空隙处，树枝要粗细搭配，按平压实。

填土：用沙土将树棒及四周盖住捣实，棒上盖土3cm，至此，第一层播种完毕。

按照上述顺序方法播种第二层。播种后用沙土覆盖，覆土厚度10～15cm，上加盖一层湿树叶，再盖一层沙土压实，以保墒防晒和防雨水冲刷。

6.1.2.5 播种后的管理

6.1.2.5.1 室内播种后的管理

控制室温：天麻种子的萌发最适温度是20～25℃，蜜环菌的最适合温度也在20～25℃的范围内，因此播种后，如何创造条件把温度控制在天麻最适生长范围内，十分关键。温度控制必须根据不同地方、不同海拔高度的生长月份及温度的变化灵活掌握，不能千篇一律。但总的原则必须把握，除冬天12月至次年2月给5～10℃的低温使其休眠外，其余月份，栽培层的温度尽量保持在18～28℃之间最好，低于18℃生长缓慢，高于28℃则停止生长。夏季最热月份，超过28℃，要尽量采取措施把温度降下来，如加厚覆盖层，加速室内通风，晚上开门窗，白天关门窗，喷水降温等。其他月份，如果温度低于18℃，要设法增温，如加盖塑料薄膜，白天开门窗，晚上关门窗等，要把温度提高到18℃以上，这样可延长天麻的生长期，使其生长更好。

控制湿度：筐、箱播种只要配料时湿度适宜，一般在7～9月，每隔15～20天补水一次即可。因为室内蒸发量小，浇水时应轻浇浅浇，防止大水浇灌，导致筐、箱底湿度过大而烂麻。

6.1.2.5.2 室外播种后的管理

抗旱防涝：室外播种易受自然环境的影响，播后管理很重要。天麻播种时正值伏夏和干旱，播种时坑内浸水，只能维持种子发芽所需水分，播后半个月内无雨，应及时补水，7～8月高温干旱季节，每半个月灌水一次，从天麻栽培坑的上端开口，挖掘至栽培层后将水灌进，保证坑内天麻吸收，坑面加土覆盖，这是夺取高产、减少空窝的重要技术措施。

控制温度：温度高要降温，温度低要升温。夏季搭建荫棚遮阴，或增厚覆盖层降温，早春与秋天搭建温棚或覆盖塑料薄膜增温，都是保持其适宜生长温度的重要措施。

抗洪排涝：天麻播种后要立即用树叶覆盖，大雨时要用薄膜覆盖（雨停即取），同时检查被雨冲掉的覆盖物，重新盖好，并将坑面垒成龟背形，窝子的下坎挖开排水口，防止积水。

越冬管理：当气温低于－10℃时，即会发生天麻冻害，使表层天麻冻烂，因此在霜降后要加厚盖土和覆盖树叶。海拔千米以上地区，霜降后在天麻栽培窝上盖塑料薄膜，等第二年清明节前取掉，既可防冻，又可延长和提早天麻生长期。

6.1.2.6　种麻收获和分栽

通常天麻种子从6月份播种到第二年的11月采收，同时分栽，需一年半时间。在秦巴山区海拔800m以上可收到20%～30%的商品麻，80%的种麻（白麻、米麻）。在播种当年秋末或次年春季，利用天麻休眠期，提前进行分栽，产量及商品分别提高15%～20%，使生产周期提前一年进入商品麻生产阶段，同时可扩大有性繁殖种植面积，每一窝平均分栽2～3窝。海拔800m以下，含平川丘陵及室内，气温较高，无霜期长，天麻播后当年生长期达到150～180天，最大白麻体长可达5～7cm，重10g以上，大部分白麻长3cm以上，重2g以上，当年11月则可分栽；但海拔高，播种期晚于7月份，当年白麻数量少，不宜分栽。

6.2　天麻无性繁殖栽培技术

6.2.1　培养优质菌材和菌床

天麻无性繁殖是用有性繁殖产生的种麻进行人工栽培。种麻对蜜环菌营养的需求量大，而且栽培后需要及时供给蜜环菌，与有性繁殖不大相同，所以不能用固体蜜环菌种和活树棒一次下窝进行栽培，否则会因蜜环菌供给不足而造成空窝和减产。因此，"兵马未动，粮草先行"，未栽天麻前，必须提前培养好优质菌材，没有优质的菌材，即使用一代有性繁殖种麻栽培，仍然得不到高产。

6.2.1.1　用固体蜜环菌培养菌枝

菌枝是扩大了的优质固体菌种，因为树枝细而幼嫩，蜜环菌传菌很快，在气温 22～28℃左右，一般 32～35 天即可培育好，并投入使用，可以用它培养菌材和固定菌床，也可以用于天麻有性繁殖播种，比起直接用固体蜜环菌培养菌材和菌床经济实惠，一瓶固体菌种可培养 10～12 根菌材，而 1 瓶固体菌种培养的菌枝可达 60～80 根菌材。

培养时间：培养菌枝是为 5～6 月天麻有性繁殖播种，7～8 月培养菌材、固定菌床提供优质菌源的，因此它的培养期应比天麻播种和菌材培养提前 2～3 月，即每年 4～6 月份进行。

培养方法：培养菌枝应选在栽培天麻场所进行。在选好的地块，挖深 50cm，长、宽各 1m 的坑，坑底先铺 1cm 厚的湿树叶，将固体蜜环菌种和树枝，按每 2 根树枝中夹放 1 根菌种枝条，相互紧靠，依次将全坑摆完，盖沙土 1cm 厚，用手摇动树枝，使沙土充分落入其间，然后在土面浇水一次，再撒树叶，依次摆放 4～5 层，或一层横一层竖。井字形摆放也可，最后填土封顶，厚 15～20cm，用树叶覆盖防晒保墒即可。

6.2.1.2　用菌枝培养菌棒

培养时间：培养菌棒是为冬季栽天麻使用，由于树棒粗长，培养时间比菌枝长，一般需 2～3 个月，因此，要在 7～8 月份培养，气温高，降水多，蜜环菌生长繁殖快，才能保证冬季 10～11 月份天麻栽培使用。

培养方法：培养菌棒应选在天麻栽培地进行，避免远距离运输的辛苦。选择平地或缓坡，挖深 50cm，长 2m，宽 1.2～1.5m 的浅坑，先在坑底铺 1cm 厚的湿树叶，将树棒摆好，棒间留 1cm 空隙回填土半沟后，在每根棒中间接三根菌枝，空隙处加放树枝，上盖土 3cm，摇动树棒使沙土灌在棒间，压实不留空隙，免生杂菌。用水将土层浇湿，如此可摆放 4～5 层，上盖土 20cm，用树叶覆盖即可。

6.2.1.3　菌枝培养固定菌床：用固定菌床栽培天麻是夺取高产可靠的技术。俗话叫"先盖房子后搬家"，而且节约劳力和时间，简化了先培养菌材，再用菌材栽天麻的生产过程，一次到位。到冬季挖开菌床就既可栽天麻，加快了栽培速度，是目前最好的一种方法。

培养时间：7～8 月培养菌床，在冬季 10～11 月份栽天麻时使用。

培养方法：在选好的天麻栽培场地，挖深 30～40cm，长 70cm，宽 50cm 的坑，先在坑底铺湿树叶一层，厚 1cm，树叶上顺坡摆放树棒 5 根，填半沟土后，在棒间夹放菌枝 3～4 节，使菌枝两端分别接在两棒鱼鳞口处，再加放树枝数节，盖土至棒平，按此法再摆放一层，覆土 5～6cm 封顶，盖树叶即可。

培养期管理：主要是控制温度和湿度，在菌枝、菌棒和菌床的培养管理上，要突出抓好保墒防高温干旱。当温度高过 30℃时，持续 5～7 天，蜜环菌丝就会干枯死亡，因而在夏季干旱少雨高温季节，一是加厚盖土和覆盖树叶防止高温，二是每隔15~20天浇水一次，使坑内始终保持湿润程度，蜜环菌才能正常生长。培育前树棒用0.25%硝酸铵溶液浸泡30分钟，发菌较快，大量使用细树枝，可加快传菌。

6.2.2　天麻无性繁殖分栽技术

6.2.2.1　选择栽培场地和土壤

生态环境：人工栽培天麻应根据当地具体气候条件选定栽培场地。在同一地区，高山低温多雨，气候冷凉阴湿，生长期短，应选择阳坡或林外栽培天麻；低山夏季干旱少雨，气温高，应选择温度较低、湿度较大的阴山栽培天麻；中山区应选择半阴半阳稀疏林下栽培。山体的坡度一般为5°~10°平坦的缓坡。陡坡密林不宜栽培天麻。

土壤土质：土壤质地对天麻生长有着密切的关系。天麻喜生长在疏松透气沙壤土中，才能满足蜜环菌好气性的特性，沙壤土既保墒又利水透气，避免纯沙土天旱不保墒和黏土不透气，引起天麻干腐或湿腐的危害，土壤pH值在5~6为宜。

6.2.2.2　选择优质种麻

种麻的质量好坏直接影响到天麻产量。有性繁殖的种麻以及栽后1~2代繁殖的种麻均是优质种麻，超过第4代每年平均以17%的速度退化，连续再种，将有种无收，因此应每年有性繁殖种麻，使种麻品种保持优良种性，这也是天麻生产夺取高产和持续健康发展的技术保证，在栽培前应对种麻进行严格的挑选。

（1）颜色黄白，前端三分之一为白色，形体长圆略成锥形。

（2）种麻不宜过大，一般以手指头粗细，重量10g左右为好。

（3）种麻表面无蜜环菌缠绕侵染。

（4）无腐烂病斑和虫害咬伤，注意检查有无负泥虫和介壳虫危害。

（5）生长锥（白头）饱满，生长点及麻体无撞伤断损情况，凡是断裂及伤口在栽培后首先形成色斑，继而全部腐烂，且相互传染，不可忽视。

6.2.2.3　栽培方法

6.2.2.3.1　菌棒加新棒栽培方法：这种方法既能使天麻同蜜环菌较快建立接菌关系，又能保证蜜环菌稳定持续地为天麻提供营养，而且新棒又可在下一年用来栽培天麻，一举三得，是目前大面积栽培天麻常用的方法。

在选好的栽培场地里挖深30~40cm，长70cm，宽60cm的栽培坑，坑底土壤挖松10cm，上铺浸湿的栎类树树叶1cm厚，将菌棒、树棒相间排列，棒间距离6~8cm，填半沟土压实，将种麻紧靠在菌棒两侧及两头（新棒不放种麻），每根棒放种麻 8~10 个，两头各放 1 个，两侧各放 3~4 个，如有小米麻可撒在中间，在棒间空隙处斜着放树枝节数根（如菌棒发菌不旺，还可夹放 2~3 节蜜环菌菌枝），用土覆盖，棒面保持土厚 5~10cm，按上法再栽一层，栽完盖土厚 15~20cm，坑顶用落叶或杂草覆盖，盖好后再加土压实即可。

6.2.2.3.2　固定菌床栽培法：冬季栽培天麻时，将事先培养好的菌床挖开，取出上层菌棒，下层菌棒不动，在菌棒间每 10cm 远挖一个小孔，将种麻放在小孔里，棒上盖土厚 3~5cm，撒上一层树叶，厚 1cm，将上层菌棒加新棒相间排列，填土半沟，将种麻紧靠菌棒两侧和两端，每棒间放 8~10 个，棒间斜夹 4~5 根树枝节，盖土厚 15~20cm，坑顶龟背形，用树叶（或玉米秆）覆盖即可，将上层未用完的菌棒再加新棒就地可另栽一窝。

6.3　栽后管理

无性繁殖与有性繁殖栽后管理相同。

6.4　田间管理中的重要环节和病虫害防治

6.4.1　田间管理中的重要环节

6.4.1.1　温度管理

温度是天麻生长的首要因子。适宜的温度，天麻能很好地生长，不适宜温度，就会影响天麻的生长。前面提过，天麻种子在 15~28℃ 之间都能萌发，但 20~25℃ 为最适温度，其萌发率最高，发芽最快，低于 15℃ 就不能很好萌发，超过 30℃ 受抑制；天麻块茎在地温 14℃ 左右时开始萌动，20~25℃ 生长最快，30℃ 生长受到抑制；蜜环菌 6~8℃ 开始生长，20~25℃ 生长最快，30℃ 以上停止生长。根据天麻在不同时期生长对温度的要求以及蜜环菌生长对温度的要求，在天麻栽培中必须要把握 20~25℃ 这一关键的温度范围。温度管理也必须围绕这一范围进行。最好的办法是在栽培层，即土表下 10~25cm，插上温度计直接测量温度，如果温度在 20~25cm 范围内，则是最佳温度，应该保持；如温度低于 20℃，天麻、蜜环菌都能生长，但生长较慢。此时就要采取措施提高地温，使之升高到 20℃ 以上，如加塑料薄膜覆盖、搭温棚或增加日照时间、减少覆盖层等，以提高地温。在中山、高山地区一年内多数时间应考虑增加地温，多数地区在 2~5 月从蜜环菌恢复生长及天麻开始萌动，地温偏低的均应增温。9~11 月如地温下降的快，达不到适温的也应增温。夏季 6~8月，地温高于 28℃，蜜环菌和天麻生长受到抑制，应及时采取措施降低温度。如搭盖遮阳棚、遮阳网，栽培窝土表加盖麦草、稻草、玉米秆、树叶和喷水等，以降低地温，使地温低于 25℃。这样，天麻在全年整个生长期都处于最佳温度范围内，就长得快，产量高。

天麻在入冬后，即11月至翌年2月，进入低温休眠期，不管是箭麻、米麻或白麻都需要在低温条件下，1～10℃，有30～60天的休眠期（见表1-3），来年才能顺利生长或抽薹、开花、结果。因此，12月至元月给予两个月的低温休眠也是十分重要的。

表1-3　天麻不同块茎休眠温度及时间

天麻块茎	休眠温度	休眠时间
小白麻、米麻	1～10℃	30～60天
大、中白麻	1～5℃	50～60天
箭　麻	3～5℃	50～60天

6.4.1.2　湿度管理

防旱：天麻和蜜环菌生长都需要一定的水分，不同的生长季节，需要的水分也不一样。春季刚萌动生长，需水量小。6～8月是天麻生长旺盛期，需水量较大，且此时气温较高，易发生干旱，此时麻体变黄，萎缩，蜜环菌死亡。因此这一时期及时浇水防旱至关重要。栽培者要勤检查，刨开覆盖土层，土壤捏不成团，就应浇水。浇水时，最好采取喷灌或淋灌，且忌大水漫灌。山地斜坡栽培的，要沿坡的斜面，在栽培穴的上方挖一洞穴，露出棒的一头浇水，使水慢慢渗透全坑。

在干旱季节，加厚覆盖层也是防旱保湿的一个重要措施之一。9月下旬后，天麻生长减慢，逐步趋向定型，处于养分积累阶段，不需要大的水分，这时需要的是加大昼夜温差，使天麻个体迅速膨大。此时如果湿度过大，易使天麻腐烂。

防涝：土壤排水不良或长时间积水，使天麻湿度过大，造成麻体伤害或腐烂，叫涝害。涝害多发生在夏季暴雨后或秋季阴雨连绵，栽培坑排水不畅或土壤渗水性差，使天麻长期处于水浸之中，氧气供应不足，嫌气微生物活动加剧，土壤中有机质发酵分解，二氧化碳大量积累，使天麻染病腐烂或受到毒害。经验证明，一般栽培坑中积水2～4天，就会引起天麻块茎腐烂。因此排水防涝，也是天麻栽培中夺取高产的关键环节之一。

防冻害：天麻块茎冷却降温至冰点以下，使细胞间隙结冰所引起的伤害，称冻害。一般说来，天麻对低温的忍耐有一定的限度，如果超过了天麻能忍耐的低温值，天麻就会发生冻害。天麻越冬期间在土壤中可以忍耐 -3℃ 的低温，不能低于 -5℃，在 -5.5℃ 下就会遭到轻微的冻害，一旦种麻遭到冻害，

第一部分　植物药

就会减产或无收。

遭受冻害的天麻中，箭麻比白麻易受冻，大白麻比小白麻和米麻易受冻。因此，在严寒地区除冬季应加强防冻措施外，将大小不同的麻体分别栽种，加强对大白麻栽培坑的防冻保温，也是防止冻害的一条措施。

6.4.1.3　病虫害防治

6.4.1.3.1　病害

病害种类：天麻病害主要有块茎腐烂病、竞争性杂菌、日灼病。

防治方法：天麻病害的防治，目前还没有找到有效的药物，只能采取一些农业综合防治措施，尽量减少或避免杂菌危害所造成的损失。

6.4.1.3.2　虫害

虫害种类：天麻虫害主要有蛴螬、蝼蛄、介壳虫、蚜虫和伪叶甲等。

防治方法：蛴螬成虫的防治可在其成虫的盛发期（6～7月）用40%的氧化乐果乳油50倍液浸泡过的榆、杨和刺槐树等树枝置于天麻坑之间诱杀；蛴螬幼虫可用90%的敌百虫800～1 000倍液拌土或用90%敌百虫粉剂，每亩0.1～0.2kg，加水拌成15～20kg的毒土撒于栽天麻穴的底层中，上再覆一层土后种植天麻。蝼蛄可用90%的敌百虫0.15kg兑成30倍液，然后拌上秕谷、麦麸、豆饼等制成毒饵撒在其活动区诱杀。

7. 天麻开发与利用

天麻作为传统名贵中药，历代本草都列为上品。到了现代，除了传统的药用外，中西医临床常用天麻与其他药物配伍使用，疗效非常显著。同时，天麻被用作高空飞行人员的脑保健药物，可增强视神经的分辨能力；天麻治疗老年性痴呆症，总有效率达81.8%；天麻对增强记忆、延缓衰老均有明显作用；天麻注射液在治疗三叉神经痛、坐骨神经痛等疾病中也得到广泛应用。以天麻为主要成分的中成药有天麻片、天麻丸、天麻定眩宁、天麻蜂王精、天麻益脑冲剂、天麻精、天麻首乌片、全天麻胶囊等。随着对中医药研究的不断深入，医疗水平的不断提高，天麻的药用价值将会不断扩大。

目前，天麻除了作为医治疾病的传统中药外，其他用途也有发展，多数尚在研究试验阶段，有的则已形成了一定规模。如天麻烟、酒、茶、糖、蜜饯及化妆品均已出现。另外，体外抑菌试验表明，天麻块茎中特有的天麻抗真菌蛋白对腐生性真菌如木霉、蜜环菌有强抑制作用。这一特性对植物抗病基因工程极具价值，目前正处于初步探索阶段。

综上所述，天麻的开发利用目前主要集中在药用方面。而其食药兼用、保健功能方面的开发也得到了发展。对天麻开发利用起着重要作用的化学成分分析、药理研究已开展。天麻对植物抗病基因工程研究具有重大潜在价值。

表1-4 天麻生产农时表

时 间	生 产 内 容
3月	春栽箭麻，春收春栽天麻
4月	培养菌枝，温室制种管理及授粉
5月	有性繁殖授粉，采果，播种
6月	有性繁殖播种，培养菌棒和固定菌床
7月	培养菌棒，固定菌床，抗旱防高温
8月	抗旱防涝，培养菌棒和固定菌床
9月	防涝
10月~11月	冬收冬栽天麻，冬栽箭麻
12月~翌年2月	天麻越冬生产管理

本节编写人员：赵　强　毋建民　张　海

第二节　柴胡

1. 基本特征

1.1　柴胡：柴胡，别名竹叶柴胡、红柴胡、小柴胡等，为伞形科多年生草本植物。柴胡一般株高 50~90cm，主根圆柱形，多分枝，质坚硬，茎直立，丛生，上部多分支，并略呈"之"字形弯曲，单叶互生、无柄、叶片条状阔披针形，先端渐尖，最终呈短茎状，全缘具平行脉 7~9 条，上面具粉霜。花期 8~9 月，果期 9~10 月。柴胡为常用中药，以根入药。柴胡喜温暖、湿润环境，要求土层深厚、疏松富含有机质沙壤土为好。柴胡适应性较强，耐干旱，怕水涝，耐寒性强，常野生于丘陵荒坡、草丛路边、林缘和林中空地。

1.2　化学成分：主要含有柴胡皂苷、水仙甙、腺苷、尿苷、α-菠甾醇、葡萄糖甙及木糖醇。

1.3　功能与主治：柴胡味苦，性微寒，具有镇静、镇痛、降血压、解表、解里、升阳、疏肝、解郁的功效，可治感冒、上呼吸道感染、寒热往来、肝炎、胆道感染、月经不调等症。

2. 种植技术

2.1　选地整地

选择土层深厚、疏松肥沃、排水良好的夹沙土或壤土，荒山、缓坡地均可种植。地选好后，深翻土壤30cm以上，打碎土块，每亩地施入腐熟厩肥2 500kg，翻入土中作基肥，于播种前，再浅耕一次，耙平整细。

2.2　繁殖方法

柴胡用种子进行繁殖，一般在春、秋两季进行播种。春播在3月下旬至4月中旬，土壤温度稳定在10℃以上；秋播于10月中旬至11月上旬；夏播也可，于夏收后6~7月进行。平地可采用做畦条播、挖穴点播、散播等方法，坡地多采用撒播，每亩用种量1.5~2.0kg左右。

2.3　种子处理

柴胡种子由于种皮厚，发芽困难，播前必须进行处理。

2.3.1　温水浸种：播前先用40~50℃温水浸种8~12h，边搅拌边撒子，然后捞去浮在上面的瘪子，将沉底的饱满种子取出，稍晾后播种。

2.3.2　化学药剂处理：为了种子消毒和促进发芽，可用0.4%~0.6%的高锰酸钾或0.5%~0.6%的三十烷醇浸种8~12h，可起到促进种子发芽，提高发芽率的作用。

2.4　种植方法

2.4.1　撒播：将处理好的种子与适量细土或细沙搅拌均匀后，均匀撒入整好的地里。

2.4.2　直播：在整好的畦面上，按行距15~18cm横向开浅沟，沟深1.5cm，将种子与灶灰和人粪尿拌匀后，均匀地撒入沟内，覆盖薄土。春播15~20天即可出苗，秋播于翌年春季出苗，亦可挖穴点播，点播按株行距25~20cm挖穴，先施入一把灶灰，然后将种子散开播入穴内5~7粒，播后覆盖细肥土至满穴，浇水、盖草、保温保湿。

2.5　田间管理

2.5.1　松土除草：出苗前要保持土壤湿润，一般播种后15~20天出苗，当苗基本出齐后除去覆盖物，让幼苗充分接受阳光。苗高10~15cm时开始松土除草，注意松土不要撞伤或压住幼苗。

2.5.2　间苗、定苗：可以随松土除草同时进行，去弱留强，每亩一般留苗3~6万株（具体根据当地情况决定）。

2.5.3 补苗移栽：在6月上旬进行，移栽前适当浇水，然后带土挖出，挖穴栽时，苗头露出地面为宜，栽后立即浇水，以利成活。

2.5.4 追肥与浇水：当苗头长到30cm时，每亩追施速效氮肥7.5kg，磷肥12.5kg，一般一年2次，结合灌水或降雨时进行，并注意雨前根部培土，防止倒伏；干旱时可灌水1~2次，确保幼苗及根的生长。

2.5.5 摘心除蕾：为了促进根系生长，对不留种植株，出蕾后将花蕾摘除，每年2~3次，可明显提高产根量，7~8月及时摘心除蕾，防止抽薹开花。对于2年生植株，可在7月中旬前割掉地上茎叶，以保证药材质量并提高产量。

2.6 病虫害防治

2.6.1 病害及其防治

锈病：5~6月开始发病，春夏季发病严重。防治方法：出苗前清园，处理病残株或发病初期用25%粉锈宁1 000倍液喷雾防治。

斑腐病：病菌在土壤中越冬，发病盛期8月。防治方法：发病前喷波尔多液1:1:160；生育期喷40%代森铵1 000倍液；出苗前清园，烧掉病株残体；发病初期用1:1:120波尔多液或50%退菌特1 000倍液喷雾防治。

根腐病：病菌在土壤中越冬，5月开始发病，土壤黏重高温多雨季节发病严重。防治方法：移栽时严格剔除病株弱苗，选壮苗栽种，种苗根部用50%托布津1 000倍液浸根5分钟，取出晾干栽种；收获前增施磷、钾肥，增强植株抗病力；积极防治地下害虫和线虫，雨季注意排水。

2.6.2 虫害及其防治

蚜虫：桃粉蚜属同翅目蚜科，大名桃大尾蚜，一年发生10余代。防治方法：种植柴胡的地块，应选择远离桃、李、杏、梅等越冬寄生植物地块，以减少虫源。发现桃粉蚜危害时应及时喷药，采用50%灭蚜松乳剂1 000~1 500倍液喷杀，也可用80%敌敌畏乳油1 500~2 000倍液喷雾进行防治。

2.7 采收加工

2.7.1 采收：柴胡生长1年或2年均可采收，秋季柴胡地上部分开始枯萎时即可采收。1年生柴胡质量最好，但从产量而言，2年生为佳，1年生每亩收获干货50~90kg，2年生每亩收获干货90~180kg。

2.7.2 产地加工：采挖时挖起全株，除去茎叶，抖净泥土，把根部晒干或烘干即可。鲜根折干率为30%。全草可在播种当年秋季和第二年收根时将根茎叶一并采收，晒干即成。

表 1 – 5　柴胡生产农时表

时　间	生　产　内　容
1～4 月	选地、整地、播种
4～6 月	除草、追肥、浇水、间苗、定苗、移栽
6～8 月	病虫害防治、摘心除蕾
8～10 月	除草
10～12 月	秋冬季播种

本节编写人员：马永升　郭建明

第三节　黄精

1. 基本特征

1.1　黄精：属百合科多年生草本植物，别名鸡头黄精、鸡头根、黄鸡菜等，其品种主要有黄精、滇黄精和多花黄精。黄精多分布在山坡、林缘、林下杂草丛中。黄精喜潮湿、耐阴。世界上黄精约有 40 多种，广布于北温带，我国有 30 余种。黄精在我国主要分布在云南、湖北、四川、陕西、贵州等省。略阳县是陕西省黄精主要适生区之一，以多花黄精为主；县内 21 个乡镇均有分布，生长相对较多的有观音寺、九中金、仙台坝、两河口等乡镇；2004～2007 年陕西省步长药业集团在略阳县中药产业发展局的支持下，在九中金乡进行大田栽培和半野生种植试验，截止 2009 年已在垭河村以大田栽培技术建立 50 亩黄精生产基地，并带动周边村组和乡镇用半野生技术种植 1 000 多亩；在略阳县中药产业发展局的努力下，黄精 GAP 认证和地理标志产品认证工作已顺利报请国家相关部门。

1.2　化学成分：根茎含三种多糖，即黄精多糖甲、乙、丙，三种低聚糖，即黄精低聚糖甲、乙、丙，以及赖氨酸等八种氨基酸。

1.3　功能主治：黄精性平、味甘。具有益气养阴，补脾润肺的功能。主治脾胃虚弱、肺虚咳嗽、体倦乏力、口干食少、精血不足、内热消渴等症。现代研究认为，黄精有抗衰老、轻身延年、降血压、防止动脉硬化及抗菌消炎、增强免疫力等功效。

1.4　植物形态

①黄精，根状茎圆柱状，节间一头粗，一头细。茎直立，先端稍呈攀援状，叶轮生，每轮4~6叶，线状披针形，先端渐尖卷曲，花2~4朵，集成伞形花序，花梗基部有膜质小苞片，花白至淡黄色，全长9~13cm，裂片披针形，花柱长为子房2倍。

②多花黄精，多年生草本，根茎横走，肥厚，结节状或连珠状，叶互生，叶背灰绿，腹面绿色，平行脉3~5条隆起，叶长约25cm；裂片6，三角状卵形，长约3cm；雄蕊6枚，着生于花筒中部以上，花丝长约3~4cm，先端具乳突或膨大呈包状；子房近球形，花柱长12~15cm，浆果球形紫黑色。花期4~6月，果期6~10月。

③滇黄精，与黄精的主要区别是根茎肥大，呈块状或结节状，株型高大，茎先端缠绕状，花筒粉红色，全长18~25cm，裂片窄卵形，浆果红色。

黄精种子呈圆珠形，种子坚硬，种脐明显，呈深褐色，千粒重33g左右。高温干燥贮藏的种子发芽率低，低温沙藏和冷冻沙藏的种子发芽率高，有利于种子发育，打破种子休眠，缩短发芽时间，发芽整齐。种子适宜发芽温度25~27℃，在常温下干燥贮藏发芽率62%，拌湿沙在1~7℃下贮藏发芽率高达96%以上。所以黄精种子必须经过处理后才能用于播种。

1.5　生物学特性：黄精的适应性很强，喜阴湿，耐寒性强，在干旱地区生长不良，在阴湿的环境生长良好，喜生于土壤肥沃、表层水分充足、上层透光性强的林缘、草丛或林下开阔地带；在黏重、土薄、干旱、积水、低洼、石子多的地方不宜种植。2004年西北农林科技大学研究生来略阳做黄精普查后发现，略阳县野生黄精多分布于林缘地，土质多为腐殖质伴沙土，并在以篙类、蔷薇类和低矮栎类为主要伴生植物的生长环境下长势最好。

2. 繁殖方法

黄精栽培繁殖方法主要有种子繁殖、根茎繁殖和育苗移栽。

3. 栽培技术

略阳县黄精栽培除步长集团在大田以根茎繁殖、种子繁殖和育苗栽培技术进行试验种植外，其他农户种植主要以半野生种植方法（山坡、林缘地）为主，繁殖方法也以根茎繁殖为主。

3.1　半野生栽培技术

3.1.1　选地整地：选择腐殖土较多的林缘地，坡度以20°~40°为宜（利于夏季排水），林相一般为杂灌林，沟壑边不宜种植。

3.1.2　根茎繁殖：栽种时间为11月上旬或3月上旬。一般11月上旬栽种的，经过休眠期恢复生长后长势较好（略阳县黄精种植时间主要以11月种植为主）。挖取地下块茎和在采挖、运输时注意保留芽口，栽种时优先选用芽口保留全的块茎做种。有芽口的种子一般在栽种的第二年（11月上旬栽种的）即可发芽生长，碰断芽口的种子则需要休眠一年后重新发芽，而且碰断部分容易感染病菌。在选好的林缘地先清除杂草，然后根据地形按株行距15～20cm，挖深约5～6cm小穴，放入种子，用林中腐殖土覆盖，以盖住种子为宜。

3.2　大田栽培技术

选地整地：选用肥沃的沙壤土地块，每亩施2 000～3 000kg充分腐熟的农家肥，深翻30cm，耙细整平。做1m宽的畦，畦埂宽25～30cm备用。

3.2.1　根茎繁殖：与半野生栽培的根茎繁殖方法相同。

3.2.2　种子繁殖，选择生长健壮、无病虫害的2年生植株留种，加强田间管理，秋季浆果变黑成熟时采集，入冬前进行湿沙低温处理。方法是：在院落向阳背风处挖一深40cm、宽30cm深坑。将1份种子与3份细沙充分混拌均匀，沙的湿度以手握成团、落地即散、指间不滴水为度，将混种湿沙放入坑内。中央插入秸秆，以利通气。然后用细沙覆盖，保持坑内湿润，经常检查，防止干旱和鼠害。待翌年春季4月初取出种子，筛去湿沙，在整好的苗床上按行距15cm、深3～5cm开沟，将种子均匀播入沟内，覆土厚度2.5～3cm，稍加踩压。保持土壤湿润，土地墒情差的地块，播种后浇一次透水，然后插拱条，覆盖农膜，加强拱棚苗床管理，及时通风、炼苗，等苗高3cm时，昼敞夜覆，逐渐撤掉拱棚，及时除草，浇水，促使小苗健壮生长。秋后或翌年春将苗移栽到大田。

3.2.3　育苗移栽，一般北方地区移栽时间多在4月初进行，在整好的种植地块上，每亩施入底肥3 000kg。按行距30cm、株距15cm挖穴，穴深15cm，穴底挖松整平，然后将小苗栽入穴内，每穴2株，覆土压紧，浇透水一次，再次进行封穴，确保成活率。

3.3　田间管理

半野生栽培技术管理较简单，主要是夏季防涝和防止人畜践踏。夏季在暴雨过后要经常检查，若有被雨水冲刷覆盖层的，要及时盖土；在有牲畜放牧的地方要设置护栏，严防人畜践踏。

大田栽培技术生长前期要经常中耕除草，于每年4月、6月、9月、11月各进行1次，宜浅锄并适当培土；后期拔草即可。若遇干旱或较向阳、干旱的地块需要及时浇水遮阴。每年结合中耕除草进行追肥，前3次中耕后每亩施用土杂肥1 500kg，加过磷酸钙50kg、饼肥50kg，混合拌匀后于行间开沟施入，施后覆土盖肥。黄精怕涝喜荫蔽，应注意排水，可间作玉米，在玉米长高至50cm之前应搭架，防止黄精植株长高后倒伏。

3．4　病虫害防治

黑斑病：多于春夏秋发生，为害叶片。防治方法：前期喷施1∶1∶100波尔多液，每7天喷施1次，连续3次；收获时清园，消灭病残体。

蛴螬：为害根部，咬断幼苗或嚼食苗根，造成断苗或根部空洞，危害严重。防治方法：可用75%辛硫磷乳油按种子量0.1%拌种；或在田间虫害发生期，用90%敌百虫1 000倍液浇灌。

4. 采收与加工

野生黄精全年均可采挖，但以秋季采挖为好。一般根茎繁殖的于栽后3～4年，种子繁殖的于栽后4～5年采挖。挖取根茎后，去掉茎叶，抖净泥土，削掉须根，用清水洗净，放在蒸笼内蒸10～20分钟，蒸至透心后，取出边晒边揉至全干，即成商品。一般亩产400～500kg，高产可达600kg。黄精商品规格：以味甜不苦、无白心、无须根、无霉变、无虫蛀、无农药和残留物超标为合格；以块大、肥润色黄、断面半透明为佳品。

5. 贮藏运输

5．1　贮藏：贮藏药材的仓库应通风、干燥、避光，必要时安装空调及除湿设备，并具有防鼠、虫、禽畜的措施。地面应整洁、无缝隙、易清洁。药材应存放在货架上，与墙壁保持足够距离，防止虫蛀、霉变、腐烂、泛油等现象发生，并定期检查。

5．2　运输：药材批量运输时，不应与其他有毒、有害、易串味物品混装。运载容器应具有较好的通气性，以保持干燥，并应有防潮措施。

6. 开发与利用

6．1　药用价值：黄精入药治病古已有之，《神农本草经》把它列为上品。黄精性平、味甘，归肺、脾、肾、经，具养阴润肺、补脾益气的功效，能预防和治疗多种疾病，如黄精与北沙参、麦冬、玉竹等配伍可治疗阴虚肺燥或干咳少痰；与枸杞同用治阴血不足、面黄肌瘦；若气虚精亏用黄精与党参、熟地同用具补气、滋肾、生精之功。近年研究表明，黄精所含有的蛋白质、脂肪、淀粉、黄精多糖、黄精低聚糖、11种氨基酸、毛地黄糖甙、蒽醌类化合物等活性成分具有降血压、降血糖、增加冠状动脉血流量、降低血脂和延缓动脉粥样硬化之功效。所以，对心血管疾病、糖尿病的防治有一定的实用价值。最新研究发现，黄精对药物引起的耳聋有一定的疗效，是其他药物所不可及的，这说明黄精有营养神经和解毒功能。

6．2　保健价值：黄精又称"仙人"植物，古书《博物志》记载"食黄精可长生"。民间有"要想不衰老，黄精最可靠"的说法，意为食用黄精可使五脏安良，肌肉强盛，骨髓强健，精力倍增。黄精具很好的补益作用，由此开发精制小包装饮片，供人们作药膳使用。由于黄精的性味平和，不温不燥，因此，一批含黄精的保健品和保健茶相继问世，如能够改善脑功能和降血压的康宝液，具降低单胺氧化酶及心肌脂褐素作用的保龄液，以及用绿茶、黄芪、黄精、何首乌等制成的玉蝉保健茶很受消费者的欢迎。

6.3 美容作用：黄精的水、醇提取液可作化妆品色素，用它制成的沐浴露效果显著。黄精的美发作用历史悠久，杜甫诗云："扫除白发黄精在，群看他年冰雪容。"用黄精与枸杞根、侧柏叶、苍术制成的乌发宝、乌发油有使白发变黑的作用，而且一旦变黑，就不再褪色。黄精的美发作用对由于缺乏微量元素而导致的黄发、白发都有较好的治疗效果。

6.4 其他方面：黄精全身是宝，不但根、茎供药用，其他部分的药用价值也很大。晋代葛洪著《抱朴子》载："黄精服其花胜其实，服其实胜其根。"在栽培条件下，充分利用黄精的茎、叶、花、果，可以节省资源，减小浪费。黄精多糖是天然的糖类资源，黄精中含量很高，可用于制作食品、保健品。

表 1-6 黄精生产农时表

时　间	生　产　内　容
1～4月	选地、整地、春季播种
4～6月	除草、追肥、浇水、定苗、移栽
6～8月	病虫害防治、防旱
8～10月	除草、防涝
10～12月	秋季播种、防冻

本节编写人员：毋建民　李晓东　张善军

第四节　丹参

1. 基本特征

1.1 丹参：丹参又名血参、紫丹参、赤参、红根等。丹参为唇形科多年生草本植物。丹参适应性很强，在我国大部分地区均有野生或栽培，主产区为安徽、江苏、山东、河北、陕西、四川等省。

略阳县是丹参的适生区之一，全县大部分乡镇均有分布，其中以何家岩、观音寺、史家院、九中金等乡镇的品质最好（丹参酮类含量较高）。略阳县在2004年与陕西省步长集团以"公司＋农户"形式签订了丹参种植合同，并在金家河、两河口、鱼洞子、史家院等八个乡镇用育苗移栽方法种植300亩，取得了良好经济效益。

1.2　化学成分：丹参主要有效成分为脂溶性丹参酮类和水溶性酚酸类，此外，还含有黄酮类、三帖类和甾醇类成分。

1.3　功能与主治：丹参所含脂溶性丹参酮类有抗菌、消炎、治疗冠心病等疗效；水溶性酚酸类具有改善微循环、抑制血小板凝聚、减少心肌损伤和抗氧化等作用。中医上丹参归心、肝二经，以干燥的根入药，具有活血祛痰、养血安神、消肿止痛等功能，主治冠心病、心肌梗死、心绞痛、月经不调、产后淤阻、淤血疼痛、痈肿疮毒、心烦失眠等症。现在市面上常见药品有天士利集团开发的仁丹片、复方丹参滴丸和步长集团开发的复方丹参片、丹参注射液等。

1.4　植物学形态

丹参为多年生草本，高30～80cm，全株密被柔毛。根圆柱形，砖红色。茎直立，四棱形，多分枝。奇数羽状复叶，叶柄长1～7cm，小叶3～7片，顶端小叶较大，小叶卵形或椭圆状卵形，长1.5～8cm，宽0.8～5cm，先端钝，基部宽楔形或斜圆形，边缘具圆锯齿，两面被柔毛，下面较密。轮伞花序，有花6至多朵，组成顶生或腋生的总状花序，密被腺毛和长柔毛；小苞片披针形，被腺毛；花萼钟状，长1～1.3cm，先端二唇形，萼筒喉部密被白色柔毛；花冠蓝紫色，唇形，长2～2.7cm，上唇直立，略呈镰刀状，先端微裂，下唇较上唇短，先端3裂，中央裂片较两侧裂片长且大，又作浅2裂；发育雄蕊2，伸出花冠管，药隔长，花丝比药隔短，上臂药室发育，2下臂的药室不育，顶端联合；子房上位，4深裂，花柱较雄蕊长，柱头2裂。小坚果长圆形，熟时暗棕色或黑色，包于宿萼中，花期5～8月，果期8～9月。

1.5　生物学特征

丹参分布广，适应性强。野生于林缘坡地、沟边草丛、路旁等阳光充足、空气湿度大、较湿润的地方。喜温和气候，较耐寒，可耐受－15℃以上的低温。生长最适温度为20～26℃，最适空气相对湿度为80%。产区一般年平均气温11～17℃，海拔500 m以上，年降水量500 mm以上。丹参根部发达，长度可达60～80 cm，怕旱又忌涝。对土壤要求不严，一般土壤均能生长，但以地势向阳、土层深厚、中等肥沃、排水良好的砂质壤土栽培为好。忌在排水不良的低洼地种植。对土壤酸碱度要求不严，从微酸性到微碱性都可栽培丹参。

2. 繁殖方法

丹参的繁殖方法一般有种子繁殖（育苗移栽或直播）、种苗分根繁殖、扦插繁殖和芦头繁殖。略阳县丹参种植主要采用种子繁殖中的育苗移栽法。

2.1 种子繁殖：可育苗移栽或直播

2.1.1 育苗移栽：丹参种子于6～7月间成熟，采摘后即可播种。在整理好的畦上按行距25～30cm开沟，沟深1～2cm，将种子均匀地播入沟内，覆土，以盖住种子为宜，播后浇水盖草保湿。用种量每亩4～5kg，15天左右可出苗。当苗高6～10cm时可根据当地气候情况移栽。根据略阳县气温，11月上旬便可定植大田。

2.1.2 直播：3月播种，采取条播或穴播。穴播方法是：行距30～40cm，株距20～30cm挖穴，每穴内播种量5～10粒种子，覆土2～3cm。条播方法是：开沟深3～4cm，均匀播入种子，覆土0.7～1cm，播种量每亩为0.5kg。如果遇干旱，播前浇透水再播种，半月左右即可出苗，苗高7cm时间苗。

2.2 分根繁殖：栽种时间一般在2～3月，也可在11月上旬立冬前栽种。冬栽比春栽产量高，随挖随栽。要选一年生的健壮无病虫的鲜根作种，以侧根为好，根粗1～1.5cm（老根、细根不能作种。老根作种易空心，须根多；细根作种生长不良，根条小，产量低）。按行距30～40cm，株距20～30cm开穴，穴深3～5cm，穴内施入适量农家肥，每亩1 500～2 000kg。将选好的根条切成5～7cm长的根段，一般取根条中上段萌发能力强的部分和新生根条，边切边栽，大头朝上，直立穴内，不可倒栽，每穴栽1～2段，盖土1.5～2cm压实。盖土不宜过多，否则妨碍出苗，每亩需种根50～60kg。栽后60天出苗。为使丹参提前出苗，延长生长期，可用根段催芽法。方法是：于11月底至12月初挖25～27cm深的沟槽，把剪好根段铺入槽中，盖土约6cm厚，上面再放6cm厚的根段，再盖10～12cm厚的土，略高出地面，以防止积水。天旱时浇水，并经常检查根段，以防霉烂。第二年2月底至3月初，根段上部长出白色的芽，即可栽植大田。采用该法栽植，出苗快、齐，不抽薹，叶片肥大，根部充分生长，产量高。

2.3 扦插繁殖：南方于4～5月，北方于6～8月，剪取生长健壮的茎枝，截成17～20cm长的插穗，剪除下部的叶片，上部留2～3片叶。在整好的畦内浇水灌透，按行距20cm、株距10cm开沟，将插穗斜插入土1/2～2/3，顺沟培土压实，搭矮棚遮阳，保持土壤湿润。一般20天左右便可生根，成苗率90%以上。待根长3cm时，便可定植于大田。

2.4 芦头繁殖：3月上、中旬，选无病虫害的健壮植株，剪去地上部分的茎叶，留长2～2.5cm的芦头作种苗，按行距30～40cm、株距25～30cm、深3cm挖穴，每穴1～2株，芦头向上，覆土以盖住芦头为度，浇水，40天左右即4月中、下旬芦头即可生根发芽。

3. 育苗移栽法栽培技术

3.1 选地及整地

3.1.1 选地

地理环境：丹参主要适生区在北纬31～45°之间，海拔300～1 400m，早晚温差不超过15℃。海拔在500～800m为最佳生长区域。

土质、水利条件：丹参为深根性植物，根系发达，成品采收主要是用根部，所以需要土层深厚、质地疏松的沙质土，土壤pH值为中性，黏土和板结土不适宜丹参生长。丹参耐旱性较强，所选地方梅雨季节不能有积水，种植时实行轮作倒茬制度，至少每4年进行一次倒茬，以保证优质高产和减少病虫害的发生。

3.1.2 整地

清理大田：完全清除地面的杂草、秸秆、地膜等杂物。

施基肥：栽前一周，每亩施充分腐熟的农家肥1 500～2 000kg，复合肥25kg，硫酸钾肥35kg，均匀施入地后深翻30～35cm，然后将地整细，耙平。

起垄：垄宽80cm，高20cm，两垄之间留沟25cm宽（便于栽种和田间管理），整个大田的四周开宽40cm、深40cm的排水沟，以利雨季排水。做垄的方向最好顺地势或风向（利于排水），并作到垄直、土实、沟深。

选种苗、分级：一类种苗叶面呈绿色或深绿色，根长15～20cm，根茎直径在0.5cm左右，此类苗成活率和产出率相对较高，根过长（大于20cm）过粗，它的含水量较高，反而不利于越冬，来年成活率比较低（根茎太长可剪掉多余部分）；二类种苗叶面颜色相对较浅，根长10～15cm，直径在0.3cm左右。

弃用种苗：种苗若为橘黄色或有伤痕、虫咬的现象，栽植时应挑出弃用。

种苗移栽：分为春栽和秋栽，春栽在3月初，地温还没达到10℃（气温在13～14℃）以上时栽种为宜，秋栽在10月下旬到11月上旬。

栽培方法：在起好的垄上开穴，穴深以种苗根能伸直为宜，苗根过长的可以剪掉一部分，只要保留10cm以上的种根即可。将种苗垂直立于穴中，培土、压实至微露心芽，株行距20×25cm为宜。每亩约栽8 500～10 000株左右，栽后视土壤墒情浇适量定根水，忌漫灌。如不能及时栽种的，可在田埂处开沟埋入，一星期之内可保证成活率。

3.2 田间管理

3.2.1 中耕除草：3、4月份地温上升至10℃以上时进行第一次中耕除草，松土和除草时要浅，避免伤根，第二次在6月，第三次7～8月，封垄后停止中耕。在中耕除草的同时还要进行必要的整枝、修剪、打顶、摘蕾，以避免各株之间互相影响生长和给予根部充分的营养。

3.2.2 定苗：在春分后，丹参冬季移栽苗开始返青拔节，这时要进行查苗，若发现密度过大，要间苗；若缺苗，要及时补苗（芦头繁殖的在春分后也返青出苗拔节，管理与栽苗进行相同；切根繁殖的清明节后陆续出苗，若发现因覆土过厚而影响出苗时，要及时松土，保证出苗）。

3.2.3 培土：在苗子出齐后结合追肥进行统一培土做到丹参苗芦头不外露，忌覆土太厚。

3.2.4 追肥

3.2.4.1 追肥时间：一般在植物开花结蕾时，结合中耕除草追肥2～3次。

3.2.4.2 追肥方式：主要采用叶面喷肥方式，从叶子气孔吸收，一般要求在傍晚或下午进行叶面喷肥。

3.2.4.3 肥料品种：第一次以氮肥为主，以后可配施磷钾肥，其中最后一次要重施，以促进根部生长。

3.2.5 灌溉、排水

3.2.5.1 灌溉：春夏若干旱少雨时，要适量、及时浇水。灌溉方式以点灌为佳，忌漫灌。

3.2.5.2 排水：雨季时及时清理挖好的排水渠，保持排水通畅。

4. 病虫害防治

4.1 根腐病：一般在5～11月份发生，尤其是在高温多雨时最为严重。防治方法：雨季注意排水，实行轮作倒茬制度，发病初期可用50%托布津800～1 000倍液浇灌。

4.2 根结线虫病：可用80%二溴氯丙烷2～3kg，兑成100倍水溶液，在栽种前15天均匀施入土中并覆盖。

4.3 棉铃虫：可在出蕾期用50%辛硫磷乳油加水稀释成1 500倍溶液或用50%西维因稀释成600倍溶液喷洒。

4.4 银蚊夜蛾：在夏秋季多发，一般用90%敌百虫兑成800倍溶液或用40%氧化乐果稀释成1 500倍溶液喷洒。

5. 采收加工

5.1 采收：春栽于当年 10~11 月、秋栽在次年 11 月份采挖。丹参根入土较深，根系分布广泛，质地脆而易断，应在晴天较干燥时采挖。采挖时先将地上茎叶除去，在畦的一端开一深沟，使参根露出后，顺畦向前挖出完整的根条。

5.2 加工：挖出后，剪去残茎。如需条丹参，可将直径 0.8cm 以上的根条在丹参母根处切下，顺条理齐，曝晒，经常翻动，七八成干时，扎成小把，再曝晒至干，装箱即成"条丹参"。如不分等级、粗细，晒干除去杂质后装入麻袋者称"统丹参"，有些产区在加工过程中有堆起"发汗"的习惯，但此法会使有效成分含量降低，故不宜采用。

6. 开发与利用

丹参全国需求量较大，是临床上最常用的药物之一，在中药材中占有重要地位。以丹参为原料生产的复方丹参滴丸、人参补心丸、朱砂养心丸、琥珀安神丸、白凤丸、冠心丹、丹参舒心胶囊、心脑康、丹参片、丹参膏、骨痛药酒、万年春酒、复方茵陈糖浆、冠心冲剂、丹参乌发宝、丹参霜等产品近百种；生产剂型有蜜丸、水丸、浓缩丸、胶囊剂、片剂、煎膏剂、酒剂、糖浆剂、注射剂、冲剂等 10 多种。所以丹参的开发与利用有很好的发展前景。

表 1-7 丹参育苗栽培法生产农时表

时　间	生 产 内 容
6~7 月	播种育苗
10 月	整地
11 月	种植（移栽）
12 月~翌年 3 月	冬季管护
3~10 月	春夏田间管护
11 月	采挖

本节编写人员：毋建民　杨晓太　何　荣

第一部分 植物药

第五节 黄姜

1. 基本特征

1.1 黄姜：黄姜为薯蓣科植物盾叶薯蓣的根茎，是多年生缠绕草本植物，地下块茎含丰富淀粉，缠绕茎可长达2m以上，叶对生，三角状心形，全缘，具掌状脉。花单性，雌雄异株或同株，穗状花序下垂；蒴果三棱状球形，具种翅；地下根茎是著名淀粉植物，也是滋补食品，又是药用植物。

1.2 化学成分：含薯蓣皂甙等多种甾体皂甙。根茎中尚分离出少量25-异-螺甾-3，5-二烯。根茎含薯蓣皂甙，以5~6月份含量最高，另含延龄草皂甙。

1.3 功能与主治：味甘、苦，性凉，具有抗炎、镇痛、麻醉、避孕、杀虫功能，主治动脉硬化、冠心病等。

2. 种植技术

2.1 根状茎繁殖

2.1.1 选地：黄姜是收获地下根状茎的植物，选择土质疏松、肥沃、土层深厚、有机质含量较高、排水良好、坡度在30°以内、酸碱度pH值在6~8之间的沙质壤土或小黄土为宜，过于黏重的土壤不宜栽培。

2.1.2 整地：选用耕地栽培黄姜，栽前应深翻20~30cm，打碎土块，拣净石头、杂草。如早春种植，应于冬前深翻，栽种前再翻犁细耕一次。选用荒地种植，栽前要深翻30cm左右，最好修成水平或坡式梯田，除去杂草，为播种做好准备。

2.1.3 施肥：黄姜施肥主要以基肥为主，追肥为辅，每亩施农家肥3 000kg、碳酸氢铵40kg、过磷酸钙50kg、硫酸钾20kg作基肥。

2.1.4 选种：选种最好选择一年生、粗细均匀、生命力强、无病虫害、萌发力强的根状茎作为种茎，野生种子不宜栽培。种茎栽植前，根据潜伏芽的多少、种茎的大小，用手掰成5~10cm的小段，要求每段有2~3个健壮茎（龙头），掰好的种茎应摊开放置1~2天，待伤口愈合后播种，每亩用种量100~200kg。

2.1.5 栽种：栽种时间一般在9月至翌年4月均可，栽种方法分三种：垄栽、沟栽和穴栽，一般提倡垄栽。垄栽适于平地或坡度在15°以内的缓坡地，按60cm或120cm行距开沟作垄，垄高15~20cm，垄面宽40cm或100cm，每垄种两行或四行，行距20cm，株距25cm，三角种植；沟栽按30~

35cm 的行距开沟，按 25cm 株距下种；在坡度较大的地块种植，一般采用穴栽，播种深度应在 10 ~ 15cm。覆土深度不低于 7cm，并使芽苞向上，便于出苗。

2.2　种子繁殖

2.2.1　选地：要求灌水、排水方便，土壤疏松或有水源的旱平地育苗繁殖。

2.2.2　整地：播前每亩施入农家肥 3 000 ~ 4 000kg、磷肥 100kg、尿素 20kg，深翻耕细，作成宽 1 ~ 1.2m 的畦，畦面要平整、疏松，水田应开好围沟和厢沟，便于排灌。

2.2.3　播种：有性繁殖的种子要求籽粒饱满，无霉变，当年采收，千粒重不低于 10g，播前将种子晾晒并搓去翅壳，放入 25℃ 以下 5% 的磷酸二氢钾溶液浸泡 10 ~ 12h，捞出摊开晾干即可播种。播种时间一般在 4 月上旬，每亩用种量 2.5 ~ 3kg。可采用撒播、开沟条播等方法，播种深度 3cm 左右，畦面亦可用稻草或玉米秆覆盖，以保温保湿。

2.2.4　苗床管理：播后常浇水，保持畦面潮湿，40 ~ 50 天即可出苗，及时揭去覆盖物。提苗可采用叶面喷肥方法，亩施尿素 2kg 或磷酸二氢钾 1kg，遇旱及时浇水，遇涝及时排涝，经常拔草，以培育壮苗。

2.2.5　大田移植：一般在当年 11 月到第二年 3 月份直接移栽到大田。

2.3　田间管理

2.3.1　中耕除草：杂草对黄姜产量影响很大，应及时除草，按照"除早、除小、除了"的原则，每年除草 3 次以上，确保不发生草荒。

2.3.2　搭架：搭架一般采用长 1.5m 左右的竹竿或木条，每 2 ~ 3 窝立一架杆，插入土中，把四根架杆顶端捆在一起即可。

2.3.3　追肥：追肥可在 7 ~ 9 月份进行，每亩追施尿素 5 ~ 10kg，加磷酸二氢钾 3 ~ 5kg 或追施氮、磷、钾各 15% 的三元复合肥 15 ~ 20kg。

2.4　病虫害防治

2.4.1　病害防治

2.4.1.1　褐斑病

症状：植株下部叶片首先发病，发病期间，叶面病斑黄白色，边缘不明显，后期病斑周缘为褐色，微突出，中心部分浅褐色，散生黑色小点，同时叶面上生出无数白色小点，严重时，数个病斑结合，形成大病斑，引起叶片穿孔枯死。

发病规律：一般于 7 月下旬开始发生，8 月危害较重，直至收获均可引起发病。潮湿、多雨季节容易发病。

防治方法：一是实行轮作，避免连作；二是及时清除田间秸秆落叶，减少越冬菌源；三是药剂防治，发病时可用50%甲基托布津500～800倍液，或65%代森锌500倍液或75%百菌清500倍液喷雾防治，每隔7～10天喷一次，连续进行3~4次。

2.4.1.2　炭疽病

症状：发病初期，在叶脉上产生略有下陷的褐色小点，不断扩大成褐色病斑，中部有不规则轮纹，上面着生黑色小点，茎基部被害，发现深褐色水渍状病斑，后期略向内陷，造成枯萎、落叶。

发病规律：一般在6月发病，一直蔓延危害至收获。在温度20～30℃、相对湿度80%的条件下，发病最为严重。

防治方法：一是黄姜收获后，及时清除田间病株残体及枯枝落叶，集中烧毁；二是在发病初期，及时摘除病叶，并喷施80%代森锌500～600倍液，每隔一周喷一次连续进行2~3次。

2.4.2　虫害防治

2.4.2.1　小地老虎

危害症状：小地老虎又叫叶天蚕、地蚕，食性杂，低龄幼虫群集在幼苗的心叶和叶背取食，把叶片咬成缺口或网孔状，3龄后的幼虫将苗木从近地面的嫩茎咬断，并拖入洞中，上部叶片露在之外，造成缺苗断垄。

防治方法：一是每亩用2.5%敌百虫粉剂2～2.5kg进行喷粉；二是每亩用2.5%敌百虫粉剂2～2.5kg加细土15～20kg拌匀后撒在被害处及其周围；三是用90%晶体敌百虫150g加水适量配成药液，再拌入炒香的麦麸0.5kg制成毒饵，于傍晚投放在靠地面的幼苗嫩茎处，每亩投放2～2.5kg。

2.4.2.2　蛴螬

危害症状：蛴螬是金龟子的幼虫，俗称老木虫，其危害主要是咬食地下茎块，造成幼苗枯萎死亡。

防治方法：一是深翻土地；二是不施用未经腐熟的有机肥，可减轻蛴螬危害；三是药剂防治，在成虫盛发期，可用90%晶体敌百虫1 000倍液喷雾防治，对幼虫每亩用50%辛硫磷200mL拌细土10kg，撒于种苗根际或用50%辛硫磷1 500～2 000倍液灌根。

3. 采挖与加工

采挖时间10月至第二年3月均可。采挖回的黄姜除去泥土，人工切成0.5cm左右厚的片状或采用切片机切片，晒干或烘干即可出售。

4. 开发利用

黄姜主要含有皂素类物质，用途较广，是合成可的松、强的松、黄体酮、性激素等50多种激素类药物的重要原料。

表1-8　黄姜生产农时表

时　间	生　产　内　容
1~4月	挖种、选地、整地、栽种
4~5月	种子繁殖、浇水
5~9月	除草、搭架、追肥、病虫害防治
9~12月	挖种、栽种、采收

本节编写人员：马永升　付玉平　谭　玮

第六节　葛根

1. 基本特征

1.1　葛根：为豆科多年生落叶藤本植物野葛或甘葛藤的根，俗称葛条、粉葛、甘葛、葛藤。葛根生于山地草丛、路旁、疏林中较阴湿处，喜土壤疏松、肥沃富含有机质沙壤为好。葛根耐旱、耐寒、耐瘠薄，不宜低洼积水地。

1.2　化学成分：主要含大豆素、大豆甙，还有大豆素-4.7-二葡萄糖甙葛根素，葛根素-7-木糖甙，葛根醇，葛根藤素及异黄酮甙黄酮类物质和淀粉。

1.3　功能与主治：具有解表退热、生津、透疹、升阳止泻功效，用于外感发热头痛，高血压病人颈项强痛、口渴、消渴、麻疹不透、热痢泄泻等症。

2. 栽培技术

2.1　整地及施基肥：葛根适应性较强，对土地条件要求不严，但以土层深厚、肥沃的沙质红壤土生长最佳，不宜选择低洼积水地。栽培有挖穴整地与挖沟整地两种。

2.1.1　挖穴整地：挖穴前必须清除场地杂草、杂灌林，全垦松土，深15cm，然后做1~1.5m宽的水平条带，再在条带中挖60cm见方的深穴，穴间距依种植的密度而定，一般为1.5m左右。每穴施腐熟的人粪尿或家畜粪便15kg。

2.1.2　挖沟整地：挖沟前，同样须清除场地的杂草灌木，全垦松土，然

第一部分　植物药

后依地形，沿等高线挖沟，规格为宽、深各60cm，长度为自然长，沟距为1m。沟底放一薄层稻草，撒一些石灰粉，以利土壤疏松、透气，在挖出的表土和心土上施入人粪尿或家畜粪便，每亩约7 500kg，肥料要施匀。

2.2 繁殖方法

2.2.1 种子繁殖：春季清明前后，将种子用40℃温水浸泡1~2h取出晾干水后，在整好的畦中部开穴播种，穴深3cm，株距35~40cm，每穴播种子4~6粒，播后覆土浇水，10天左右可出苗。

2.2.2 扦插繁殖：秋季采挖葛根时，选留健壮藤茎，截去头尾选中间部分剪成25~30cm的插条，每个插条有节3~4个，放在阴凉处拌湿沙假植，第二年清明前后，在畦上开穴扦插，插前可蘸生根剂易于成活，穴深30~40cm，每穴扦插3~4根，保留1个节位露出畦面，插后踏实、浇水。

2.3 田间管理

2.3.1 除草：在栽植前对地块清除杂草，葛藤生长较快，早春发芽前除一次草，晚秋落叶后再次除草即可，同时预防家畜危害和野兔咬食。

2.3.2 施肥：在葛苗长到3~4轮复叶时，在葛苗近基部浇一次稀薄粪尿。注意不要浇到葛苗上，以免灼伤葛叶、葛藤。这样每隔3~5天重复浇一次，总共浇3~4次；在葛藤长到3~4m时施腐熟的猪、牛粪一次，每株施1kg左右，或穴施复合肥一次，每株100g，隔10天再施一次（最好不施化肥），在第二年开春后，施农家肥或复合肥一次。

2.3.3 浇水：葛根扦插后浇透水一次，保持苗床湿润，促进生根萌芽，以后可视天气而定，总的来说葛根比较耐旱。

2.3.4 搭架：可在两行之间每隔2~3m立一根木柱，柱间用铁丝连接，畦与畦间绑上竹竿或铁丝以利攀援，当苗高30cm时即可引蔓上架。

2.4 病虫害防治

葛根常见的病害有锈病、炭疽病、细菌性叶斑病、立枯病和霜霉病；危害葛根的虫害有金龟子、蛴螬、蚜虫和天牛。病害一般对葛根的危害较轻，但连续栽植多年的葛地也会发生葛锈病等病害，可喷洒多菌灵或甲基托布津等溶液进行杀菌防治。对金龟子、蛴螬等可用90%敌百虫粉剂1 000倍液或80%敌敌畏乳油1 500倍液，50%辛硫磷乳油1 500倍液防治；蚜虫可用40%乐果乳油600倍液或50%马拉硫磷乳油1 000倍液防治；天牛可用2.5%溴氯菊酯乳油2 000倍液或10%氯氰菊酯乳油3 000倍液防治；同时采用剪除病枝、病叶或人工捕杀、诱杀害虫等方法，也可有效防治病虫害的发生与危害。

3. 采收加工

3.1 采收

3.1.1 一次性采挖：在栽后 2～3 年的秋、冬季节，选晴天，先将茎蔓割去，然后小心挖出块根，抖净泥土。

3.1.2 分次采挖：在栽后第一年的秋、冬季节，扒开表土，将粗大的块根挖出，留下小的块根，再覆土施肥，第二年继续生长，3～4 年后全部挖出。

3.2 加工

初加工葛根采挖后应及时处理，以防发霉、发酵和腐烂。干葛片则将鲜葛根洗净，切成 2～3mm 的薄片，晒干或烘干，即成干葛片。葛根淀粉将鲜葛根洗净后粉碎，取出糊状葛汁放入容器中，加适量的水，充分搅拌，然后用 80～100 目的网筛过滤，把滤液放入沉淀池中沉淀分层，上层为水溶液，下层为葛淀粉。静止沉淀 24h 后，放出上层水溶液，取出下层葛淀粉晒干或烘干即可。

4. 开发与利用

葛根在我国各地均有分布，葛根的茎皮纤维可织葛布或作为造纸原料，茎和叶可作牧草，花可解酒毒，块根富含淀粉供食用，中医可入药，功能消渴，主治身大热、呕吐诸痹，起阴气，解诸毒，疗伤寒、中风、头痛，解肌发表出汗，止邪风痛，治胸膈烦热发狂，止血痢，通小肠，排脓破血等。葛根生化提取物——葛根素含有异黄酮类等有机成分，可用于治疗高血压病伴有颈项强痛、冠心病、心绞痛等，是常用药材品种之一。近年来，以葛根淀粉为原料开发出的葛粉、葛凉茶、葛粉丝、葛果冻、葛糕点、葛饮料等系列食品备受消费者青睐，市场销售使其社会需求量增大。因此，发展葛根生产前景广阔。

表 1-9　葛根生产农时表

时　间	生　产　内　容
10 月～翌年 1 月	采挖、加工。留种的覆土施肥，插条假植
2～3 月	地块除草
4 月	种子繁殖、扦插
5～8 月	搭架、施肥、浇水

本节编写人员：李晓东　章春燕　郭建明

第七节　石参

1. 基本特征

1.1　石参：石参是百合科独尾草属多年生草本植物，学名中华独尾草，又名石参、崖参，石蒜薹。地上部分高 60～80cm，叶基生，近肉质；根多条，肉质，柔软，一般长 10～30cm，直径约 1cm，一年生的根淡黄色，两年或两年以上的呈深褐色。生长于海拔 900m 左右石质山坡和悬崖石缝中的黑土中。花茎粗壮，高 30～50cm，光滑；花序总状，花多数，花梗长 1.5～2.5cm；花被白色，裂片长圆状舌形，长 1.2～1.4cm；雄蕊不外露，花丝短于花被裂片；子房三室，圆形；蒴果近球形，熟后褐色。种子三棱形，边缘有膜质翅。花期 4 月下旬至 5 月上旬，果期 6～7 月。

1.2　化学成分：主要含有大黄酚甲醚、胡萝卜苷、β2 谷甾醇、多糖、氨基酸等。

1.3　功能与主治：具有祛风除湿、补肾强身之功效。

2. 栽培方法

2.1　选地整地

选择湿润、肥沃的沙壤平地或坡地，无积水、盐碱影响，以土质疏松富含腐殖质、保水力好的壤土为宜，忌黏土、连作。每亩施优质有机肥 3 000～4 000kg，三元复合肥 40～50kg，腐熟饼肥 80～100kg，深耕 25～30cm，耙细整平，作畦，宽 1.2～1.5m，畦面高出地平面 10～15cm。

2.2　繁殖方式

既可用种子繁殖，又可用根茎繁殖。种子繁殖时间长，多用于育苗移栽，生产中多用根茎繁殖。

2.2.1　根茎繁殖：晚秋或早春 3 月下旬，选 1～2 年生、健壮、无病虫害的植株根状茎，进行分茎繁殖，伤口用多菌灵 500 倍溶液浸泡后晾干。按行距 30～35cm、株距 20～25cm、深 7cm 栽种，覆土后压实并浇水，以后每隔 5～7 天浇水一次，保持土壤湿润。秋末种植时，应在土壤结冰前盖一层圈肥和草，以保暖越冬。

2.2.2　种子繁殖：选择生长健壮、无病虫害的 2 年生植株留种，加强田间管理，秋季浆果变黑成熟时采集，入冬前进行湿沙低温处理，方法是：在院落向阳背风处挖一深坑，深 40cm，宽 30cm。将 1 份种子与 3 份细沙充分混拌均匀，沙的湿度以手握成团、落地即散、指间不滴水为度，将混种湿沙放入坑内，中央插入秸秆，以利通气。然后用细沙覆盖，保持坑内湿润，经常检查，防止落干和鼠害，待翌年春季4月初取出种子，筛去湿沙播种，在整好的苗床上按行距15cm深3~5cm开沟，将种子均匀播入沟内。覆土厚度2.5~3cm，稍加踩压，保持土壤湿润。土壤墒情差的地块，播种后浇一次透水，然后插拱条，覆盖农膜，加强拱棚苗床管理，及时通风、炼苗，等苗高3cm时，昼敞夜覆，逐渐撤掉拱棚，及时除草，浇水，促使小苗健壮生长。秋后或翌年春将苗移栽到大田。

2.2.3 育苗移栽：一般移栽时间多在4月初进行，在整好的种植地块上，按行距30cm、株距25cm挖穴，穴深15cm，穴底挖松整平，然后将育成苗栽入穴内，每穴2株，覆土压紧，浇透水一次，再次进行封穴，确保成活率。

2.3 田间管理

2.3.1 中耕除草：在石参植株生长期间，每年的4、6、11月各中耕除草一次，除草宜浅，以免伤根，后期拔草亦可。

2.3.2 追肥浇水：结合中耕，进行追肥，4、6月中耕时每次每亩施入三元复合肥25~30kg，腐熟饼肥40~50kg，混匀后沟施于行间，施后覆土盖肥。在11月份除草后，每亩追施土杂肥2 500~3 000kg。前两次施肥后要及时浇水。石参喜湿怕旱，田间要经常保持湿润状态，遇干旱气候应及时浇水，以满足植株生长需求。石参忌积水，多雨季节，应注意排水，以免烂根。

2.3.3 摘除花蕾：石参的花果期持续时间较长，致使消耗大量的营养成分，影响根茎生长，为此，要在花蕾形成前及时将花芽摘去，以促进养分集中转移到收获物根茎部，以提高产量。

2.3.4 防治虫害

蛴螬：主要为害根茎。可用灯光诱杀成虫；或用90%敌百虫1 000倍液灌根；或用50%辛硫磷制成毒饵诱杀。

2.3.5 套种：适当套种作物，还能增加经济效益。一般冬季可在畦的一边套种一行蔬菜或油菜等作物，春季套作一行玉米。

3. 采收加工

人工栽种以秋、冬季采收为好，一般根茎繁殖的于栽后2年，种子繁殖的于栽后3~4年采收。秋季地上部枯萎后，挖取根茎，去掉茎叶，抖净泥土，去掉须根，除留种的根茎外，其余用清水洗净，用竹片刮去外皮阴干或烘干，颜色黄亮为佳，即成商品。栽种2年采收的，一般每亩可产干根茎200kg。

4. 开发利用

目前石参开发利用仅处于食品阶段，古代曾作为贡品进献，现如今是寻常百姓餐桌上的佳肴，或作为保健品、礼品相送。

表1-10　石参生产季节农时表

时 间	生 产 内 容
1~2月	整地
3月	栽植
4月	移栽，中耕除草，追肥，防虫，浇水
5月	追肥，防虫，浇水，打顶、摘除花蕾
6月	中耕除草，追肥，防虫，浇水，摘除花蕾
7月	追肥，防虫，浇水，采收种子
8月	中耕除草，施肥，防虫，浇水，种子沙藏
9月	施肥，防虫，浇水
10月	中耕除草，施肥，防虫
11月	中耕除草，施肥或采挖加工
12月	采挖加工

本节编写人员：马永升　蒙　琳

第八节　附子

1. 基本特征

1.1　附子：为毛茛科多年生草本植物乌头的子根加工品。附子又名乌头、川乌，俗称乌药，依附主根而生的侧根叫附子。附子适应性强，但喜欢生长在凉爽的环境条件，怕高温，有一定的耐寒性。

1.2　化学成分：附子的化学成分主要为生物碱类成分（胆碱、乌头碱、次乌头碱）。

1.3 功能与主治：性热，味辛，有毒，具有强心、温阳、祛寒湿功能。主治亡阳冷汗自出，四肢厥逆，脉微欲绝，肾阳不足，命门火衰，畏寒肢冷，腰酸脚凉，阳痿尿频，寒湿偏盛，周身骨节疼痛。

2. 栽培技术

2.1 选地备耕

附子宜土层深厚、肥沃、土质疏松、排水灌溉方便的沙壤土栽培，忌连作。一般应选三年以上没有种植过附子的地块，种植前耕耙，使土壤细碎平整，然后按畦宽 90cm、畦沟 30cm 拉绳做畦，在栽培畦面上每亩施腐熟过筛的圈肥 5 000kg 备用。

2.2 栽培方法

附子采用无性繁殖，繁殖材料为地下块根。

2.2.1 栽培时间：以每年 10～11 月为最佳栽培期，要求在冬至前 6～7 天栽完。播种过迟不利当年须根的生长发育，抗逆、抗病力差，影响产量提高。

2.2.2 栽培方法：在整好的畦面上压穴下种，株行距为 15×18cm。每穴放块根一个，芽头向上，压实土壤，畦面上盖土 6～9cm，盖土后的畦面做成弓背形，每畦栽 4 行，平均每亩下种量 100～125kg。

2.2.3 合理套种：附子下种后于当年冬季在畦面点种菠菜，畦边套种一行青笋，来年 2 月底 3 月初菠菜收完后，附子尚未出苗，4 月中旬青笋收获后，及时套种玉米，株距 45～50cm，定向播种，使玉米叶片伸向畦面，既不影响田间通风，又可更好地为附子植株遮阴，7 月中旬附子收获后可在畦面播种白菜，白菜收获后秋季栽油菜或播种小麦。

2.3 田间管理

2.3.1 修根：用小手铲剖开附子根部周围土壤，将附子主根和地下茎杆基部生长的小附子去掉。第一次在 4 月上中旬进行，第二次在 5 月中旬进行。将每根上生长的附子选留 2～4 个，其余的去掉，可提高加工附片时的优质品率，增产增值。

2.3.2 摘尖、掰芽：当附子苗高 50cm 左右，茎干生长叶片 12～14 片时，开始摘尖。摘尖后 3～5 天附子植株叶腋间长出腋芽，应及时掰掉，需连续掰芽 3～4 次直到无腋芽再生为止。

2.3.3 追肥：3 月上旬苗高 10cm 时进行第一次追肥，每亩施腐熟人粪尿 3 000kg；第二次追肥在 4 月上中旬，每亩施腐熟人粪尿 4 000kg，每 100kg 中加尿素 1kg 混匀，穴施；第三次追肥在 5 月上中旬，每亩施腐熟人粪尿 4 000kg、腐熟的油饼肥 100kg，混匀穴施。

2.3.4 除草：早春附子未出苗前，用短齿菜耙将畦面小草轻轻扒掉，注意不要碰伤附子芽头。出苗后每隔 10 ~ 15 天拔草一次，这是附子增产的关键，同时在每次追肥时清除杂草。

2.3.5 灌水排涝：夏季高温干旱，尤其在修根后 2 ~ 3 天无降雨时，应及时灌水，选择上午或傍晚引水沟灌，注意不要漫上畦面和在田间久停；雨涝，尤其是在夏季高温突降暴雨后，应及时排涝。

2.4 病虫害防治

2.4.1 病害防治

白绢病：是附子的主要病害。4 月下旬至 5 月上旬，当气温升至 18 ~ 22℃时，开始发病，5 月下旬气温达 25℃左右时为发病盛期，主要危害附子根和茎部，病株基部叶片变黄，根部开始腐烂，呈褐色水浸状病斑。当块根全部腐烂后，茎顶叶片萎蔫，随之全株枯萎死亡，雨水多或遭浸泡后，块根腐烂呈豆腐渣状有腥臭味。

叶斑病：为附子植株生长期的主要病害，药农俗称"麻叶病"。6 月中旬，气温高至 25 ~ 28℃，空气相对湿度 80% 左右，为发病盛期。主要危害叶片，由植株茎基部开始逐步蔓延至全株，叶背面病斑颜色较浅，后期在病斑上形成黑色小点，严重时会整株死亡。

防治措施：实行轮作，选无病种栽，控制好田间密度和湿度，保持良好的通风条件。药剂防治：结合修根在根基部洒施 65% 代森锌粉剂和 50% 退菌特，每平方米 10 ~ 15g 拌细土施在根周围；在发病季节，每隔 7 ~ 10 天在根部周围喷一次退菌特 500 ~ 600 倍液，连续喷 3 ~ 4 次。

2.4.2 虫害防治：主要有钻心虫、红蜘蛛、蚜虫、地老虎、蛴螬、金针虫危害。

防治方法：

钻心虫常发生在春末夏初附子生长期，幼虫主要危害附子茎顶心叶，钻入茎内咬食茎干输导组织，破坏了水分和营养向茎尖输送，致使植株枯死。当发现田间有茎顶勾头下垂植株时，应从勾头处摘除茎顶带出地外烧毁。虫害发生盛期可用 95% 敌百虫 1 000 倍液于傍晚时喷雾防治，或用绿晶 0.3% 1 000 ~ 1 500倍喷雾防治或灌施防治。

红蜘蛛、蚜虫可采用 1 000 ~ 1 500 倍氧化乐果喷雾防治。地老虎、蛴螬、金针虫等地下害虫，可用 90% 敌百虫 1 000 倍液喷洒地面或灌根防治。

3. 采收与加工

附子一般在 7 月中旬采挖收获。商品附子采收后按大小分等，大个鲜附子去净泥沙后由药材部门收购加工附片系列产品。因生品附子含有剧毒，药农不可自行加工。

表1-11　附子生产农时安排表

时　间	生　产　内　容
10~11月	下种栽培
12~翌年3月	套种菠菜、青笋、玉米，追肥，除草
4~6月	修根，除草，追肥，摘尖，掰芽，防治病虫害
7月	采收

本节编写人员：钟玉贵　付玉平　孙　莹

第九节　川芎

1. 基本特征

1.1　川芎：川芎属伞形科多年生草本植物，高40~70cm，全株有浓烈的香气。根茎呈不规则的结节拳状团块，有多数芽眼，表面棕褐色。茎直立，圆柱形，中空，下部节膨大成盘状（俗称苓子）。叶互生，复伞形花序顶生或侧生。花瓣白色，双悬果卵圆形两侧压扁，长2~3cm，花期在6~8月，果期在9~10月。以其根状茎入药，药材名川芎，又名抚芎、芎蓣、西芎等。川芎为著名的川产药材。

1.2　化学成分：含川芎嗪、4，7-二羟基-3-丁基苯酞（Ⅱ）、大黄酚（Ⅲ）、咖啡酸（Ⅳ）、原儿茶酸（Ⅴ）、阿魏酸（Ⅵ）、胡萝卜苷（Ⅶ）、瑟丹酸等成分。

1.3　功能与主治：味辛性温，具有活血化瘀、祛风止痛功效。主治月经不调、经闭经痛、产后淤滞腹痛、风湿痹痛、感冒风寒、肠胁胀痛和高血压等病症。

2. 栽培技术

2.1　选地及整地

川芎喜土层深厚、疏松肥沃、排水良好、富含有机质的砂壤土，中性或微酸性为好。土质黏重、排水不良及低洼地不宜种植。

2.1.1　育苓地：选择海拔900~1 500m的山地，高山宜阳坡，低山宜半阴半阳坡，选择生荒地，土壤可稍黏。选地后除净枯枝、杂草，就地烧灰作基肥，深耕25~30cm，整平耕细，按宽1.7m的规格作畦。

2.1.2 栽植地：平地栽种（水浇地），开沟宽30cm，深25cm；作宽1.5m的畦，畦面撒入腐熟堆肥或厩肥3 000kg与表土混合，挖松打细，整成龟背形。

2.2 繁殖方法

川芎采用无性繁殖，繁殖材料用地上茎的茎节，习称"苓子"。生产上高山育"苓子"，平川种川芎。平川育苓影响根茎的生长，易发生病虫害及退化，不宜采用。

2.2.1 培育"苓子"

栽种：12月至次年1月中旬，宜早不宜迟。挖起川芎根茎，除去茎叶、泥土和须根，称为"抚芎"，2月上旬前移栽至高山区。栽种时按株行距（20～30cm）×（20～30cm）在畦上开穴，穴深5～7cm，穴内施入适量堆肥或人畜粪便。每穴栽"抚芎"一个，芽头向上。

管理：3月上、中旬出苗，当苗高10～13cm时，亮蔸疏苗，露出根茎上部，选留生长健壮、粗细均匀的地上茎8～10根，其余从基部割去。疏苗后及4月下旬各中耕除草一次，同时追肥，每亩追施人畜粪便1 000kg，加腐熟饼肥50kg。

2.2.2 栽种：8月上旬为栽培适期，过迟气温降低影响根茎的物质积累。栽前取出苓杆、剔除有病虫害的无芽及芽已萌发的苓子。栽时选晴天在畦上按30cm行距侧横向开沟，沟深2～3cm，株距20cm，每行栽8个苓子，将苓子平或斜放入沟内，芽要向上并按实，不宜过深或过浅。行间两头各栽苓子2个，每隔5～10行的行间密栽苓子一行，以备补苗。栽后用细肥土盖住苓子，盖草保湿以防暴雨冲刷及强光曝晒。

2.3 田间管理

2.3.1 中耕除草：每年进行4次，栽后15天左右，齐苗后揭去盖草，进行第一次中耕除草，以后每隔20天进行一次。注意浅除表土，切勿伤根。前两次结合进行间苗、补苗。次年1月地上部分叶片枯黄时，先扯去地上部分，然后清理田间，耙松表土用行间泥土壅根，以利根茎安全越冬。

2.3.2 追肥：结合前三次中耕各追肥一次，每亩施人畜粪便1 500～2 000kg，混入发酵饼肥液50kg，加适量水稀释后穴施，第三次追肥后用草木灰、土肥，腐熟饼肥等混合肥料，在植株旁穴施后盖土；次年3月上旬施春肥，每亩用人畜粪尿共7 500kg、硫酸铵7.5kg、硫酸钾5kg淋穴，可增加根茎产量。

2.4 病虫害防治

2.4.1 根腐病：为害根茎，多发于近收获时。使用已感病苓子做种栽、雨水过多、排水不畅容易发生此病。染病根茎内部腐烂呈黄褐色有特殊臭味的糊糊状，俗称"水冬瓜"，地上部分逐渐凋谢枯死。防治方法：（1）选择无病健壮的苓子作种。（2）收获抚茎和苓秆时，拔除病株，集中销毁，并用石灰水进行病穴消毒，或在周围喷50%的托布津1 000倍液，防止蔓延。（3）与禾本科植物轮作。

2.4.2 叶枯病：多发于5～7月。病叶上呈现多数不规则病斑，逐渐扩大并相互连接，使叶片焦枯。防治方法：（1）清洁田园；（2）用25%的粉锈宁1 000倍液喷雾防治；（3）与禾本科植物轮作。

2.4.3 白粉病：为害叶片，多发于夏、秋季。染病叶背和叶柄密布白色粉状物，后期病部长出小黑点，严重者叶片卷曲，变黄枯死。防治方法：（1）收获后将病株烧毁深埋，减少病源；（2）发病初期用50%甲基托布津1 000倍液或25%粉锈宁1 500倍液喷雾防治。

2.4.4 蛴螬：多发于9～10月，幼虫咬食幼苗根部，造成缺苗，多发生于旱地。防治方法：用90%敌百虫1 000倍液或75%辛硫磷乳油700倍液浇灌。

3. 留种技术

7月中、下旬茎节膨大略带紫色时收获。在阴天或晴天早晨露水干后挖出植株，选健株割去根茎，摘除叶片。将茎秆捆成小捆，置于小洞或阴凉室内，上下铺盖茅草，每周翻动一次，8月上旬取出后按节的大小割成3～5cm长、每节中间保持有一节盘的短节作为繁殖材料。

4. 采收及加工

栽后第二年小满至芒种（5月下旬至6月上旬）收获。选晴天采挖全株，抖净泥土，除去茎叶，稍晒后及时干燥。以烘干为好，烘炕的火力不宜过大，每天翻炕一次。2～3天后根茎散发出浓郁香气时，放入竹笼抖撞，除掉须根，烘至全干后用麻袋或竹篓包装，贮于阴凉通风干燥处。

表1－12 川芎农时安排表

时　间	生　产　内　容
1月	清理枯枝、烂叶、施农家肥
2月	高山育苓种、清理田间地头
3～5月	中耕除草、施肥、防病虫害、去芽
6月	采收、晾晒

续表

时　间	生　产　内　容
7月	整地、施底肥、作畦
8月	栽植、浇水、补苗、施肥
9月	中耕除草、病虫防治、施肥
10～11月	中耕除草、病虫防治、培土越冬
12月	培土、冬季管护

5. 开发利用

据调查，目前，川芎的临床应用主要集中在止痛、活血化淤、治疗心脑血管疾病等方面，开发的药品有：川芎天麻散、镇脑宁胶囊、颅痛宁颗粒、速效救心丸、华佗再造丸、川芎平喘合剂、保肝利胆丸等，在其他临床应用方面尚不广泛，值得进一步挖掘。另外，川芎在食品、化妆品、日用品及添加剂等方面也有产品的开发，但力度小，深加工产品少，开发面窄。市场上开发的保健品有太太口服药、三花减肥茶等。化妆品有莲方汉方化妆品系列、索芙特防脱生发香波等。川芎的地上部分古称蘼芜，有祛风止眩、补肝明目、净涕止唾的功效，价格低廉，容易采集。在四川都江堰一带的民间，流行把川芎的嫩茎和叶凉拌食用或泡水代茶饮，在新产品开发方面，有较大的挖掘潜力。

本节编写人员：周海涛　曹克俭　张　海

第十节　半夏

1. 基本特征

1.1　半夏：属天南星科多年生植物，又称旱半夏，别名三叶半夏、三步跳、麻玉果，是常用中药材。旱半夏株高 15～40cm，地下茎球形成扁球形，直径 0.5～4.0cm，芽的基部着生多数须根，下半部淡黄色、光滑。叶 1～4枚，叶柄长 5～25cm，叶柄下部有一白色或棕色珠芽。肉穗花序顶生，花梗较叶柄长，俗称佛焰苞，绿色，边缘呈紫绿色，长 6～7cm。旱半夏以块茎入药，我国南北方均有野生分布。

1.2 化学成分：旱半夏块茎含挥发油、少量脂肪、淀粉、烟碱、黏液质、天门冬氨酸、谷氨酸、精氨酸、β－氨基丁酸等氨基酸、β－谷甾醇、胆碱、β－谷甾醇－β－D－葡萄糖甙、3，4－二羟基苯甲醛，又含生物碱及刺激皮肤的物质。嫩芽含尿黑酸及其甙。

1.3 功能与主治：性温，味辛，有毒。具有燥湿化痰、降逆止呕、消痞散结之功能，主治痰多咳嗽、呕吐反胃、胸腔痞气等症。

2. 种植技术

2.1 种植地选择

旱半夏喜温和湿润气候，块茎能在地里自然越冬，耐阴、适应性较强，在山坡、丘陵、平地均可栽培，也可在果园树林间套种或与玉米、油菜、小麦等高秆作物间作，以沙质土或红壤土种植最佳，重黏土、低洼积水地块不宜种植。

2.2 种植时间及方法

旱半夏的播种期为冬季11月至次年春季4月，以春季2~4月播种最佳。播前结合整地，每亩施厩肥或堆肥2 000kg、过磷酸钙50kg，翻入土中作基肥。播种时再耕翻一次，然后整平耙细，作宽1.3m、沟宽30cm、深20cm的畦。旱半夏主要用块茎和株芽繁殖，种子繁殖时间较长。

采用块茎繁殖最好随挖随栽。种植方法有两种：（1）条播：在畦面上开横沟，沟距12~15cm，沟宽2~3cm，然后按株距5~10cm在每条沟内交错排列两行块茎，芽头向上，栽后盖土，以不见块茎为宜。（2）穴播：在畦面上按行距17~20cm、株距7~10cm挖穴，每穴栽2~3个块茎，盖土不要过厚，以1~2cm为宜。每亩用种块茎40~50kg。栽种后如果土壤干旱要及时浇水，保持土壤湿润，以利于出苗。采用株芽繁殖的则应在夏秋间老叶枯萎、叶柄下的株芽已发育成熟时，采下株芽按行株距10×8cm挖穴种植，每穴2~3粒。亦可在原地盖土繁殖，即倒苗一批，盖土一次，以不露芽为宜，同时施入适量的混合肥，这样既可促进株芽萌发生长，又能为母块增施肥料，一举两得，有利于增产。

2.3 田间管理

2.3.1 除草：在幼苗未封顶前，要及时除草，中耕深度不宜超过5cm，以免伤根。因为旱半夏的根生长在块茎周围，根系集中分布在12~15cm的表土层，所以中耕宜浅不宜深。

2.3.2 施肥：在苗出齐后，每亩施入人畜粪便1 000kg；在株芽形成期，每亩施入人畜粪便2 000kg；当子半夏露出新芽、母半夏脱壳重新长出新根时，用粪便泼浇。以后根据生长情况每亩可用腐熟饼肥25kg、过磷酸钙20kg、尿素10kg，与沟泥混拌均匀，撒于土表，起到培土和促进灌浆的作用。另外，经常适量泼浇一些稀薄人畜粪便，有利于保持土壤湿润，促进旱半夏块茎生长，从而增加产量。

2.3.3 摘除花蕾：旱半夏生长期植株会出现抽薹开花现象，消耗养分，因此，除留种外，要及时分批摘除花蕾，使养分集中到地下块茎，加快块茎生长速度，提高产量。

2.4 病虫害防治

叶斑病：初夏发生，病叶上出现紫褐色斑点，后期病斑上生有许多小黑点，发病严重时，病斑布满全叶，使叶片卷曲焦枯而死。防治方法：发病初期用1:1:120波尔多液或65%代森锌500倍液7～10天喷施一次。

腐烂病：多在高温多湿季节发生，危害地下茎块，造成腐烂，随即地上部分枯黄倒苗死亡。防治方法：雨季及大雨后及时疏沟排水；发病初期，用石灰乳淋穴。

红天蛾：夏季发生，以幼虫咬噬叶片，严重时可将叶片吃光。防治方法：用液体敌百虫800倍液喷雾，每7天喷一次，连续7天，即可防治。

3. 留种技术

3.1 种茎的采收和贮藏

每年夏秋季半夏倒苗后，在收获半夏块茎的同时，选横径0.5～1.5cm、生长健壮、无病虫害的当年生中小块茎做种用，大块茎不宜做种；因为小块茎是由株芽发育成的新生组织，出芽力强，出苗后生长势旺，其本身迅速膨大发育成大块茎，同时抽出新叶长出新的珠芽。半夏种茎选好后，在室内摊晾2～3天，随后与干湿适中的细沙拌匀，贮藏于通风阴凉处，于当年冬季或次年春季筛出栽种。

3.2 种子采收与贮藏

半夏种子一般6月中、下旬采收。当总苞片发黄、果皮发白绿色、种子浅茶色或绿茶色、易脱落时分批摘回。采收的种子，宜随采随播，10～25天出苗。8月后采收的种子，用湿沙混合贮藏，第二年春播。

4. 采收加工

4.1 块茎的采收

种子繁殖的半夏第3、4年收获，块茎繁殖的半夏于当年或第二年采收。一般于夏秋季茎叶枯萎倒苗后采收，过早影响产量，过迟难以去皮和晒干。采收时选晴天，小心挖取，避免损伤。

4.2 产地加工

收获后鲜半夏要及时去皮，堆放过久则不易去皮。先清洗按大小分级，分别装入麻袋，在地上轻轻摔打几下，然后倒入清水缸中，反复揉搓，或在筐内或麻袋内，在流水中用木棒撞击或穿胶鞋踩去外皮，也可用去皮机除去外皮，外皮要除净，洗净。再晾晒，并不断翻动，晚上平摊于室内，勿堆放，干后或半干后，以硫黄熏之。阴雨天可烘干，控制烘干温度在 35～60℃度之间，要微火勤翻，以免出现僵子，造成损失。半夏亩产鲜块茎 400～500kg，折干率 3:1～4:1。以个大、皮净、色白、质坚、粉足为佳。半夏成品，置于阴凉干燥处，防虫、防霉变。

表 1-13　旱半夏生产农时安排表

时　间	生　产　内　容
1 月	整地、施底肥、作畦
2～3 月	春播
4～5 月	除草、浇水、施肥、摘除花蕾
6 月	病虫害防治、施肥、中耕除草
7 月	除草、施肥、浅埋株芽、浇水、第一次回苗亦可采收
8 月	浅埋珠芽
9 月	中耕除草、施肥、摘蕾
10 月	浅埋株芽、或采收种子
11～12 月	种子采收或播种

本节编写人员：马永升　李晓东　周海涛

第十一节　前胡

1. 基本特征

1.1　前胡：为伞形科植物紫花前胡［*Peucedanum dicursivum*（Miq.）Max-im］.和白花前胡（*P. praeruptorum* Dunn）的干燥根。常生长于荒坡、山地路旁、草地或灌丛中。刚收获的前胡种子胚未发育成熟，5 个月后胚的体积增加 2 倍，发芽率可达 65% 左右。前胡种子不耐贮藏，收后应第 2 年春播种，不宜隔年再用。一年生前胡皂甙含量较高，但产量较 2 年生低很多，人工栽培需要生长 2 年。前胡适应性较强，喜稍冷凉而湿润的气候，耐寒耐旱，忌高温和涝洼积水。前作以禾本科作物为好，忌连作。白花前胡：根呈圆锥形或圆柱形，稍弯曲，极少分枝，长 3～15cm，直径 1～2cm，表面灰褐色或灰黄色，根头部中央有茎痕及纤维状叶鞘残基，上部有密集的环纹，似蚯蚓头，下部有纵沟、纵纹及横向皮孔。质硬脆，易折断，断面不整齐，淡黄白色，可见一棕色形成层环及放射状纹理（菊花心），皮部约占根面积的 3/5，散有多数棕黄色小油点，木部黄棕色。气芳香，味先甜后微苦辛。紫花前胡：与白花前胡的区别点为：主根有分枝，根茎上端无纤维毛状物，偶有残留茎基。断面类白色，皮部较窄，油点少，木部只占根的 1/2 或更多，中心不显放射状纹理，气芳香，味淡而后苦辛。主产浙江、湖南、四川。此外，广西、安徽、江苏、湖北、江西亦产。

1.2　化学成分：白花前胡根含挥发油及多种香豆素。尚含微量的紫花前胡甙（Nodakenin）及 D－甘露醇。紫花前胡根含挥发油及香豆素：紫花前胡甙（Nodakenin），紫花前胡甙元（Nodakenetin，Marmesin 印枳素），紫花前胡素（Decursin）。种子含紫花前胡林（安迪林 Andelin）、紫花前胡甙元、紫花前胡素、伞形戊烯内酯（Umbelliprenin）、欧前胡素、异欧前胡素（Isoimperatorin）、［＋］－羟基氧化前胡素及［＋］－水合羟基氧化前胡素。

1.3　功能主治：性微寒，味苦、辛。入肺经。祛痰止咳，宣散风热。用于风热头痛、肺热咳嗽痰多、呕逆、胸膈痞满等症。

2. 栽培技术

2.1　生长习性

前胡喜温和气候，较耐寒，怕涝；喜光照，在土层深厚、肥沃疏松的砂质壤土中植株生长良好，黏土、涝洼地生长不良。

2.2　选地整地

选择向阳山坡、土层深厚、肥沃疏松、排水良好的砂质壤土，播种前翻地，每亩施入厩肥 2 500～3 000kg，翻入土中，耕细整平，作宽 120cm 的平畦。四周挖好排水沟。

2.3　繁殖方法

2.3.1　种子繁殖：可用种子育苗移栽或直播。（1）育苗移栽：时间 2 月底至 3 月。播种时，种子可先进行催芽，也可不催芽，催芽的种子以种子露白为度。在整好的育苗地的畦面上按行距 15～16cm 开播种沟，沟深 2～3cm，将种子均匀撒在沟内，覆土 3～6mm，稍压实，淋水。出苗后拔去过密的苗，约经 40 天培育可以移植。也可以培育至第二年 3 ~ 4 月移栽，移栽时，在整好的畦面上按行距 60cm、株距 45cm 开穴，每穴栽入带有土团的幼苗一株，然后回土满穴，压实，淋水。（2）直播：在整好地的畦上按行距 60cm、株距 45cm 开穴，穴深 5cm，整平穴底，每穴播入种子 8 ~ 10 粒，覆土厚约 3cm，淋稀薄人畜粪便。

2.3.2　分根繁殖

在春季采挖起老根，大者入药，有新芽的根头作种，栽于畦上按行株距 60 × 45cm 穴栽。

2.4　田间管理

2.4.1　中耕除草和施肥：直播地在幼苗长至 3 ~ 4.5cm 时进行第一次中耕除草，浅锄，以划破地皮为度，防止伤根或土块压伤幼苗。苗长至 6 ~ 7cm 时，每穴留苗 2 ~ 3 株。定苗后每亩施入厩肥 1 000kg，在穴边开沟施入。采用移栽或分根繁殖的地块，在移栽苗成活后或齐苗后进行一次中耕除草，到 8 月份每亩施入厩肥 1 500kg，株边开沟施入。以后每年再进行中耕除草 2 次，施肥一次，施肥量可以适当增加。

2.4.2　摘花薹：在每年 7 ~ 9 月间，当前胡抽薹时应分期分批把长出的花薹摘除，减少营养物质的消耗，提高前胡产量和质量。

2.5　病虫害防治

2.5.1　蚜虫：为害新稍和嫩叶，发生时期为 3 ~ 6 月和 9 ~ 11 月。用 10% 吡虫啉 2 000 倍液或 40% 乐果 1 000 倍液进行防治。

2.5.2　黄刺蛾：幼虫咬食叶片、嫩茎、花蕾及花，7 ~ 8 月发生严重。可用 48% 乐斯本 1 000 倍液或 5% 锐劲特 1 500 倍液防治。

2.5.3　蛴螬：苗期咬食嫩茎，6 月中旬咬食根部，可用 52.25% 农地乐 1 000 倍或乐斯本防治。

2.5.4　种蝇：幼虫为害根茎，出苗时从近地面处咬孔钻入根部取食，蛀空根部直至死亡，4 ~ 5 月为害严重。可用 20% 三唑磷 500 倍或锐劲特等防治。

2.5.5　根腐病：根部变褐，呈水渍状，被害植株叶片枯黄，生长停止直至死亡。可用 98% 恶霜灵 2 000 倍液或 50% 多菌灵 1 000 倍液防治。

3. 留种技术

留种与采种：种子成熟与开花结实顺序相同，植株主杆顶端花序和分枝先端花序先熟，后依次到主杆下部和各级分枝基部花序。10 月中下旬至 11 月中下旬，种子由青逐渐转变为黄褐色和深褐色，逐渐成熟，11 月下旬至 12 月植株停止生长，种子开始谢落，叶从下部开始向上逐渐枯萎。因此，种子采收期以 10 月中下旬至 11 月中下旬为宜。

4. 采收与加工

4.1 采收：前胡一般种植 2～3 年可收获，在每年冬初至第二年早春均可采收，以霜降后苗枯时采收最适宜。将前胡全株挖起，抖去泥沙，剪去茎秆，置太阳下晒，待主根未干须根干燥时，踩去须根及梢，然后晒干。

4.2 加工：将前胡拣净杂质，去芦，洗净泥土，稍浸泡，捞出，润透，切片晒干。蜜前胡：取前胡片，用炼熟的蜂蜜和适量开水拌匀，稍闷，置锅内用文火炒至不粘手为度，取出放凉。

5. 贮藏与运输

5.1 贮藏

贮藏药材的仓库应通风、干燥、避光，必要时安装空调及除湿设备，并具有防鼠、虫、禽畜的措施。地面应整洁、无缝隙、易清洁。药材应存放在货架上，与墙壁保持足够距离，防止虫蛀、霉变、腐烂、泛油等现象发生，并定期检查。

5.2 运输

药材批量运输时，不应与其它有毒、有害、易串味物品混装。运载容器应具有较好的通气性，以保持干燥，并应有防潮措施。

6. 开发与利用

前胡是我国传统中药材，中医临床上用于治疗风热感冒、咳嗽痰多、上呼吸道感染、胸膈胀闷、呕逆等症。由于上世纪 70 年代末发现前胡中一些吡喃类香豆素类具有钙离子拮抗活性，可治疗心血管疾病，因而掀起对其同属植物的开发利用热潮。

表 1-14　前胡农时安排表

时　间	生　产　内　容
2～3 月	整地、施底肥、作畦，播种育苗
3～4 月	移栽
5～10 月	除草、浇水、施肥，防虫
11～12 月（2～3 年后）	采收

本节编写人员：李晓东　马永升　徐晶华

第十二节　元胡

1. 基本特征

1.1　元胡：罂粟科多年生草本，以块茎入药。又称延胡索、延胡、玄胡，株高 10~20cm。块茎扁球状，直径 0.5~2.5cm，黄色。茎基部具 1 鳞片，鳞片和下部叶腋内常生小块茎；茎生叶具长柄，2 回三出全裂，末回裂片披针形或卵状披针形。总状花序顶生，疏生 3~10 花，苞片卵形或狭卵形，全缘或下部具齿；萼片小，早落；花冠红紫色，上花瓣长约 2cm，边缘锯齿或波状小齿，顶端微凹，具短尖，内花瓣暗紫色，雄蕊束披针形；子房线形，花柱细，柱头近圆形，具 8 乳突。蒴果线形，种子 1 列。花期 4 月。果期 4~5 月。主要分布于浙江、江苏、湖北、湖南、河南、山东、安徽。

1.2　化学成分：延胡索含有多种生物碱：d - 紫堇碱（d - corydaline），dl - 四氢巴马亭（dltetrahydropalmatine），原鸦片碱（protopine），l - 四氢黄连碱（1 - tetrahydrocoFtisine），d1 - 四氢黄连碱（dltetrahydrocoptisine），黄连碱（coptisine）等。齿瓣延胡索含有紫堇碱，四氢巴马亭，比枯枯灵（bicuculline）等。

1.3　功能主治：味辛、苦，性温。有行气活血、散瘀止痛之功效，用于心腹腰膝诸痛、跌打损伤、淤血作痛、月经不调、冠心病等症。

1.4　生物学特性：正常播种后，一般在 10 月下旬开始生根、发芽，元月中旬开始出苗，元月下旬齐苗，3 月中旬始开花，4 月上旬开始挂果，4 月下旬果实成熟。化为粉红色，总状花序，果实为细小蒴果，种子黑色，具发芽能力。元胡的生长发育分为地上部分和地下部分两个阶段。地上部分在幼苗期有 2~3 枚叶片，后期茎枝可达 8~11 个。4 月中旬开始衰老枯死，生长期 85~90 天左右。地下部生长一般从 10 月下旬开始先从种块茎上分化出 1~4 个芽，沿水平方向在地下伸长，到 11 月底开始形成第一个节，以后相继长出 2~3 个节，每个节的腋芽在 2 月中下旬展叶时开始密集膨大形成"子元胡"，同时长出新的茎枝。3 月下旬至 4 月中旬是"子元胡"膨大盛期，夏季来临时地下块茎进入休眠期。种块茎在结果前主要是向植株提供养分，并逐渐被吸收，从 2 月中下旬开始干缩，同时其内部的分生组织又重新分化形成更新块茎，即"母元胡"，其数量与种块茎上的苗数相同。元胡的根系一般从块茎基部发生，多集中在 7~10cm 的表土层内。"母元胡"具有开花习性。

元胡的种块茎一般在 4~5℃时即可发芽出苗，能耐 -2~0℃长期低温，一般霜冻对幼苗无伤害。当温度升到 22℃以上时，叶片出现焦枯点，超过 25℃时倒苗。地上部分的生长适温为 10~18℃，较大的昼夜温差有利于块茎膨大。

2. 栽培技术

2.1 土壤选择和环境要求

2.1.1 土壤选择：元胡是收获地下块茎的作物，其根系多集中在 7～10cm 的表土层内，且具有喜温、喜光、喜湿、耐寒、怕旱、怕高温、忌荫蔽的特性。因此，栽培元胡时应选择向阳、干燥、地下水位低、灌排水便利、土质疏松、肥沃、有机质含量高的轻质壤土。

2.1.2 环境要求：大气、土壤和灌溉用水是造成元胡有害物质超标的重要环境因素，产地及其周围 2 000m 不得有大气和水的污染源，如石灰窑、砖瓦窑、水泥厂等，土壤和空气质量要符合国家二级标准，灌溉用水应符合农田灌溉用水质量标准。

2.2 耕作制度及产品质量要求

2.2.1 耕作制度：元胡的前茬应以禾本科作物为宜。同一地块提倡 2～3 年倒茬的轮作制度，以减少菌核病病原菌的积累。沙壤土地区应大力推广水稻—元胡轮作，以提高种植元胡的比较效益。

2.2.2 质量要求：鲜品应达到色正、无机械创伤、无腐烂、无病斑的要求，鲜元胡按大小分为三种规格，即：直径大于 1.4cm，不能通过 50 目铁筛的为一级；直径 0.7～1.4cm，不能通过 200 目铁筛的为二级；直径小于 0.7cm 的为三级。一般栽培条件下要求三级品的比例不超过 15%。干品要求含水量控制在 14%～16% 以下，无霉变和虫蛀、无杂质。

2.3 播种材料的基本要求

2.3.1 繁殖方式：采用无性繁殖法。生产上应采用浙元胡当年新生的块茎，即"子元胡"作种、"母元胡"的比例应低于 20%。提倡从正规的良繁基地或种源清楚可靠的冷凉适生区内进行异地换种。应积极引进来源可靠的地方品种或新品种进行试验示范。

2.4 整地、施基肥

2.4.1 整地、做畦：水稻等前茬作物收获后，选晴天合墒深翻 20～25cm，做到二犁三耙、或板茬机耙，使表土充分细碎，利于发根生苗。耙细平整后即可做畦，一般要求畦底宽 1.2～1.4m，沟宽 0.3m，沟深 0.15～0.2m，畦面平整细碎，上虚下实，略呈龟背形。

2.4.2 施肥

2.4.2.1 基本要求：应坚持有机肥与化肥配合使用和"稳磷、减氮、补钾、配微"的原则，大量元素与微量元素之间平衡供应。要求有机肥与无机肥的养分比不低于1:1。禁止使用未经充分腐熟的农家肥、人粪尿和未经无害化处理的生活垃圾及未获登记的肥料产品，提倡使用生物有机肥。

2.4.2.2 需肥特点：元胡在出苗前（约 100～110 天）以地下根、茎生长为中心，以吸收氮、磷为主，出苗后先以地上部茎叶生长为主，氮的需求到开花前逐步达到高峰。开花盛期以后生长中心又转向地下部以块茎膨大为主，对磷、钾需求量迅速上升，磷的吸收量在花谢后呈下降趋势，对钾素营养的吸收则一直呈上升趋势。元胡是对硼、锌、钼等微量元素较为敏感的作物。

2.4.2.3 基肥使用方法：在耕犁时亩施优质农家肥 2 000kg（其中的 2/3 在第二次翻犁时施入，1/3 在第二次耙地时施入），整地时亩撒施二铵 20～30kg、硫酸钾 20～30kg、硼肥 0.75～1.0kg、钼酸铵 50～100g，充分耙匀后做畦。

2.5 播种

2.5.1 播种时间：元胡种块茎在秋季气温下降到 5～10℃，土壤底墒适宜时即可发芽。汉中在 10 月下旬即可满足以上条件，地下茎开始萌发。浙江等地有"早下种，胜施一遍肥"的经验。因此，平川地区应以 10 月上中旬播种为宜，浅山区以 9 月 25 日至 10 月 10 日为宜。元胡种块茎在正常贮藏条件下，以种芽萌动、1/3 露白为最迟播种的外观标志。

2.5.2 种子处理：播前用 10% 的盐水浸 5 分钟，捞出后用相当于种量 1.5 倍的 50% 退菌特可湿性粉剂或 50% 甲霜灵粉剂 800 倍溶液，将种块茎浸泡 5～10 分钟，晾晒 1～2 天，待元胡种表面微有干缩时播种或在播种时用相当于种子量 0.3% 的多菌灵拌种，可以杀死元胡种块茎所带的菌核病病原菌。

2.5.3 播种方式

2.5.3.1 条播：在畦面上按 20cm 行距，做 10cm 宽、4～5cm 深的播种沟，然后在沟内均匀摆放两排错开排列的种块茎，芽尖向上，每排株距 6～8cm，亩播 6.0～6.5 万株，用种量 70～75kg，播后盖一层细土并用细粪盖平播种沟。

2.5.3.2 穴播：在整平的畦面上用特制的钉耙轻按打穴，株行距 9 × 10cm，孔径 1.5cm，深 4～6cm，每穴播一粒种块茎用细粪土盖上即可。

2.5.3.3 土壤处理：前茬为蔬菜的地块或常年种植油菜的地区应做好土壤处理，消除菌核病病原。每亩用 50% 多菌灵和 50% 福美双或敌克松粉剂各 0.75～1kg，拌 70～80kg 细土，在播种前均匀撒入畦面和播种沟（穴）内。播完种后，及时清理畦沟，重点清理和开好边沟、中沟和腰沟，深度达 30cm，以利排水，防止湿害。

2.6 田间管理

2.6.1 除草：元胡田的杂草主要有繁萎、猪秧秧、牛毛草、黎等，一般可在12月中旬前对草荒严重田块每亩用20%克芜踪或10%草甘膦水剂或20%百草枯200mL或乙草胺150mL加水40～50kg均匀喷雾或拌细土25kg撒施。3月份以后发生的杂草，应该使用小挖锄或手拔。元胡的根系主要分布在表土层，地下茎也沿表土层水平伸长，故不宜中耕。

2.6.2 追肥：立冬前地下茎已开始生长，应在播种后的一个月内浇施一次淡尿水，促进生根；12月中下旬结合冬灌重施一次追肥，此时，应以有机肥为主，每亩施稀粪肥40担或碳铵30～40kg，硫酸钾10～15kg；2月初元胡出苗后对氮素营养的需求加快，可亩施尿素8～10kg提苗（又称红头肥），如果底肥和追肥充足，苗势较好，可以少施或不施红头肥。3月份以后严禁施氮素肥料，以防氮素过量造成植株徒长。3月中旬到4月中旬可以每隔7～10天叶面喷施一次0.3%～0.4%的磷酸二氢钾或0.2%尿素补充营养，防止早衰。禁止使用膨大素等植物生长调节剂。

2.6.3 浇水：元胡虽然喜湿，但既不耐旱也不耐涝，出苗前后，保持土壤适当干燥有利于地下茎和根的生长，3月份或显蕾以后缺水容易造成块茎膨大慢，开花率增加等。一般应从12月中旬开始到3月中旬前均匀浇水2～3次，严禁大水漫灌，造成土壤板结。应保持田间湿而不渍、润而不涝，使畦面达到上层爽下层润的状态。

2.6.4 摘花蕾：一般田块开花率在30%以下时，可以人工剪除花蕾，开花严重，种块茎中"母元胡"比例大的田块，可在3月初花蕾初现时喷40%乙烯利水剂800倍溶液一次，抑制开花。

2.7 病害防治

元胡病害主要有菌核病、霜霉病和锈病三种，其中：菌核病和霜霉病发生较重、危害最大，是造成提前倒苗的最根本原因。

2.7.1 菌核病防治

2.7.1.1 症状：菌核病初发时，叶片出现水浸状椭圆形斑，随后病斑变为青褐色或黄褐色，茎部病斑呈水浸状缢缩，继而出现水浸状萎缩，干旱时植株发苗慢，湿度大时茎基软腐，植株倒伏，地面出现灰白色棉絮状菌丝和鼠粪样菌核。

2.7.1.2 发病规律：菌核病的病原菌可在种子、粪肥和土壤中长期存活，高湿和15～20℃气温是发病的适宜环境条件。略阳县一般在3月下旬开始发病，4月上旬为盛发期。

2.7.1.3 农业防治：除应做好种子和土壤处理、施用符合卫生标准、充分腐熟的农家肥、增施磷钾肥、清沟排湿外，应及时清除中心病株，对病土和病株用1：3的石灰与草灰混合撒施消毒。

2.7.1.4　药剂防治：3月下旬开始用50%退菌特或50%多菌灵胶悬剂500倍溶液进行保护性防治，病害开始流行时可选用50%速克灵或50%乙烯菌核利（农利灵）或40%菌核净1 000倍溶液交替喷雾防治。

2.7.2　霜霉病防治

2.7.2.1　主要症状：发病初期叶片上有黄绿色、褐色小斑点，后连成不规则褐色斑，密布全叶，潮湿时病斑背面出现灰白色霉状物，后期可致枝叶枯死。

2.7.2.2　发病规律：霜霉病是一种气流传播的病害，土壤和种块茎很少带菌，发病适温为16～22℃，空气湿度特别是叶面有水膜存在是发病的主要环境因素，一般在4月上旬开始流行，4月中旬是高峰期。

2.7.2.3　农业防治措施：合理密植，促进通风透光；及时清沟排湿，降低田间湿度；实行配方施肥，防止偏施氮肥。

2.7.2.4　药剂防治：4月初开始每5～7天用70%甲基托布津800倍液或40%乙磷铝150～200倍液进行预防。提倡在早晨或下午以及雨后及时喷药保护。发病后可用62%杀毒矾或72.2%普力克（霜霉威）800倍溶液或58%甲霜灵锰锌、77%可杀得等药剂配成600倍溶液喷雾。

3. 留种技术

3.1　选种和留种：种块茎带菌是造成病害流行的重要原因之一。收获元胡前应首先从无病田中选苗，选择生长健壮、株型整齐、紧凑、叶宽大的植株作为留种对象。收获时选择其中体形圆正、充实、个体中等以上，横径1.2～1.4cm，无病虫损伤的"子元胡"（地下茎节膨大而成，土黄色、内部白色、扁圆形、两端凹陷、芽眼多、无外壳）作繁殖材料（大种成本高，过小种子牙眼少，出牙率低，芽势弱），每亩备种75～80kg。应尽可能剔除"母元胡"和有病害及腐烂症状的种子。

3.2　种茎贮藏：块茎收获后一般有很长一段的自然休眠期，可以利用这一特性进行分层堆积贮藏。即将选好的种块茎，先摊在室内晾3～5天，不要淘洗，待表面泥土发白脱落后，在室内选阴凉干燥，未堆放过化肥、农药、食盐的地方，用砖块砌成宽1.3～1.5m，高度不超过0.7m，长度不定的长方形围边，先铺一层7～10cm厚细砂，然后放3～5cm厚一层种块茎，上铺一层3～5cm厚细砂，再放一层种块茎，共铺4～5层种块茎，最后盖一层10cm厚砂子，总厚度不超过70cm。贮存量大时可在堆上插草把通气散热。贮藏期间，应经常检查，保持30%～40%的相对含水量，以底层砂子不积水，上层

第一部分 植物药

砂子不干白为宜。夏季还应防止高温、高湿、霉变和虫、鼠害，每半月检查或翻堆一次，剔除霉烂种茎。

4. 采收与加工

4.1　采收：4月底后植株完全干枯后（立夏后5～7天采挖的干燥率高），选晴天土壤较干燥时，刨拾元胡块茎，及时运回室内摊凉，严禁曝晒。

4.2　产地加工：挖回的鲜元胡先用50和200目的筛子，按大小分成三级后，分别装入箩筐，放入流水中搓净泥土和母元胡外壳，然后倒入沸水中不断搅拌，大块茎煮4～6分钟，小块茎煮3～4分钟，到块茎切面中心有米粒大小的白点时捞出，将其摊放在干净的水泥场上曝晒3～4天后放回室内回潮几天，再晒2～3天，反复几次即可全干。含水量应控制在14%～16%，一般折干率达30%～33%时为采收适时、这是加工得当的标志。如煮沸时间不足，切面白点太大，则外观虽好，贮存中易遭虫蛀变质；煮沸过度会降低折干率。

5. 贮藏与运输

5.1　贮藏

初加工后的干品用麻袋包装后置于通风干燥处保存，梅雨季节应抢晴天晾晒，防止受潮和发霉变质或遭受虫蛀。

5.2　运输

药材批量运输时，不应与其他有毒、有害、易串味物品混装。运载容器应具有较好的通气性，以保持干燥，并应有防潮措施。

6. 开发与利用

元胡是一种常用中药材，具有活血、利气、止痛之功效，市场需求量比较大。临床证实本品止痛作用较乳香、没药、五灵脂为强，为中药中的止痛良药，对胃脘作痛及经行腹痛尤为效捷，配伍应用效果更佳。元胡一般经醋制后捣碎入药，可提高有效成分在煎液中的溶解度，从而增强疗效。

研究证实，元胡中可分离出15种生物碱，另含有延胡索甲素、乙素、丑素、癸素均有镇痛作用，尤以延胡索乙素的镇痛、镇静作用最为显著，它是一种消旋四氢棕榈碱，与黄连素为同一类型的分子结构。与巴比妥类药物有协同作用，又能对抗苯丙胺和咖啡因的中枢兴奋作用。延胡索乙素还具有抗5-HT的作用。延胡索乙素还可使甲状腺重量增加。去氢延胡索甲素，可增加冠脉血流量及心肌营养性血流，防止心肌缺血。皮下注射去氢延胡索甲素，对大鼠的实验性胃溃疡，特别是幽门结扎或阿司匹林诱发的胃溃疡有一定保护作用，对胃液分泌及胃酸均有抑制作用，所以应用很广。

表1-15　元胡农时安排表

时　间	生　产　内　容
9～10月	整地、施底肥、作畦，播种
3～9月	除草、防虫、摘花蕾、浇水
翌年4～5月（立夏前后）	采收

本节编写人员：李晓东　杜　诚

第十三节　百合

1. 基本特征

1.1　百合：为百合科多年生草本植物卷丹（*Lilium lancifolium* Thunb.）、百合（*Lilium brownii* var. Viridulum）或细叶百合（*Lilium pumilum* DC.）的干燥肉质鳞叶。鳞茎卵圆扁球形，茎直立；卷丹花为橙红色，有紫黑色斑点；百合花为白色而背带褐色；细叶百合花为鲜红色或紫红色，无斑点。百合耐寒，但最适生长温度在15～25℃之间，低于10℃或高于30℃均生长不良。百合适宜 pH 值为5.5～6.5的偏酸性及容重在1g/cm^{3}以下富含腐殖质的土壤生长，忌水淹，喜半阴环境，但过度荫蔽会引起花茎徒长和花蕾脱落。百合原产自然种主要分布在亚洲、欧洲、北美洲。按其起源分别称为：亚洲百合原种、欧洲百合原种、北美洲百合原种等。中国是百合的主要原产地之一，种类丰富，且特有种多。

1.2　化学成分：含有维生素 B、C 和胡萝卜素等；另含有精氨酸、脯氨酸、谷氨酸、赖氨酸、苯丙氨酸、丙氨酸、天门冬氨酸、β－谷甾醇、胡萝卜素苷、正丁基－β－D－吡喃果糖苷等皂苷类成分。

1.3　功能主治：味甘，性微寒。归肺、心经。具有养阴润肺止咳功效，用于肺阴虚的燥热咳嗽，痰中带血；治肺虚久咳，劳嗽咯血；清心安神，热病余热未清，虚烦惊悸，失眠多梦等。

1.4　形态特征：百合鳞片的外性是种的分类依据之一。多数百合的鳞片为披针形，无节，鳞片多为覆瓦状排列于鳞茎盘上，组成鳞茎。茎表面通常绿色，或有棕色斑纹，或几乎全棕红色。茎通常圆柱形，无毛。叶呈螺旋状散生排列，少轮生。叶形有披针形、矩圆状披针形和倒披针形、椭圆形或条形。叶无柄或具短柄。叶全缘或有小乳头状突起。花大，单生、簇生或呈总状花序。花朵直立、下垂或平伸，花色常鲜艳。花被片6枚，分2轮，离生，常有靠合而成钟形、喇叭形。花色有白、黄、粉、红等多种颜色。雄蕊6枚，花丝细长，花药椭圆较大。

2. 栽培技术

2.1 整地、施肥：百合适应性较强，但以气候温和、阳光充足的生长环境和土层深厚、排水良好的沙质壤土种植为佳，黏土次之，涝洼积水地不宜种植。种植时亩施圈肥、土杂肥4 000kg及过磷酸钙40kg作底肥。翻耕20～30cm，耙细、整平做畦，畦宽130cm，畦长因地而定。雨水特多地区要做垄，垄宽80～100cm、沟深10～15cm，以防积水。

2.2 栽培方法：百合一般在7月中下旬成熟采挖，采挖后埋于稍潮湿的细沙中保存，或留在地里随挖随栽。到9～10月份，取出根芽，并将根芽分开，在整好的地上开沟，按行距25～30cm、株距15～20cm，将根芽芽头向上栽植在种沟内，平畦可覆土4～5cm，起垄种植可覆5～7cm，栽种时如土地过干可浇少量水，亩用根芽130～150kg。

2.3 田间管理及病虫害防治：秋栽百合当年苗不出土，根系发育好，第二年春苗即出土。注意中耕除草，宜浅不宜深，百合在生长前期主要是消耗自身养分，中期靠底肥，后期应及时摘除花蕾，减少养分消耗提高产量。百合在整个生长期基本无病虫害。如有病害主要是根腐病，发病时用退菌特50%可湿性粉剂500倍液灌注根部。虫害主要是蚜虫，可用低毒杀虫药防治。

3. 收获加工

3.1 采收：秋栽百合到第二年7月收获，当百合植株枯萎、地下茎成熟时，选晴天采挖，然后切除地上部分和须根、种子根。预冷：将鳞茎均匀铺放在通风的室内散热2天。

3.2 加工

3.2.1 剥片：将鳞茎剪去须根，用手从外向内剥下鳞片，也可在鳞茎基部横切一刀，使鳞片分开。按外鳞片、中鳞片和芯片分开盛装，然后分别倒入清水中洗净，捞起沥干待用。如混在一起，因鳞片老嫩不一，难以掌握泡片时间，影响质量。不同品种的鳞茎，剥片时也不能混淆。

3.2.2 泡片：将铁锅洗净，加入约占锅容量2/3的清水，加热煮沸，然后将鳞片分类下锅，放入鳞片的数量以不露出水面为宜，便于翻动。泡片时火力要均匀，用铁勺上下翻动1～2圈，加盖煮沸。煮沸时间外层鳞片5～7分钟，内层鳞片约2～3分钟。勤观看鳞片颜色的变化，当鳞片边缘柔软，由白色变为米黄色，再变为白色时，迅速捞起，放入清水中冷却并漂洗去黏液，捞起沥干。每锅沸水可连续泡片 2~3 次，如沸水浑浊，应换水再泡，以免影响百合色泽。

3.2.3　晒片：将漂洗后的鳞片均匀薄摊晒席上，置于阳光下晾晒 2 天，当鳞片达 6 成干时再进行翻晒（否则，鳞片易翻烂），直到全干。若遇阴雨天，应摊放在室内通风处，切忌堆积，以防霉变，也可采用烘烤法烘干。

3.2.4　包装：干制后的百合片先进行分级，以鳞片洁白完整、大而肥厚者为上品。用食品塑膜袋分别包装，再装入纸箱或纤维袋，置于阴凉干燥室内，防霉变、防鼠害。

4. 贮藏运输

4.1　贮藏方法：贮藏百合种茎一般采用地窖（坑）沙藏法，也可采用筐（箱）室内贮藏法。贮藏：在地窖（坑）或筐（箱）底先铺一层约 2cm 厚的河沙，然后按照放一层鳞茎铺一层河沙的顺序进行贮藏，顶部和四周用河沙封严，不让百合显露在空气中，以减少养分损失。用筐（箱）装的百合应移入贮藏室内贮藏，防高温潮湿，防老鼠为害。

4.2　运输：药材批量运输时，不应与其他有毒、有害、易串味物品混装。运载容器应具有较好的通气性，以保持干燥，并应有防潮措施。

5. 开发与利用

随着人类社会和经济的发展，百合成为高档的食用、药用、观赏多用的高收入经济作物。用百合做成的菜肴更是美味佳肴，如四喜百合、百合迎宾、百合大团圆、百合大团结、百合炒肉片、百合绿豆莲子汤等。可用于婚宴、寿宴、生日宴、庆祝宴、合作宴等。用百合加工做成的百合啤酒、百合饮料、百合面条、百合酒、百合糖、百合饼干、百合罐头、百合脯等都是高档的保健功能文化食品，也是馈赠亲友的佳品。食用百合有很深的文化内涵，象征团圆、团结、和睦、幸福、纯洁、顺利、财运发达，深受大众欢迎。百合的花很美丽，在室内、庭院、公园小区、街道、广场等处种植都有很高的观赏价值，也是观光农业、休闲场所种植绿化的首选。因此，百合新产品开发利用又是饮料、酒类等食品加工类产业调整和开发的首选。祖国中医药学证明：百合入心肺经，有清热解毒、润肺止咳、宁心安神、补中益气、养五脏等功效。现代医药科学证明：百合有止咳化痰、抗哮喘、强壮身体、耐缺氧、止血通便、提高免疫力、抗癌美容、治疗烧烫伤等功效，也是防治"非典"的主要中药之一。可以说浑身是宝，吃百合送百合已成为时尚。国内及欧美、东南亚需求越来越大，加工的百合在沪宁杭、北京、大连、青岛、广州、香港等地每千克达到

30多元，国外价格更高；各种百合保健功能、文化食品都供不应求。山东沂水百合研究中心正在研究开发的百合降压饮料、百合抗缺氧运动饮料、百合清热止咳饮料、百合抗肿瘤饮料等开拓了人类自然健康的新时代。百合有着广阔的市场前景和巨大的经济潜力。

本节编写人员：马永升　曹克俭

第十四节　何首乌

1. 基本特征

1.1　何首乌：为蓼科植物何首乌（*Polygonum multiflorum* Thunb.）的干燥块根，其藤茎称"夜交藤"。根细长，末端膨大成肉质块根，茎长 3～4m，中空，多分枝，基部木质化。叶互生，卵形，膜质。花序圆锥状，大而开展，顶生或腋生。花小，白色；花被 5 深裂。花期 8 月至 9 月。何首乌蔓长枝多、花多。适应攀援绿化。可于墙垣、叠石之旁栽植。主要分布于西南、中南、华东地区及陕西、甘肃等省。资源较多的有云南、贵州、四川、广西、湖北、湖南等省区。

1.2　化学成分：何首乌主要含三类有效成分：二苯乙烯苷类化合物、蒽醌类化合物及聚合原花青素。此外还含有卵磷脂和多种微量元素。二苯乙烯苷类化合物是一类具有显著药理活性的水溶性成分，其代表成分二苯乙烯苷，具有显著的降脂作用。

1.3　功能主治：味苦、甘、涩，性微温。归肝、肾径，补益肝肾，具有强筋骨、益精髓、养血、滋阴、涩精之功效。

2. 栽培技术

2.1　选地、整地：育苗地，选择山丘平缓处，灌溉方便，土层疏松肥沃的砂壤土育苗。冬季深翻30cm，经一冬风化后，翌年春进行多次犁耙，除去草根、树根和石块，整平耙细，起宽100cm、高 10～20cm 的畦。每亩施腐熟的厩肥、草皮灰等混合肥 2 000kg，均匀撒在畦上，然后浅翻入土；种植地，选择山坡林缘或房前屋后，土层深厚、肥沃疏松、排水良好的地块，冬深翻30cm 以上，拣出草根和石块，翌年春再翻犁 1～2 次，使土层疏松细碎。每亩施厩肥、草皮灰混合肥 3 000kg 作基肥。施后耙地一次，使肥料与表土混合均匀，起畦种植，畦宽 50cm、高 25cm。亦可在房前屋后挖坑种植。

2.2 育苗繁殖

2.2.1 播种育苗：每年 10～11 月间何首乌种子成熟时，将整个果穗轻轻地剪下晒干，搓出种子，除去杂质，装入布袋或纸箱，置阴凉干燥处存放。第二年 2 月份，当气温回升到 20℃以上时播种。在整好的育苗地畦面上，按行距 10～15cm 开浅沟，将种子均匀撒入沟内，覆土约 1.5cm 厚，盖草，淋透水。一般每亩用种量 1.5～2kg。播后 10 天左右便可出齐苗，这时要及时撤除盖草，淋水，保持畦土湿润，同时注意拔除杂草。出苗后 10～20 天，进行间苗补苗，按株距 4～5cm 定苗。4 月初用 2％尿素施肥一次，促进幼苗生长。大约经过 90 天，苗高 30cm 便可以移到大田种植。此法繁殖幼苗生长较慢，生长周期长。

2.2.2 扦插育苗：每年 3 月或 11 月间，选择一年生粗壮老熟藤蔓，剪成带有 2～3 个节、长 15cm 左右的插穗，每 50 条扎成 1 小扎，下端蘸黄泥浆，置阴凉处待插。在整好畦的育苗地按行距 15～18cm 开横沟，沟深 10cm，把插穗靠沟壁摆下，株距 1cm 左右，覆土压实使上剪口稍露出地面，再覆盖一层稻草，注意不要倒插。扦插后经常保持畦土湿润，遇干旱要淋水，以利插穗长根发芽，雨季则要注意排水，防止因苗床积水而导致插穗腐烂。若天气暖和，插后 10～15 天可长出新芽，一个月后长新根，约经 100 天的培育，苗高 15cm 以上，有数条根后便可移到大田种植。

2.2.3 定植：何首乌可以春种或夏种。春种发根快，成活率高，但须根多，产量低，质量差。夏种（5～7 月），地温高，阳光充足，种后新根易于膨大，结薯快，产量高。从苗地起苗时，苗只留基部 20cm 左右的茎段，其余剪掉，并将不定根和薯块一起除掉，这是高产的关键。种植时，先在畦上，按行株距 20×20cm 开种植穴，每穴种 1 株，种后覆土压实，淋足定根水，以保持土壤湿润。房前屋后挖坑种植，每坑可栽苗 4 株。

2.3 田间管理

2.3.1 水肥管理：何首乌定植后，要经常浇水，前 10 天每天早晚浇一次，待成活后，看天气情况适当浇水，苗高 100cm 以后一般不浇水。雨季加强田间排水。何首乌是喜肥植物，应施足基肥，多次追肥。追肥采用前期施有机肥，中期施磷钾肥，后期不施肥的原则。当植株成活长出新根后，每亩施腐熟人粪尿 1 000～1 500kg、花生麸 50kg、过磷酸钙 15～25kg。然后看植株生长情况追肥，一般可再施 2 次，每次每亩施人畜粪 2 500kg。苗长到 1m以上时，一般不施氮。9 月以后，块根开始形成和生长时重施磷钾肥，每亩施厩肥、草皮灰、草木灰混合肥 3 000kg 和过磷酸钙 50～60kg、氯化钾 40～50kg，在植株两侧或周围开沟施下。以后每年春季和秋季各施肥一次，均以有机肥为主，结合适量磷钾肥。每次追肥均结合中耕培土，清除杂草，防止土壤板结。

2.3.2 搭篱摘枝：何首乌藤长至30cm时，在畦上插竹条或小木条，交叉插成篱笆状或三角架状，将藤蔓按顺时针方向缠绕其上，松脱的地方用绳子缚住。每株留一藤，多余的分蘖苗除掉，到1m以上才保留分枝，以有利植株下层通风透光。如果生长过于茂盛，可以适当打顶，减少养分消耗，一般每年修剪5~6次，高产田7次。

2.4 病虫害防治

叶斑病：受病叶呈黄褐色病斑，严重时叶片枯萎脱落。在高温多雨季节开始发病，田间通风不良发病严重。发病初期喷1:1:200波尔多液，每隔7~10天喷药一次，连续2~3次。

根腐病：由真菌中的镰刀菌或细菌引起，受害植株根部腐烂，地上茎蔓枯萎，多在夏季发生，种植地排水不良时发病严重。发病初期，将病株拔除，用石灰粉撒在病穴上盖土踩实，防止蔓延；并用50%多灭灵可湿性粉剂1 000倍稀释液灌根，可起到保护作用。

金龟子：为鞘翅目金龟子科昆虫。以成虫为害叶片，轻者咬食成缺刻状，重者叶片被食光。可用90%敌百虫1 000倍稀释液喷杀，或利用其假死性，在入夜后摇动被害植株，使其脱落，收集杀灭。

蚜虫：同翅目蚜科昆虫。以成虫和若虫群体在植株嫩梢、嫩叶上吮吸营养物质，使植株生长不良。可用40%乐果乳油1 500~2 000倍稀释液喷杀，每隔7~10天一次，连喷多次。

3. 采收加工

何首乌需适期进行收获。一年生何首乌，当秋冬叶子枯萎时即可采收。藤茎，收获时可除去细枝及残存的叶子，捆扎成捆，晒干加工成药。一般种植3年采收。秋冬季叶片脱落或春末萌芽前采收为宜。先把支架拔除，割除藤蔓，再把块根挖起，洗去泥沙，削去尖头和木质部分，按大小进行分级。直径15cm以上的块根，宜砍成厚5cm左右、长8~9cm的块状，或切成厚3cm，长宽各5cm的厚片，然后按大、中、小分成三类，分别摊放在烘炉内，堆厚约15cm，用50~55℃温度烘烤，每隔7~8h翻动一次，烘4~5天，待有七成干时取出，在室内堆放回润24h，使内部水分向外渗透，再入炉烘烤至充分干燥。每亩可产干货400~500kg，高产可达600kg以上。

4. 开发与利用

何首乌含有9种维生素和人体必需的全部氨基酸，是补肝肾、益精血、健脾胃、乌须发的常用药。以何首乌为原料，可制成补剂、饲料、化妆品、抗衰老品等。已经试制成功的首乌粉、首乌八珍粥、首乌果茶、首乌饮片、首乌护肤润发品等，投入市场后深受消费者青睐。

本节编写人员：柯　健　郑素花

第十五节　党参

1. 基本特征

1.1　党参：为桔梗科植物党参［*Codonopsis pilosula*（Franch.）Nannf.］的根。适应性较强，喜温和凉爽气候。不同的生长时期对水分、温度、阳光的要求有所不同，种子萌发的适宜温度为18~20℃，幼苗喜阴，成株喜光，能耐受33℃的高温，也可在-30℃条件下安全越冬。在排水不利和高温高湿时易发生根腐病。党参是深根系植物，土壤pH值6.5~7.0为宜，忌连作，一般应隔3~4年再种植，前茬以豆科、禾本科作物为好。党参以3年生植株所结的种子发芽率高，一般为90%以上，室温下贮存一年则降低发芽能力，贮存期间受烟熏或接触食盐，种子将丧失发芽能力。主产山西平顺、长治、黎城、五台，甘肃陇西、定西、甘谷、会宁，陕西，四川，云南，贵州，湖北，河南，内蒙古及东北现大量栽培。

1.2　化学成分：含苍术内酯Ⅰ、Ⅲ（atractylenolide Ⅰ，Ⅲ）、烟酸、5-羟基-2-甲氧基吡啶、党参酸、丁香甙、丁香醛、香草酸，以及植物甾醇、三萜类、单糖、多糖等。

1.3　功能主治：性平，味甘，归脾、肺经。补中益气，健脾生津。用于脾肺虚弱、气短心悸、食少便溏、四肢倦怠。

1.4　形态特征：党参为多年生草质藤本植物，有白色乳汁，具浓臭。根肥大肉质，长圆锥形或圆柱形，直径1~3cm，一般不分枝，近梢渐细，顶端有一膨大的根头，有多数瘤状茎痕，俗称"狮子头"。鲜时白色，干后外皮呈米黄色，有皱纹。茎细长而多分枝，缠绕于其他植物上，基部有白色粗糙硬毛，上部光滑或近光滑。叶互生或对生，有长的叶柄，叶片卵形或广卵形，长1.5~6cm，宽1~4cm，全缘或浅波状，表面绿色，有粗糙伏毛，最后渐至光滑，背面灰蓝色，紧贴许多白色茸毛。花单生于叶腋，有细花梗，花冠广钟形，先端5裂，淡黄绿色，内有淡紫色斑点。果实为蒴果，圆锥形，种子多数，细小，褐色有光泽，千粒重仅0.3g。花期7~9月份，果期9~10

月份。

2. 栽培技术

2.1 选地整地

育苗地选半阴半阳坡，离水源近的，无地下害虫和宿根草的山坡地和二荒地，疏松肥沃的砂质壤土。每亩施厩肥或堆肥 2 000kg 左右，翻耕、耙细、整平做平畦或高畦。移栽地要求不严格，山坡、梯田、生地、熟地均可。如果是生荒地，先烧荒，进行翻耕。熟地要施基肥，灶墙土、骡马猪粪等，每亩 4 000kg 左右。翻耕一次，耙细整平，做成宽 100～120cm 的畦或垄，垄距 30cm。

2.2 育苗

党参繁殖要用新种子，最适发芽温度 18～20℃，播种期分春、夏、秋三季，以夏秋播为好。春播在 3 月份，要在水源近的地方采取春播。夏播在 7、8 月份雨季播，秋播在地冻前。

2.2.1 播前种子处理：为了使种子早发芽，播种前把种子放在 40～50℃ 温水中浸种，边搅拌边放入种子，搅拌至水温和手温一样时停止，再浸 5 分钟，捞出种子，装入纱布袋中，用清水洗数次，再放在温度 15～20℃ 室内砂堆上，每隔 3～4h 用清水淋洗一次，一周左右种子裂口即播种。

2.2.2 播种方法：分撒播和条播两种。

2.2.2.1 撒播：将种子均匀撒于畦面，再稍盖一层薄土，以盖住种子为度，随后镇压使土与种子紧密结合，以利出苗。每亩播种量 0.5～1.0kg。

2.2.2.2 条播：按行距 3cm 开 2cm 深的沟，将种子均匀播于沟内，盖土。条播便于松土、除草。

2.3 移栽

参苗生长一年后，秋季或春季定植。春季在土壤解冻后（3 月中、下旬至 4 月上旬），秋季于 10 月中、下旬移植。在整好的畦面上，按行距 18～30cm，开深沟 5～6cm，将参苗按株距 2～3cm 斜放于沟内，盖土 2cm，压紧、浇水。

2.4 田间管理

2.4.1 中耕除草：清除杂草是保证党参产量主要因素之一，因此应勤除杂草，特别是早春和苗期更要注意除草。一般除草常与松土结合进行。

2.4.2 追肥：生长初期（5 月下旬）追施人粪尿每亩 1 000～1 500kg，以后因藤叶蔓生就不便进行施肥了。

2.4.3 排灌：定植后要灌水，成活后可以不灌或少灌。雨季注意排水。需水情况视参苗生长情况而定。苗高 5cm 以上时应控制水分，以免徒长。

2.4.4 搭架：当苗高 30cm 时设立支架，以使茎蔓顺架生长，否则通风采光不良易染病害，并影响参根和种子产量。搭架方法可就地取材，因地而异。

2.5 病虫害防治

2.5.1 锈病：是真菌中一种担子菌，危害叶片。病叶背面略突起（夏孢子堆），严重突起时破裂，散出橙黄色的夏孢子。

防治方法：发病初期喷 50% 二硝散 200 倍液或敌锈钠 400 倍液。党参收获后，地上残枝落叶全部烧毁。

2.5.2 根腐病：又叫烂根病，主要危害地下须根和侧根。发病后根部呈现黑褐色，造成地上部分枯萎死亡。

防治方法：及时拔出病株，用石灰进行病穴消毒。整地时进行土壤消毒并采取高畦栽培可有效减少病害发生。

地老虎、蛴螬、蝼蛄、红蜘蛛的防治参考其他内容。

3. 留种技术

党参第二年开始抽薹开花结实，但留种株宜选 3~5 年生、健壮无病的植株，并适当打去侧枝，使养分充分供给主干。于 6 月中旬至下旬，当种子变为褐色或黑褐色时即可分批采收。采收的种子可采用湿沙贮藏或干沙贮藏。如有低温晾藏条件则更好。

4. 采收与加工

党参直播田一般三年收获，育苗移栽的，生长二年即可收获。一般是在秋季地上部分枯黄时采收。选晴天，人工挖取，要刨出全根，避免伤根和破皮，防止浆汁外流，形成黑疤，降低质量。党参收回后洗净分级，分别加工。将洗净分好级别的党参摆放在晾晒场，晒 1~3 天，当参体发软时，用手顺握芦头部，另一只手向下揉搓数次。这样白天晒晚上收回顺搓，反复 3~4 次，然后把头尾顺直，捆成 0.15kg 左右的小把，置木板上反复压搓，再晒干即成商品。如遇雨天，可用 60℃ 文火烘干。一般亩产干品 100~150kg，折干率为 30%~50%。以根大而粗壮、肉质柔润、断面黄白色显菊花纹、香气浓、甜味重、嚼之无渣者为上等品。

5. 贮藏与运输

经过初加工和净制加工的党参，经检验合格，根据要求进行扎把、装箱或装袋。

5.1 扎把装箱：把党参理顺拉直，扎成直径 6~8cm 的小把；装箱：把党参按等级装入有隔潮塑料袋的纸箱中，密封保存，包装箱上要注明产品名称、标准编号、商标、生产单位名称、详细地址、产地、规格、包装日期等，并附有质量合格标志。

5.2 装袋：把加工好的党参按要求装入铝塑、塑料和麻袋等规定的包装袋中，注明以上要求字样。各规格党参要分类存放；储存温度应以低于25℃为宜；储存场所应保持干燥、通风、避光、卫生，并有防潮、防鼠害设施。

5.3 运输：应专车专运，不得与其他物质混装混运。运输车辆应保持干净、卫生，并配备防雨淋、防晒、防冻和通风散热设施。

本节编写人员：钟玉贵 李孟生

第十六节 玄参

1. 基本特征

1.1 玄参：为玄参科植物玄参（*Scrophularia ningpocnsis* Hemsl.）的根。别名元参、浙玄参、黑参、乌元参。喜温暖湿润气候，但有一定的抗寒、抗旱能力，多栽培于低山、丘陵地带，海拔1 000m左右的地区也可栽培。玄参对土壤适应性较强，一般排水良好的地块均能生长，但以土层深厚、肥沃、疏松的砂壤土为好。玄参的生长期为3~11月，6~7月地上部分生长较快，8~9月为地下块根迅速膨大时期，10月根茎组织充实，11月后地上部分枯萎。种子容易萌发，但发芽率低，最适萌发温度为30℃。主产于四川、浙江、贵州、湖南、湖北。

1.2 化学成分：含微量挥发油、植物甾醇、油酸、亚麻酸、糖类、左旋天冬酰胺及生物碱。

1.3 功能主治：性微寒，味甘、苦、咸，归肺、胃、肾经。有滋阴降火、润燥生津、消肿解毒等功效。用于治疗阴虚火旺、烦眠、潮热、盗汗、咽喉肿痛、目赤、淋巴结核、痈肿疮毒、津亏便秘、热病伤阴、舌绛烦渴、温毒发斑、骨蒸劳嗽、瘰疬、白喉等症。

1.4 形态特征：玄参为多年生草本植物，高60~120cm。根多呈圆柱形或纺锤形，长5~12cm，直径1.5~3cm，下部常分叉，外皮灰黄褐色。茎直立，四棱形，光滑或有腺状柔毛。叶对生，叶片呈卵状椭圆形，先端渐尖，基部圆形，边缘具钝锯齿，齿缘反卷；叶背有稀疏散生的细毛。花期7~8月，聚伞花序，呈圆锥状；花梗长1~3cm，萼片5裂，卵圆形，先端钝；花冠暗紫色，长约8mm，5裂；雄蕊4枚，另有1枚退化的雄蕊，呈鳞片状，贴生在花冠管上；花盘明显；子房上位，2室，花柱细长。果期8～9月，蒴果卵圆形，先端短尖。种子多数，卵圆形，黑褐色或暗灰色。

2. 栽培技术

2.1 选地与整地

根据玄参生物学特性，选好地后，施足基肥，每亩施充分腐熟的有机肥料5 000kg，加适量磷钾肥，捣细撒匀，深翻30cm以上，捡净石块、草根，耙细整平，使土壤细碎疏松。若是新垦荒地，应于初冬翻地，使土壤经冬熟化，增加肥力。第二年种植前再耕、耙各一次。土地整平后，依地势及雨水流向先做好排水沟，然后作成高25～30cm、底宽60～70cm、顶宽30～35cm的垄，以备栽种。坡地则依等高线横坡起垄，以防水土流失。

2.2 繁殖方法

玄参的繁殖方法有多种，生产上普遍采用的有芽头繁殖和宿根繁殖，另外还有种子繁殖、扦插繁殖等。

2.2.1 芽头繁殖：于"春分"至"清明"之间，选择健壮的芽头，用利刀从根茎上切下来，每株一个壮旺芽头，下端稍带点根茎，这样出芽率高、苗旺。切下芽头后稍晾或拌草木灰，使伤口愈合。或直接选用贮存的健壮无病虫害、色白的芽头，在整好的垄上，按株距25～30cm开6cm深的穴，若土壤干燥，先在穴内浇水，待水渗下后，每穴放一株，芽头向上，覆土深度以超出芽顶3cm左右为宜，略压即可。每亩用根茎约30～40kg。

2.2.2 宿根分离繁殖：一般在秋季收获或次春土壤解冻后栽种。将挖起的根茎部分成若干带芽的种根，大的块根劈擘下作药用，使每株种根带芽1～2个，种植方法同芽头繁殖。宿根分离繁殖用种量大，远途运输不便。

2.2.3 种子繁殖：种子发芽率为70%～80%（隔年种子不能用），在温度20℃、湿度适宜的条件下，播后约15天出苗。种子繁殖生长较慢，产量低，病害少，在新引进地区可以采用。在早春用阳畦育苗，先在做好的苗床上灌透水，待水渗下后，将种子均匀地撒播或条播，并用细土覆盖严种子，然后在畦面覆一层稻草保温保湿，到出苗时除去稻草，并注意经常喷水、拔草，加强管理；出苗后间苗2～3次，如幼苗瘦弱，可追施少量肥料，5月上、中旬苗高7cm左右时即可定植。

2.3 田间管理

2.3.1 中耕除草：幼苗出土后，要及时中耕除草，保持土层疏松无杂草。植株生长茂盛，封垄后，杂草不易生长，故不再中耕除草。中耕除草不宜过深，以锄松表土不损伤根为度。

2.3.2 追肥：一般追肥三次，第一次在齐苗后，每亩施人粪尿500～

750kg；第二次在苗高 30cm 时，每亩施人粪尿 1 000 ~ 1 500kg 或硫酸铵 10 ~ 15kg；第三次在 7 月中、下旬，每亩施过磷酸钙 50kg、草木灰 250 ~ 300kg。每次追肥后，要浇足水，以充分发挥肥效。

2.3.3 培土：一般在第三次追肥后，将畦沟中的泥土铲起拥于植株旁边。培土是玄参增产的重要措施之一，其优点在于保护芽头，使白色芽头增多，而花芽、红芽、青芽减少，提高子芽质量；使肥料不易流失，起到保肥作用；固定植株，免受风害；加厚表土层，保墒防旱。

2.3.4 排灌：刚出苗时若遇严重干旱或每次追肥后，应注意灌溉。灌溉可在早晨太阳未出来前进行，直到土壤潮湿时为止。一般情况下不要灌水。雨季一定要注意排水，以防积水烂根。

2.3.5 去顶和剔蘖：植株进入花蕾期，将花梗摘去，不让其开花，促使养分向根部运输，提高产量。根际萌蘖过多，应在蘖苗高 7 ~ 10cm 时剔除弱蘖，每穴保留壮蘖 2 株。

2.4 病虫害防治

2.4.1 斑枯病：各地普遍发生，雨季较重。发病初期，叶面出现紫褐色小点，中心略凹陷，而后病斑扩大为多角形、圆形或不规则形，大形病斑呈灰褐色，被叶脉分隔为网状，边缘围有紫褐色角状突出的宽环，并散见若干黑色点状孢子堆。植株下部叶片先发病，逐渐向上蔓延，严重时整株叶片枯死。防治措施：加强田间管理，注意排水和通风透光；清除病株残体，玄参收获后要彻底清除田间病叶残株和田间杂草，集中烧毁，以减少越冬菌源。轮作，与禾本科作物轮作 3 ~ 5 年以上，勿与易感病的地黄、白术、乌头等作物轮作。药剂防治，从 5 月中旬开始喷 1:1:100 波尔多液，每隔 10 ~ 15 天喷一次，连续喷 4 ~ 5 次，防病效果很好，并有刺激植株生长的作用，喷药后叶色浓绿、生长健壮，增产明显；也可喷 50% 托布津可湿性粉剂或 50% 多菌灵可湿性粉剂，或 75% 百菌清可湿粉剂或 65% 代森锌可湿性粉剂 500 ~ 800 倍液进行防治。

2.4.2 白绢病：为害根与根茎，6 ~ 9 月发生，被害植株根部腐烂，病部及根际土壤出现白色绢丝状病原体，并着生淡黄至茶褐色小菌核。菌丝和小菌核可蔓延至地上茎，导致植株迅速凋萎枯死。防治措施：与禾本科作物轮作 5 年以上；高垄种植，注意排水和通风透光；增施有机肥料和磷钾肥，提高抗病性；发现病株及早拔除销毁，用石灰粉封锁病区；栽种前选无病子芽，并将芽头在 50% 退菌特可湿性粉剂 1 000 倍液中处理 5 分钟，捞出晾干即可栽种。

2.4.3 棉叶螨：为害叶片，先为害下部，随后向上蔓延，最后叶色变褐，干枯脱落。防治方法：早春和晚秋清除杂草，消灭越冬棉叶螨；7 ~ 8 月棉叶螨发生期，在傍晚或清晨喷洒波美度为 0.2° 或 0.3° 的石硫合剂或 20% 三氯杀螨砜 500 ~ 800 倍液（两种药剂混合使用效果更好），每隔 5 ~ 7 天喷一次，连喷 2 ~ 3 次。

2.4.4　蜗牛：以成贝或幼贝在枯枝落叶上或浅土裂缝里越冬。翌年 3 月中、下旬开始为害幼苗，4 ~ 5 月为害最重，5 ~ 6 月产卵孵化为幼贝，继续为害玄参及其他作物，7 月以后在玄参上的为害逐渐减少。防治方法：在清晨日出前人工捕捉；清除玄参地内杂草或堆草，或撒大麦芒来减轻危害；5 月间蜗牛产卵盛期及时中耕除草，消灭大批卵粒，喷洒 1% 石灰水和每亩用茶子饼粉 4 ~ 5kg 撒施。

2.4.5　地老虎（土蚕）：为害玄参的根茎和嫩芽。防治措施：当幼虫在一、二龄时，抗药力最差，每亩可喷撒 2.5% 敌百虫粉 2.5 ~ 3kg 或 5% 西维因 0.5kg 掺土 5kg 拌成毒土，每亩用毒土 20kg 撒于地表，效果明显；幼虫三龄后，可用敌百虫毒饵毒杀，即用青菜叶或萝卜条 5kg 拌 90% 敌百虫 50g 撒在参株周围。

3. 留种技术

收获时，严格挑选无病、健壮、白色、长 3 ~ 4cm 的子芽（芽头）作种芽，把子芽从根茎（芦头）上掰下后，先放在室内摊放 1 ~ 2 天，再在室外选择干燥、排水良好的地方，挖深 30 ~ 40cm 的坑贮藏，北方可深些或直接贮放在地窖内。坑底先铺稻草，再将种芽放入坑中，厚 35 ~ 40cm，堆成馒头形，上盖土 7 ~ 8cm，以后随气温下降逐渐加土或盖草，以防种芽受冻。坑四周要开好排水沟，一般每坑可贮 100 ~ 150kg 子芽。贮藏期要勤检查，发现霉烂、发芽或发须根，应及时剔除。

4. 采收与加工

4.1　采收：用芽头繁殖的，于当年霜降前后、地上部枯萎时收获；用种子繁殖的，于第 2、3 年霜降前后收获。收获前先割除地上茎，然后挖出参根，取下芽头，切下根部即可加工。

4.2　加工：把收获的参根摊放在晒场上，曝晒 4 ~ 6 天，并经常翻动，使之受热均匀。晚间要堆积盖好，以防霜冻。晒到半干时，修剪芦头及须根，堆积使其"发汗"，使块根内部变黑，4 ~ 6 天后再曝晒，如此反复堆晒，直至全干，即可供药用。如遇雨天，也可烘干，温度控制在 40 ~ 50℃。烘至半干时，堆闷几天，"发汗"再烘，直至根部完全变黑为止。一般亩产鲜品为 750 ~ 1 000kg，折干率 20% 左右，即亩产干品 150 ~ 200kg，高的产量可达 400kg 以上。以条粗壮、质坚实、断面黑色，无杂质、无虫蛀、无霉变者为佳。

5. 贮藏与运输

玄参一般用麻袋包装，每件 50kg 左右。贮于仓库干燥处，温度 30℃ 以下，相对湿度 70% ~75%。商品安全水分 12% ~15%。本品易虫蛀，受潮后生霉。初霉品表面可见白色菌丝，渐转为绿色霉斑。为害的仓虫有锯谷盗、药材甲、烟草甲、玉米象、咖啡豆象、印度谷螟、小斑螟等。储藏期间，应保持通风干燥，忌与藜芦混存。定期检查，发现轻度霉变、虫蛀，及时晾晒或翻垛；虫情严重时，用磷化铝等药物熏杀。

本节编写人员：马永升　谭　玮　刘　丽

第十七节　桔梗

1. 基本特征

1.1　桔梗：为桔梗科植物桔梗 [*Platycodon grandiflorus*（Jacq.）A. DC.] 的根。别名：铃铛花、四叶菜、道拉基、白药、土人参等。桔梗为多年生宿根性植物，播后 1~3 年采收，一般 2 年采收。桔梗播种后约 15 天开始出苗，从种子萌发至倒苗，一般把桔梗生长发育分为 4 个时期。从种子萌发至 5 月底为苗期，这个时期植株生长缓慢，高度 6~7cm。此后，生长加快，进入生长旺盛期，至 7 月开花后减慢。7~9 月孕蕾开花，8~10 月陆续结果，为开花结实期。一年生开花较少，5 月后晚种的次年 6 月才开花，两年后开花结实多。10~11 月中旬地上部开始枯萎倒苗，根在地下越冬，进入休眠期，至次年春出苗。种子萌发后，胚根当年主要为伸长生长，一年生主根长可达 15cm，2 年生可达 40~50cm，并明显增粗；第二年 6~9 月为根的快速生长期。一年生苗的根茎只有 1 个顶芽，二年生苗可萌发 2~4 个芽。桔梗种子室温下贮存，寿命 1 年，第 2 年种子丧失发芽力。种子 10℃ 以上发芽，15~25℃ 条件下，15~20 天出苗，发芽率 50% ~70%。5℃ 以下低温贮藏，可以延长种子寿命，活力可保持 2 年以上。赤霉素可促进桔梗种子的萌发。桔梗喜充足阳光，荫蔽条件下生长发育不良。喜凉爽环境，耐寒，20℃ 左右最适宜生长，根能在严寒下越冬。喜湿润气候，但忌积水，土壤过潮易烂根。怕风害，遇大风易倒伏。主产于安徽、山东、江苏、河北、河南、辽宁、吉林、内蒙古、浙江、四川、湖北和贵州等地。

1.2　化学成分：主要含有桔梗皂苷、α-菠菜甾醇、远志酸、菊糖、桔梗多糖等成分。

1.3 **功能主治**：性平、微温，味苦、辛，归脾、肺经。宣肺散寒、祛痰镇咳、消肿排脓。主治感冒咳嗽、咳痰不爽、咽喉肿痛、支气管炎、胸闷腹胀。

1.4 **形态特征**：多年生草本植物，全株光滑无毛，体内有乳管，有白色乳汁。主根长圆锥形（似胡萝卜形）或纺锤形，肥大肉质，表皮土黄白色，易剥离，内面白色，疏生侧根。茎直立，高30～120cm，不分枝或上部有分枝。叶3片或4片轮生，或部分对生、互生，无柄或极短；叶片卵形或卵状披针形，先端渐尖，基部宽楔形，叶缘有齿，长1.5～7cm，宽0.4～5cm，叶面绿色，叶背蓝绿色，被白粉，脉上有时有短毛。花单生于茎顶，或数朵生于枝端成假总状花序；花萼无毛，有白粉，裂片5枚；花冠阔钟状，紫色或蓝紫色。直径3～6cm，长2～3.5cm，裂片5枚；雄蕊5枚，离生，花丝基部变宽呈片状，密生白色细毛；雌蕊1枚，子房半下位，5室，柱头5裂。蒴果倒卵形或近球形，长1.5～3.5cm，宽0.8～1.2cm，熟时顶端5瓣裂，成熟时外皮黄色。种子多数，狭卵形，有3棱，黑褐色有光泽，千粒重约1.4g。

2. 栽培技术

2.1 品种类型

桔梗属仅有桔梗一种，但在种内出现不同花色的分化类型，主要有紫色、白色、黄色等，另有早花、秋花、大花、球花等，也有高秆、矮生，还有半重瓣、重瓣。其中白花类型常作蔬菜用，入药以紫花类型为主，其他多为观赏品种。

2.2 选地整地

选背风向阳、土壤深厚、疏松肥沃、有机质含量丰富、湿润而排水良好的砂质壤土为好。从长江流域到华北、东北均可栽培。前茬作物以豆科、禾本科作物为宜。黏性土壤、低洼盐碱地不宜种植。适宜酸碱度 pH 值为6～7.5。

每亩施腐熟农家肥3 500kg、草木灰150kg、过磷酸钙30kg，深耕30～40cm，拣净石块，除净草根等杂物。犁耙一次，整平作畦或打垄。畦高15～20cm，宽1～1.2m。土壤干旱时，先向畦内浇水或淋泼稀粪水，待水渗下，表土稍松散时再播种。

2.3 种植方法

桔梗的繁殖方法有种子繁殖、根茎或芦头繁殖等，生产中以种子繁殖为主，其他方法很少应用。种子繁殖在生产上有直播和育苗移栽两种方式，因直播产量高于移栽，且根直，分叉少，便于刮皮加工，质量好，生产上多用。

桔梗一年四季均可播种。秋播当年出苗，生长期长，产量和质量高于春

第一部分 植物药

播。秋播于 10 月中旬以前；冬播于 11 月初土壤封冻前播种；春播一般在 3 月下旬至 4 月中旬，华北及东北地区在 4 月上旬至 5 月下旬；夏播于 6 月上旬小麦收割完之后，夏播种子易出苗。

播前，种子可用温水浸泡 24h，或用 0.3% 的高锰酸钾浸种 12~24h，取出冲洗去药液，晾干播种，可提高发芽率。也可温水浸泡 24h 后，用湿布包上，上面用湿麻袋片盖好放置催芽，每天早晚各用温水淋一次，3~5 天种子萌动，即可播种。

2.3.1　直播：种子直播也有条播和撒播两种方式。生产上多采用条播。条播按沟心距 15~25cm、沟深 3.5~6cm、条幅 10~15cm 开沟，将种子均匀撒于沟内，或用草木灰拌种撒于沟内，播后覆盖火灰或细土，以不见种子为度，0.5~1cm 厚。撒播将种子拌草木灰均匀撒于畦内，撒细土覆盖，以不见种子为度。条播每亩用种 0.5~1.5kg，撒播用种 1.5~2.5kg。播后在畦面上盖草保温保湿，干旱时要浇水保湿。春季早播的可以采取覆盖地膜措施。

2.3.2　育苗移栽：育苗方法同直播。一般培育一年后，在当年茎叶枯萎后至次春萌芽前出圃定植。将种根小心挖出，勿伤根系，以免发权，按大、中、小分级栽植。按行距 20~25cm、沟深 20cm 开沟，按株距 5~7cm，将根垂直舒展地栽入沟内，覆土略高于根头，稍压即可，浇足定根水。

2.3.3　根茎或芦头繁殖：可春栽或秋栽，以秋栽较好。在收获桔梗时，选择发育良好、无病虫害的植株，从芦头以下 1cm 处切下芦头，用细灶灰拌一下，即可进行栽种。

2.4　田间管理

2.4.1　间苗定苗：出苗后，应及时撤去盖草。苗齐后，应及时松土除草。苗高 4cm 左右间苗。若缺苗，宜在阴雨天补苗。苗高 8cm 左右时定苗，按株距 6~10cm 留壮苗一株，拔除小苗、弱苗、病苗。若苗情太差，可结合追肥浇水，保持土壤湿润。夏播主要问题是幼苗怕晒，应采取遮阴措施。苗高 1.5cm 时，适时撤去遮盖物，一般下午 4 点后进行，避免幼苗经不住日晒而大量死亡。

2.4.2　除草：桔梗生长过程中，杂草较多。从出苗开始，应勤除草松土，苗小时用手拔除杂草，以免伤害小苗，每次应结合除草间苗。定植以后适时中耕除草。松土宜浅，以免伤根。植株长大封垄后不宜再进行中耕除草。

2.4.3　追肥：桔梗一般进行 4~5 次追肥。苗齐后追施一次，每亩施入人畜粪便 2 000kg，以促进壮苗；6 月中旬每亩追施人畜粪便 2 000kg 及过磷酸钙 50kg；8 月再追一次；入冬植株枯萎后，结合清沟培土，施草木灰或土杂肥 2 000kg 及过磷酸钙 50kg。次春苗齐后，施一次人畜粪便，以加速返青，促进生长。适当施用氮肥，以农家肥和磷肥钾肥为主，对培育粗壮茎秆、防止倒伏、促进根的生长有利。二年生桔梗，植株高，易倒伏。若植株徒长可喷施矮壮素或多效唑以抑制增高，使植株增粗，减少倒伏。

2.4.4 排灌：若干旱，适当浇水；多雨季节，及时排水，防止发生根腐病而烂根。

2.4.5 除蕾：桔梗花期长达3个月，开花会消耗大量养分，影响根部生长。除留种外，其余需要及时除去花蕾，以提高根的产量和质量。可以人工摘除花蕾，也可以化学除蕾。生产上多采用人工摘除花蕾，但是，花期长达3个月，而且摘除花蕾以后又迅速萌发侧枝，形成新的花蕾。十多天就要摘一次，整个花期需摘6次，费工费时，而且易损伤枝叶。近年来，开始采用乙烯利除花。方法是在盛花期用0.05%的乙烯利喷洒花朵，以花朵沾满药液为度，每亩用药液75~100kg。此法省工省时，效率高，成本低，使用安全。

2.4.6 匀苗：桔梗以根顺直、少杈为佳。直播法相对发杈少一些，适当增加植株密度也可以减少发杈。桔梗第2年易出现一株多苗，一株多苗影响根的生长，而且易生杈根。因此，春季返青时要把多余的芽苗除掉，保持一株一苗，可减少杈根。

2.5 病虫害防治

2.5.1 病害：桔梗病害主要有枯萎病（*Fusarium oxysporum* Schlecht.）、轮纹病（*Leptosphaerulina platycodonis* J. F. Lue et P. K. Chi）、根腐病（*Fusarium* sp.）、斑枯病（*Septoria platycodonis* Syd.）、炭疽病（*Colletotrichum* sp.）、紫纹羽病（*Helicobasidium mompa* Tanak）、根结线虫病（*Meloidogyne incognita* Chitwood.）、立枯病（*Rhizoctonia* sp.）、疫病（*Phytophthora cactorum* Schroet）等。

2.5.1.1 轮纹病（*Leptosphaerulina platycodonis* J. F. Lue et P. K. Chi.）：分生孢子器埋于叶或者茎上，形成明显的病斑。6月开始发病，7~8月发病严重，受害叶片病斑近圆形，直径5~10mm，褐色，具同心轮纹，上生小黑点。严重时叶片由下而上枯萎。高温多湿易发此病。

防治方法：冬季注意清园，枯枝、病叶及杂草集中处理。发病季节，加强田间排水。发病初期用1:1:100波尔多液、或65%代森锌600倍液、或50%多菌灵可湿性粉剂1 000倍液、或50%甲基托布津1 000倍液喷洒。

2.5.1.2 斑枯病（*Septoria platycodonis* Syd.）：为害叶部，受害叶两面有病斑，圆形或近圆形，直径2~5mm，白色，常被叶脉限制，上生小黑点。严重时，病斑汇合，叶片枯死。发生时间和防治方法同轮纹病。

2.5.1.3 紫纹羽病（*Helicobasidium mompa* Tanak.）：为害根部。一般7

月开始发病，先由须根开始，再延至主根；病部初呈黄白色，可看到白色菌索，后变为紫褐色，病根由外向内腐烂，外表菌索交织成菌丝膜，破裂时流出糜渣。根部腐烂后仅剩空壳，地上病株自下而上逐渐发黄枯萎，最后死亡。湿度大时易发生。

防治方法：实行轮作和消毒，以控制蔓延；多施有机肥，增强抗病力；每亩施用石灰粉 100kg，可减轻危害；注意排水；发现病株及时清除，并用50%多菌灵可湿性粉剂 1 000 倍液或 50%甲基托布津 1 000 倍液等喷洒 2～3 次进行防治。

2.5.2　虫害：为害桔梗的虫害主要有蚜虫（*Aphis* sp.）、网目拟地甲（*Opatrum subaratum* Faldermann）、华北大黑鳃金龟［*Holotrichia oblita*（Faldermann）］、暗黑鳃金龟（*H. parallea* Mostschulsky）、朱砂叶螨［*Tetranychus cinnabarinus*（Boisduval）］、吹绵蚧（*Icerya purchasi* Maskell）、小地老虎［*Agrotis ypsilon*（Rottemberg）］、红蜘蛛等。

2.5.2.1　蚜虫：在桔梗嫩叶、新梢上吸取汁液，导致植株萎缩，生长不良。在 4～8 月为害。

2.5.2.2　地老虎：从地面咬断幼苗，或咬食未出土的幼芽。一年发生 4 代。

2.5.2.3　红蜘蛛：以成虫、若虫群集于叶背吸食汁液，为害叶片和嫩梢，使叶片变黄，甚至脱落；花果受害造成萎缩干瘪。红蜘蛛蔓延迅速，危害严重，以秋季天旱时为甚。

以上虫害可按相应常规方法防治。

3. 留种技术

一年生桔梗结的种子少，且瘦小而瘪，俗称"娃娃种"，颜色浅，出苗率低，幼苗细弱。栽培桔梗最好用 2 年生植株产的种子，大而饱满，颜色黑亮，播种后出苗率高。

桔梗花期长，留种田在 6 月开花前，每亩施尿素 15kg、过磷酸钙 30kg，为后期生长提供充足营养，以促进植株生长和开花结实。为培育良种，可在 6～7 月疏去小侧枝和顶端部的花序。在北方，后期开花结果的种子，常不成熟，可早疏去。桔梗先从上部抽薹开花，果实也由上部先成熟，种子成熟很不一致，可以分批采收。果实外皮变黄，种子变棕褐色时可以采收。也可以在果枝枯萎，大部分种子成熟时，一起采回果枝，置于通风干燥的室内后熟 3～4 天，然后晒干脱粒，除去果壳，贮藏备用。若过晚采收，果裂种散，难以收集。

4. 采收与加工

4.1 采收时期

桔梗收获年限因地区和播种期不同而不同，一般生长 2 年，华北和东北 2 ~ 3 年收获，华东和南方 1 ~ 2 年收获，但生长年限对产品质量有很大影响。采收可在秋季地上茎叶枯萎后至次年春萌芽前进行，以秋季采收为好，秋季采者根重质实，质量好。过早采挖，根不充实，折干率低，影响产量和品质；过迟收获，不易剥皮。一年生的采收后，大小不合规格者，可以再栽植一年后收获。

4.2 采收方法

采收时，先将茎叶割去，从地的一端起挖，依次深挖取出，或用犁翻起，将根拾出，去净泥土，运回加工。要防止伤根，以免汁液外流，更不要挖断主根，影响桔梗的等级和品质。

4.3 加工

采收回的鲜根，清洗后浸清水中，去芦头，趁鲜用竹刀或瓷片等刮去栓皮，洗净，并及时晒干或烘干。来不及加工的桔梗，可用砂埋，防止外皮干燥收缩，不易刮去，但不要长时间放置，以免根皮难刮。刮皮时不要伤破中皮，以免内心黄水流出影响质量。刮皮后应及时晒干或烘干，以免发霉变质和生锈色，晒干时经常翻动，晒至全干。每亩可产干货 300 ~ 400kg，高产者达 600kg。

4.4 规格标准

按南北产区划分，桔梗可分南桔梗和北桔梗。南桔梗分三等，要求干货呈顺直长条形或纺锤形，去净粗皮及细梢。表面白色，体坚实。断面皮层白色，中间淡黄色。味苦、辛。无杂质、虫蛀、霉变。一等品要求上部直径 1.4 cm 以上，长 14 cm 以上；二等品上部直径 1cm 以上，长 12 cm 以上；三等品上部直径不小于 0.5cm，长不低于 7cm。北桔梗为统货，纺锤形或圆柱形，去净粗皮，表面白色或淡黄色，体松泡，断面皮层白色，中间淡黄色。味甘，大小长短不分，上部直径不小于 0.5cm，无杂质、虫蛀、霉变。

5. 贮藏与运输

桔梗用麻袋包装，每件 30kg；或压缩打包件，每件 50kg。桔梗应贮于干燥通风处，温度在 30℃以下，相对湿度 70% ~ 75%，商品安全水分为 11% ~ 13%。本品易虫蛀、发霉、变色、泛油。久贮颜色易变深，甚至表面有油状物渗出。注意防潮，吸潮易发霉。害虫多藏匿内部蛀蚀。贮藏期间应定期检查，发现吸潮或轻度霉变、虫蛀，要及时晾晒，并用磷化铝熏杀。充氮养护，效果更佳。宜直线运输，防潮。

本节编写人员：钟玉贵　李孟生

第十八节　牛膝

1. 基本特征

1.1　牛膝：为苋科植物牛膝（*Achyranthes bidentata* Blume）的根。别名怀牛膝、对节草、土牛膝。牛膝的适应性强，以温差较大的北方生长较快，根的品质好。宜生于温暖而干燥的气候环境，最适宜的温度为 22～27℃，不耐寒。冬季地温 –15℃时，根能越冬，过低则不宜，气温 –17℃时，植株被冻死。牛膝为深根性植物，耐肥性强，喜土层深厚而透气性好的砂质壤土，并要求富含有机质，土壤肥沃，含水量27% 左右，pH 值在 7.0～8.5 为宜。怀牛膝耐连作，而且连作的牛膝地下根部生长较好，根皮光滑，须根和侧根少，主根较长，产量高。主产于河南省焦作市武陟县、温县、沁阳、博爱等地（古"怀庆府"一带），为著名地道药材"四大怀药"之一，河北、山西、山东、陕西等省亦有引种栽培。

1.2　化学成分：主要含以齐墩果酸为糖苷配基的多种皂苷；并含有脱皮甾酮（ecdysterone）、牛膝甾酮（inokosterone）、紫茎牛膝甾酮（rubros-terone）、β—谷甾醇、多糖、氨基酸、生物碱和香豆素类等化合物，还含有大量的钾盐、甜菜碱（betaine）、蔗糖等成分。

1.3　功能主治：味苦、酸，性平；归肝、肾经。具有补肝肾、强筋骨、逐瘀通经、引血下行功能。生用散淤血，消痈肿，用于淋病、尿血、经闭、瘕、难产、胞衣不下、产后淤血腹痛、喉痹、痈肿和跌打损伤等症；熟用补肝肾，用于腰膝酸痛、四肢拘挛、痿痹等症。

1.4　形态特征：牛膝系多年生草本植物。主根粗壮，圆柱形，黄白色或红色，肉质。茎直立，高 60～100cm，四棱形或方形，茎节略膨大，似牛膝状，疏被柔毛，每个节上有对生分枝。叶对生，叶片椭圆形或倒卵圆形，全缘，两面被柔毛。穗状花序顶生或腋生，穗长 10 cm 左右，花向下折贴近总花梗，总花梗被柔毛，花小，黄绿色。胞果长圆形，种子一枚，黄褐色。花期 7～9 月，果期 9～10 月。

2. 栽培技术

2.1 品种类型

牛膝的主要栽培品种有核桃纹、风筝棵等栽培品种。

2.1.1 核桃纹（怀牛膝 1 号）：为传统的药农当家品种。因其产量高、品质优而大面积种植。特征特性：株型紧凑，主根匀称，芦头细小，中间粗，侧根少，外皮土黄色，肉白色；茎紫色，叶圆形，叶面多皱；喜阳光充足、高温湿润的气候，不耐严寒，适宜于土层深厚、肥沃的砂质壤土，生育期 100 ~ 125 天左右。

2.1.2 风筝棵（怀牛膝 2 号）：为传统的药农当家品种。特征特性：株型松散，主根细长，芦头细小，中间粗，侧根较多，外皮土黄色，肉白色；茎紫色，叶椭圆形或卵状披针形，叶面较平。喜阳光充足、高温湿润的气候，不耐严寒，生育期 100 ~ 120 天，适宜于土层深厚、肥沃的砂质壤土。

2.2 选地和整地

2.2.1 选地：宜选土质肥沃、富含腐殖质、土层深厚、排水良好、地下水位低、向阳的砂质壤土。可以连作。连作时，其地上部，生长不好，但地下部却生长良好，根皮光滑，须根和侧根少。牛膝对前作要求不严格，多选麦地、蔬菜地。前作收获后休闲半年，次年再种为宜，但不宜选在洼地或盐碱地种植。牛膝可与玉米、小麦间作。10 月间播冬小麦，次年 4 月下旬在麦垄上种两行早熟玉米，株距 60 cm 交错栽种。6 月中旬收割小麦后，立即整地施肥种牛膝。

2.2.2 整地：生茬地在前作收获后立即深翻，因牛膝的根可深入土中 60 ~ 100 cm，所以一般宜深翻。翻地挖沟，宽 100cm，将一沟挖完后，再继续挖另一沟。挖沟时，常常在下面掏进 30cm 以上，将旁边的土劈下来，再清理一下即可，这样可以减少劳力。如此一沟一沟挖，地翻完后须浇大水，使土壤渗透下沉。熟地不必深翻，仅翻 30cm 左右，但也必须大水灌透。等稍干后，每亩施基肥（堆肥或厩肥）3 000 ~ 4 000kg，加入 25 ~ 40kg 过磷酸钙，然后把沟填平整好，浅耕 20cm 左右，耕后耙细、耙实，同时使肥料均匀，以利保肥保墒。土地整平后作畦宽 1m 左右，并使畦面土粒细小。

2.3 繁殖方法

牛膝多采用种子繁殖。

2.3.1 采种：选择核桃纹、风筝棵两品种的牛膝薹种植所产的秋子最佳。当年种植的牛膝所产的种子质量差，发芽率低。

2.3.2 种子处理：播种前，将种子在凉水中浸泡 24h，然后捞出，稍晾，使其松散后播种。也有用套芽（即催芽，其方法类似生豆芽）的方法，生芽后播种。

2.3.3　播种：将处理过的种子拌入适量细土，均匀地撒入土畦中，轻耙一遍，将种子混入土中，然后用脚轻轻踩一遍，保持土壤湿润，3~5天后出苗。如不出苗，须浇水一次。每亩需种子0.5~0.75kg。为增加种子顶土能力，可加大播种量。有时，播前将种子用20℃温水浸10~20h，再捞出种子，待种子稍干能散开时，则可播种。浸种忌油渍，否则影响出苗。播种最好在下午进行，以免夏天高温影响出苗。播种时间，因种植的地区和收获产品的目的不同而不同。不能过早，也不能过晚。过早播种，地上部分生长过快，则开花结籽多，根易分权，纤维多，木质化，品质不好；过晚播种，植株矮小，发育不良，产量低。河南、四川两地宜在7月中、下旬播种。无霜期长的地区，播种可稍晚，无霜期短的地区宜早播。若需要在当年生的植株采种，播种期应在4月中旬，这样其生长期长，子粒饱满，品质优良；若于6月或7月播种，植株所结的种子则不饱满，质量差。

2.4　田间管理

2.4.1　间苗与除草：结合浅锄松土，除掉田间杂草。牛膝幼苗期，怕高温积水，应及时松土锄草，并结合浅锄松土，将表土内的细根锄断，以利于主根生长；同时也可达到降温的效果。如果高温天气，应注意适当浇水1~2次，以降低地温，利于幼苗正常生长。大雨后，要及时排水，如果地湿又遇大雨，易使基部腐烂。苗高60cm左右时，应间苗一次。间苗时，应注意拔除过密、徒长、茎基部颜色不正常的苗和病苗、弱苗。

2.4.2　定苗：苗高17~20cm时，按株距13~20cm定苗。同时结合除草。

2.4.3　浇水与施肥：定苗后随即浇水一次，使幼苗直立生长。定苗后需追肥一次。追肥必须在7~8月内进行。8月初以后，根生长最快，此时应注意浇水，特别是天旱时，每10天要浇一次水，一直到霜降前，都要保持土壤湿润。在雨季应及时排水，否则容易染病害。并应在根际培土防止倒伏。如果植株叶子发黄，则表示缺肥，应及时追肥，可施稀薄人粪尿、饼肥或化肥（每亩可施过磷酸钙12kg、硫酸铵7.5kg）。

2.4.4　打顶：在植株高40cm以上，长势过旺时，应及时打顶，以防止抽薹开花，消耗营养。为控制抽薹开花，可根据植株情况连续几次适当打顶，使株高45cm左右为宜。生产上打顶后结合施肥，促进地下根的生长，是获得高产的主要措施之一。但不可留枝过短，以免叶片过少而不利于根部营养积累。

2.5　病虫害防治

2.5.1　白锈病 [*Albugo achyranthis* (P. Henn.) Miyabe.]：该病在春秋

低温多雨时容易发生。主要为害叶片，在叶片背面引起白色苞状病斑，稍隆起，外表光亮，破裂后散出粉状物，为病菌孢子囊，属真菌中一种藻状菌。

防治方法：收获后清园，集中病株烧毁或深埋，以消灭或减少越冬菌源；发病初期喷 1:1:120 波尔多液或 65% 代森锌 500 倍液，每 10～14 天喷一次，连续喷 2～3 次。

2.5.2 叶斑病（*Cercospora achyranthis* H. et. P. Syd.）：该病 7～8 月发生。为害叶片，病斑黄色或黄褐色，严重时整个叶片变成灰褐色枯萎死亡。

防治方法：同白锈病防治法。

2.5.3 根腐病（*Fusarium* sp.）：在雨季或低洼积水处易发病。发病后叶片枯黄，生长停止，根部变褐色，水渍状，逐渐腐烂，最后枯死。

防治方法：注意排水，并选择高燥的地块种植，忌连作。此外，防治可用根腐灵、代森锌或西瓜灵等杀菌剂。

2.5.4 棉红蜘蛛［*Tetranychus cinnabarinus*（Boisduval）］：为害叶片。

防治方法：清园，收获前将地上部收割，处理病残体，以减少越冬基数；与棉田相隔较远距离种植；发生期用 40% 水胺硫磷 1 500 倍液或 20% 双甲脒乳油 1 000 倍液喷雾防治。

2.5.5 银纹夜蛾（*Plusia agnata* Staudinger）：其幼虫咬食叶片，使叶片呈现孔洞或缺刻。

防治方法：人工捕杀；或用 90% 敌百虫 800 倍液喷雾。此外，防治可用叶面喷施醚螨、先利、Bt 水溶液等高效低毒农药。

3. 留种技术

霜降后，在牛膝采挖时节，选择植株高矮适度、枝密叶圆、叶片肥大、根部粗长、表皮光滑、无分叉及须根少的植株，去掉地上部分，保留芦头（芽）。取芦头下 20～25cm 根部即为牛膝薹，在阴凉处挖坑深 30cm，垂直放入牛膝薹，填土压实越冬。次年 3 月下旬或 4 月上旬，按株行距 60×75cm 植入牛膝薹，苗高 20～30cm 时，每株施尿素 150g，适量浇水。也可在收获时选优良植株的根存放在地窖里，次年解冻后再按上述方法栽种。秋后种子成熟后采种即为秋子，秋子种植的牛膝所产的种子为秋蔓薹子，秋蔓薹子种植的牛膝所产的种子为老蔓薹子。

4. 采收与加工

4.1 采收

牛膝收获期以霜降后封冻前最好。南方在 11 月下旬至 12 月中旬收获，北方在 10 月中旬至 11 月上旬收获。过早收获则根不壮实，产量低；过晚收获则易木质化或受冻影响质量。采收前轻浇一次水，再一层一层向下挖，挖掘时先从地的一端开沟，然后顺次采挖，要做到轻、慢、细，不要将根部损伤，要保持根部完整。

4.2 加工

挖回的牛膝，先不洗涤，去净泥土和杂质，将地上部分捆成小把挂于室外晒架上，枯苗向上根条下垂，任其日晒风吹；新鲜牛膝怕雨怕冻，因此应早上晒晚上收。若受冻或淋雨，会变紫发黑，影响品质。应按粗细不同晾晒，晒8~9天至七成干时，取回堆放室内盖席。闷两天后，再晒干。此时的牛膝称为毛牛膝。传统上是将毛牛膝打捆投入水中，使之沾水，立即拿出，交错分开放入熏炕中，用席覆盖后，以硫磺熏。每50kg毛牛膝用硫磺0.7kg，到烧完硫磺为止。然后取出，将芦头砍去，再按长短选出特膝、头肥、二肥、平条等不同等级。将其主根细尖与支根摘去，依级3.5~4kg成捆，再沾水后，用硫磺熏，熏后将其分成小把，每把200g左右（为7~8根或10根余不等），捆好后再上炕以小火烘焙干。但一般多为晒干，只有天气不好时，才用火烘干。牛膝以皮细、肉肥、质坚、色好、根条粗长、黄白色或肉红者为佳。外皮显黑色，端茬黑色有油的为次。

5. 贮藏与运输

5.1 包装

将干的牛膝小把用木箱装，内衬防潮纸或纸箱包装。装箱时做到闷不好不装，残条不装，碎条不装，冻条不装，霉条不装，油条不装，散把不装，混等级不装。每箱20kg左右，放置通风阴凉处。在每件包装上，应注明品名、规格、产地、批号、包装日期、生产单位，并附有质量合格的标志。

5.2 贮藏

贮藏牛膝适宜温度28℃以下，相对湿度68%~75%，贮藏商品安全水分11%~14%。夏季最好放在冷藏室，防止生虫、发霉、泛糖（油）。贮藏期应定期检查，消毒，保持环境卫生整洁，经常通风。商品存放一定时间后，要换堆，倒垛。有条件的地方可密封充氮降氧保护。发现轻度霉变、虫蛀，要及时翻晒，严重时用磷化铝等熏灭。

5.3 运输

运输工具或容器应具有较好的通气性，以保持干燥，并应有防潮措施，同时不应与其它有毒、有害、有异味的物质混装。

本节编写人员：马永升 江翠兰

第十九节　白术

1. 基本特征

1.1　白术：为菊科植物白术（*Atractylodes macrocephala* Koidz.）的根茎。别名冬术、冬白术、于术、山精、山连、山姜、山蓟、天蓟等。白术野生于山区丘陵地带，海拔 500～800m。形成了喜凉爽气候、怕高温湿热的特性。种子在 15℃ 以上开始萌发，20℃ 左右为发芽适温，35℃ 以上发芽缓慢，并发生霉烂。在 18～21℃，有足够湿度，播种后 10～15 天出苗。出苗后能忍耐短期霜冻。3～10 月间，在日平均气温低于 29℃ 情况下，植株的生长速度随着气温升高而逐渐加快；日平均气温在 30℃ 以上时，生长受抑制。气温在 26～28℃ 时根茎生长较适宜。所以 8 月下旬至 9 月下旬为根茎膨大最快时期。在这段时期内，如昼夜温差大，有利于营养物质的积累，促进根茎迅速增大。白术种子发芽需要有较多的水分。在一般情况下，吸水量达到种子重量的 3～4 倍时，才能萌动发芽。水分低于或高于这个数量，都不利于种子发芽。在出苗期间，如天气干旱、土壤干燥，会出现缺苗甚至不出苗现象。在白术生长期间，对水分的要求比较严格，既怕旱又怕涝。土壤含水量在 25% 左右，空气相对湿度为 75%～80%，对生长有利。如遇连续阴雨，植株生长不良，病害也较严重。如生长后期遇到严重干旱，则影响根茎膨大。我国的贵州、湖南、江西、湖北、安徽、江苏、四川、河北、山东等地均有栽培。

1.2　化学成分：主要成分为挥发油，油中含苍术醇、苍术酮、白术内酯甲、白术内酯乙、3-β-乙酰氧基苍术酮、微量的 3-β 羟基白术酮、杜松脑、白术内酯 A、白术内酯 B、倍半萜、芹烷二烯酮、羟基白术内酯及维生素 A 等。

1.3　功能主治：味甘、苦，性温，入脾、胃经。有补脾健胃、燥湿利水、止汗安胎等功效，主治脾虚食少、消化不良、慢性腹泻、自汗、胎动不安等症。

1.4　植株形态特征：白术为多年生草本，高 30～80cm，根茎粗大，略呈拳状。茎直立，上部分枝，基部木质化，具不明显纵槽。单叶互生；茎下部叶有长柄，叶片 3 深裂，偶为 5 深裂，中间裂片较大，椭圆形或卵状披针形，两侧裂片较小，通常为卵状披针形，基部不对称；茎上部叶的叶柄较短，叶片不分裂，椭圆形或卵状披针形，长 4～10cm，宽 1.5～4cm，先端渐尖，基部渐狭下延呈柄状，叶缘均有刺状齿，上面绿色，下面淡绿色，叶脉突起显著。头状花序顶生，直径 2～4cm；总苞钟状，总苞片 7～8 列，膜质，覆瓦状排列。基部叶状苞片1轮，羽状深裂，包围总苞；花多数，着生于平坦的花托上；花冠管状，下部细，淡黄色，上部稍膨大，紫色，先端5裂，裂片披针状，外展或反卷；雄蕊5枚，花药线形，花丝离生；雌蕊1枚，子房下位，密被淡褐色茸毛，花柱细长，柱头头状，顶端中央有1浅裂缝。瘦果长圆状椭圆形，微扁，长约8mm，径约2.5mm，被黄白色茸毛，顶端有冠毛残留的圆形痕迹。花期9~10月，果期10~11月。

2. 栽培技术

2.1 选地整地

培育白术种苗，在平原地区要选土质疏松、肥力中等、排水良好的砂壤土。土壤过肥幼苗生长过旺，当年开花，影响白术种苗质量；在山区一般选择土层较厚有一定坡度的土地种植，有条件的地方最好用新垦荒地。不可选用保水保肥力差的砂土或黏性土。移栽种植地的选择与育苗地相同，但对土壤肥力要求较高。

前作收获后要及时进行冬耕，在下种前再翻耕一次，翻耕时要施入基肥。育苗地一般每亩施堆肥或腐熟厩肥1 000~1 500kg，移栽地2 500~4 000kg。将肥料撒于土壤表面，耕地时翻入土内。

整地要细碎平整。南方多做成宽120cm左右的高畦，畦长根据地形而定，畦沟宽30cm左右，畦面呈龟背形，便于排水。山区坡地的畦向要与坡向垂直，以免水土流失。

2.2 繁殖方法

白术的栽培一般是第一年育苗，贮藏越冬后移栽大田，第二年冬季收获产品。也有春季直播，不经移栽，两年收获，但产量不高，很少采用。

2.2.1 育苗：白术的播种期，因各地气候条件不同而略有差异。南方以3月下旬至4月上旬为好。过早播种，易遭晚霜为害；过迟播种，则由于温度较高，适宜生长时间短，幼苗生长差，在夏季易遭受病虫及杂草危害，产量低。北方以4月下旬播种为宜。

将选好的种子先用25~30℃的清水浸泡12~24 h，然后再用多菌灵等杀菌剂处理种子。这样既可使种子吸水膨胀，又可起到杀菌作用，减少生长期间病害的发生。

2.3 播种方法

主要采用条播，有的地方也有用撒播方式。

2.3.1 条播：在整好的畦面上开横沟，沟心距约为25cm，播幅10cm，深3~5cm。沟底要平，将种子均匀撒于沟内。先撒一层火灰土，最后再撒一层细土，厚约3cm。在春旱比较严重的地区，应覆盖一层草进行保湿。播种量每亩 4 ~5kg。育苗田与移栽田的比例为 1:5 ~ 1:6。

2.3.2　撒播：将种子均匀撒于畦面，覆细土或焦泥灰，约3cm，然后再盖一层草。播种量 5 ~7kg。

播种后要经常保持土壤湿润，以利出苗。幼苗生长较慢，要勤除杂草。同时拔除过密或病弱苗，使苗的间距为 4 ~5cm。苗期一般追肥二次，第一次在 6 月上中旬，第 2 次在 7 月份，施用稀人畜粪尿或速效氮肥。天气干旱要浇水，并在行间盖草，减少水分蒸发。生长后期，如有抽薹植株，应及时将花蕾剪除，使养分集中，促进根茎的生长。

白术栽种后在 10 月中下旬至 11 月下旬，选晴天挖取根茎即为繁殖材料，称为种栽，把尾部须根剪去，离根茎 2 ~3cm 处剪去茎叶。在修剪时，切勿伤害主芽和根茎表皮。若主芽损伤，侧芽则大量萌发，营养分散会降低产量，损伤表皮则容易染病。在修剪的同时，应按大小分级，并剔除感病和破损根茎，以减少贮藏损失。将收获的白术摊放于阴凉通风处 2 ~3 天，待表皮发白，水气干后进行贮藏。

贮藏方法各地不同，南方采用层积法砂藏：选通风凉爽的室内或干燥阴凉的地方，在地上先铺5cm 左右厚的细砂，上面铺 10 ~15cm 厚的白术，再铺一层细砂，上面再放一层白术，如此堆至约40cm 高，最上面盖一层约5cm 厚的砂或细土，并在堆上间隔树立一束秸秆或稻草以利散热透气，防止腐烂。砂土要干湿适中。在北方一般选背阴处挖一个深宽各约1m 的坑，长度视种量多少而定，将白术放在坑内，约 10 ~15cm 厚，覆盖土 5cm 左右，随气温下降，逐渐加厚盖土，让其自然越冬，到第二年春天边挖边栽。

贮藏应有专人管理，在南方每隔15 ~30 天要检查一次，发现病种应及时挑出，以免引起腐烂。如果白术芽萌动，要进行翻堆，以防芽继续增长，影响白术质量。

2.4　移栽

应选顶芽饱满、根系发达、表皮细嫩、顶端细长、尾部圆大的根茎作种。根茎畸形、顶端木质化、主根粗长、侧根稀少者，栽后生长不良。栽种时按大小分类，分开种植，出苗整齐，便于管理。

方法是先用清水淋洗白术，再将白术浸入40% 多菌灵胶悬剂 300 ~400 倍液或80% 甲基托布津500 ~600 倍液中 1h，然后捞出沥干，如不立即栽种应摊开晾干表面水分。

白术的栽种季节，因各地气候、土壤条件不同而异。南方，移栽期在 12 月下旬到第二年 2 月下旬，以早栽为好。早栽根系发达，扎根较深，生长健壮，抗旱力、吸肥力都强；北方在 4 月上、中旬栽种。

北方地区根据冬季降雨量小，土壤干燥的特点，可采用秋季移栽、露地越冬方法。此种方法避免了白术贮藏期间因管理不当造成腐烂或病菌感染。

种植方法有条栽和穴栽两种，行株距有 $20 \times 25cm$、$25 \times 18cm$、$25 \times 12cm$ 等多种，可根据不同土质和肥力条件因地制宜。适当密植可提高产量，基本苗每亩可在 12 000 ~ 15 000 株，用种量50kg左右，栽种深度以 5 ~ 6cm 为宜，不宜栽得过深，否则出苗困难，幼芽在土中生长过长消耗养分，使白术苗纤细，影响产量。

2.5 田间管理

2.5.1 间苗：播种后约15天发芽，幼苗出土生长，应进行间苗工作，拔除弱小或有病的幼苗，苗的间距为4~5cm。

2.5.2 中耕除草：幼苗期须勤除草，通常要进行4~5次，使苗床内不见有杂草生长。移栽出苗后，4月份进行第一次松土除草，行间宜深锄，植株旁宜浅锄，有利于根系伸展。5月间进行第二次松土除草，宜浅锄，以免损伤根部。6月间杂草生育繁茂迅速，每隔半月除草一次，宜用手拔除，做到地无杂草。但雨后或露水未干时不能锄草，否则容易感染病害。

2.5.3 追肥：白术一生对 N、P、K 总需求量，以亩为单位，一般为 N_2O 27.5kg（折合尿素 50 ~ 60kg）、P_2O_5 7.5 ~ 10kg（折合过磷酸钙 50 ~ 60kg）、K_2O 7.5 ~ 10kg（折合氯化钾 12.5 ~ 17.5kg）。幼苗基本出齐后，第一次追肥，用人粪尿750kg左右。5月下旬再追施1次人粪尿，1 000 ~ 1 250kg，或硫酸铵10 ~ 12kg（尿素则减半）。结果期前后是白术整个生育期吸肥力最强、地下根茎迅速膨大的时期，此时追肥对白术的产量影响很大。因此在7月中旬，摘花蕾后5 ~ 7天，每亩施腐熟饼肥 75 ~ 100kg、人畜粪尿 1 000 ~ 1 500kg 和过磷酸钙 25 ~ 30kg。Zn 为白术生长发育所必需的微量元素，苗期每亩施用1kg98%硫酸锌效果最好，增产19% ~ 27.7%。

2.5.4 排水：白术怕涝，土壤湿度过大，容易发病，因此雨季要清理畦沟，排水防涝。8月以后根茎迅速膨大，需要充足水分，若遇天旱要及时浇水，以保证水分供应。

2.5.5 摘蕾：7月上、中旬头状花序开放前，摘除花蕾。由于现蕾不齐，可分2~3次摘完。摘蕾时，注意不摇动根部。摘蕾要选晴天，雨天或露水未干摘蕾，伤口浸水容易引起病害。一般摘除花蕾可以增产30% ~ 80%以上。

2.5.6 覆盖：白术有喜凉爽怕高温的特性。因此，根据白术的特性，夏季可在白术的植株行间覆盖一层草，以调节温度、湿度，覆盖厚度一般以 5 ~ 6cm 为宜。

2.6 病虫害防治

2.6.1 立枯病 (*Rhizoctonia solani* Küehn.)：受害苗茎基部初期呈水渍状椭圆形暗褐色斑块，地上部呈现萎蔫状，随后病斑很快延伸绕茎，茎部坏死收缩成线形，状如"铁丝病"，幼苗倒伏死亡。立枯病是低温（适温约为15～18℃）、高湿（土壤潮湿但不浸水）病害。早春术苗出土生长缓慢，组织尚未木栓化，抗病力弱，极易感染。

防治方法：立枯病主要由土壤带菌，避免病土育苗是防病的根本措施。合理轮作2～3年，或土壤消毒，可用50%多菌灵在播种和移栽前处理土壤，每亩用药量1～2kg。适期播种，促使幼苗快速生长和成活，避免丝核菌的感染。苗期加强管理，及时松土和防止土壤湿度过大；发现病株及时拔除，发病初期用5%的石灰水淋灌，7天淋灌一次，连续3～4次。也可喷洒50%甲基托布津800～1 000倍液等药剂防治，以控制其蔓延。

2.6.2 铁叶病（斑枯病）(*Septoria atractylodis* Yu et Chen)：叶片因病引起早枯，导致减产。初期叶上生黄绿色小斑点，多自叶尖及叶缘向内扩展，常数个病斑连接成一阔斑，因受叶脉限制呈多角形或不规则形，很快布满全叶，使叶呈铁黑色，药农称为"铁叶病"。后期病斑中央呈灰白色，上生小黑点，为病原菌的分生孢子器。叶片发病由下向上扩展，植株枯死。茎和苞片也产生近似的褐斑。斑枯病在高湿度、10～27℃温度范围内都能引起危害。雨水多、气温大升大降时发病重。干燥条件下病害发展受到抑制。

防治方法：进行2～3年轮作；白术收获后清洁田园，集中处理残株落叶，减少来年侵染菌源；选栽健壮无病种栽，并用50%甲基托布津1 000倍液浸渍3～5分钟消毒；选择地势高燥、排水良好的土地，合理密植，降低田间湿度。在雨水或露水未干前不宜进行中耕除草等农事操作，以防病菌传播。发病初期喷1:100波尔多液或50%退菌特1 000倍液，7～10天喷一次，连续3～4次。

2.6.3 锈病 (*Puccinia atractylodis* Std.)：锈病为害叶片。受害叶初期生黄褐色略隆起的小点，以后扩大为褐色梭形或近圆形，周围有黄绿色晕圈。叶背病斑处聚生黄色颗粒粘状物，为病原菌的锈子腔，当其破裂时散出大量的黄色粉末，为锈孢子。浙江于5月上旬发病，5月下旬至6月下旬为发病盛期，多雨高湿病害易流行。

防治方法：雨季及时排水，防止田间积水，避免湿度过大；收获后集中处理残株落叶，减少来年侵染菌源；发病期喷97%敌锈钠300倍液或65%可湿性代森锌500倍液，7～10天喷一次，连续2～3次。

2.6.4 根腐病 (*Fusarium oxysporum* Schl.)：发病后，首先是细根变褐、

干腐,逐渐蔓延至根状茎,使根茎干腐,并迅速蔓延到主茎,使整个维管束系统褐色病变,呈现褐黑色下陷腐烂斑,后期根茎全部变海绵状黑褐色干腐,地上部萎蔫。根茎和茎横切面可见维管束呈明显变色圈,病株易从土壤中拔起。该病初侵染来源主要是土壤带菌,其次是白术种苗带菌。当土壤淹水、土质黏重、施用未腐熟的有机肥料以及有线虫和地下害虫为害等原因造成植株根系发育不良或产生伤口等情况下,极易遭受到这些病菌的侵染,导致根状茎腐烂。

防治方法:与禾本科作物轮作则病害轻,轮作年限应在 3 年以上;用 50% 退菌特 1 000 倍液浸种栽 3~5 分钟,晾干后下种;发病初期用 50% 多菌灵或 50% 甲基托布津 1 000 倍液浇灌病区;及时防治地下害虫的危害。

2.6.5 白绢病(*Sclerotium rolfsii* Sacc.):白绢病俗称"白糖烂",为害根状茎。病原菌的菌丝体密布根状茎及周围的土表,并形成先为乳白色、后成茶褐色的油菜子状菌核。根状茎在干燥情况下干腐,而在高温高湿时则形成"烂薯"状湿腐。地上部逐渐萎蔫。该病的初侵染来源是带菌的土壤、肥料和种栽。发病初期以菌丝蔓延或菌核随水流传播进行再侵染。一般在 4 月下旬发病,6~8 月为发病盛期,高温多雨易造成流行。

防治方法:与禾本科作物轮作,不可与易感此病的附子、玄参、地黄、芍药、花生、黄豆等轮作;加强田间管理,雨季及时排水,避免土壤湿度过大;选用无病健康种栽作种,并用 50% 退菌特 1 000 倍液浸种 3~5 分钟,晾干后下种;及时挖除病株及周围病土,并用石灰消毒;用 50% 多菌灵或 50% 甲基托布津 500 倍液浇灌病区。

2.6.6 白术长管蚜(*Macrosiphum* sp.):白术长管蚜又名腻虫、蜜虫,属同翅目,蚜科害虫。分布于浙江、江苏等地。以无翅蚜在菊科寄生植物上越冬。次年 3 月以后,天气转暖产生有翅蚜,迁飞到白术上产生无翅胎生蚜为害。4~6 月为害最烈,6 月以后气温升高、降雨多,术蚜数量则减少。至 8 月虫口又略有增加,随后因气候条件不适,产生有翅胎生蚜,迁飞到其他菊科植物上越冬。术蚜喜密集于白术嫩叶、新梢上吸取汁液,使白术叶片发黄,植株萎缩,生长不良。

防治方法:铲除杂草,减少越冬虫害;发生期可用以下药剂喷雾:50% 敌敌畏 1 000~1 500 倍液、40% 乐果 1 500~2 000 倍液、2.5% 鱼藤精 600~800 倍液。

2.6.7 白术术籽虫(*Homoesoma* sp.):属鳞翅目,螟蛾科害虫。分布于浙江、江苏等地。以幼虫为害白术种子,将术蒲内种子蛀空,影响白术留种。

防治方法:冬季深翻地,消灭越冬虫源;水旱轮作;选育抗虫品种,如浙江选用阔叶矮秆型白术,能抗幼虫;成虫产卵前,白术初花期喷药保护,可喷 50% 敌敌畏 800 倍液或 40% 乐果 1 500～2 000 倍液，9～10 天喷一次，连续 3～4 次。

此外，还有根结线虫病（*Meloidogyne* sp.）、地老虎、蛴螬等也为害白术。

3. 留种技术

宜选茎秆健壮、叶片较大、分枝少而花蕾大的无病植株留种。植株顶端生长的花蕾，开花早，结籽多而饱满；侧枝的花蕾，开花晚，结籽少而瘦小，可将侧枝花蕾剪除，每枝只留顶端 5～6 个花蕾，使养分集中，子粒饱满，有利于培育壮苗。对留种植株要加强管理，增施磷肥、钾肥，并从初花期开始，每隔 7 天喷一次 50% 敌敌畏 800 倍液，以防治虫害。

11 月上旬白术种子成熟，当头状花序（也称蒲头）外壳变紫黑色，并开裂现出白茸时，可进行采种。采种要在晴天露水干后进行。雨天或露水未干采种，容易腐烂或生芽，影响种子质量。种子脱粒晒干后，置通风阴凉处贮藏备用。

4. 采收与加工

4.1 采收

采收期在定植当年 10 月下旬至 11 月上旬，当茎秆由绿色转枯黄时即可收获。收获过早，干物质还未充分积累，品质差，折干率也低；过晚则新芽发生，消耗养分，影响品质。选晴天将植株挖起，抖去泥土，剪去茎叶，及时加工。

4.2 产地加工

加工方法有晒干和烘干两种。晒干的白术称生晒术，烘干的白术称烘术。

4.2.1 生晒术的加工：将收获运回的鲜白术，抖净泥土，剪去须根、茎叶，必要时用水洗去泥土，置日光下晒干，需 15～20 天，直至干透为止。

在干燥过程中，如遇阴雨天，要将白术摊放在阴凉、干燥处，切勿堆积或袋装，以防霉烂。

4.2.2 烘术的加工：将鲜白术放入烘斗内，每次 150～200kg，最初火力宜猛而均匀，约 100℃，待蒸汽上升，外皮发热时，将温度降至 60～70℃，缓缓烘烤 2～3h，然后上下翻动一次，再烘 2～3h，至须根干透，将白术从斗内取出，不断翻动，去掉须根。将去掉须根的白术，堆放 5～6 天，让内部水分慢慢外渗，即反润阶段。再按大小分等上灶，较大的白术放在烘斗的下部，较小的放在上部，开始生火加温。开始火力宜强些，至白术外表发热，将火力减弱，控制温度为 50～55℃，经 5～6h，上下翻动一次再烘 5～6h，直到七八成干时，将其取出，在室内堆放 7～10 天，使内部水分慢慢向外渗透，表皮变软。

将堆放返润的白术，按支头大小分为大、中、小三等。再用 40～50℃ 文

第一部分 植物药

火烘干，大号的烘 30～33h，中号的约烘 24h，小号 12～15h，烘至干燥为止。

5. 贮藏与运输

5.1 包装用竹篓装好，外套麻袋，贮于阴凉通风处，防止虫蛀、霉变。

5.2 储藏由于加工方法不同，对保存也有影响。火烘干燥的水分少易保存；日晒的生晒术水分含量高，干燥不均匀，储藏较困难，容易发生"走油"现象。因此，在储藏过程中，应严格控制含水量，不得超过 14%。不宜多年储藏，过久易走油或变黑。

5.3 运输过程中应有防潮措施，不能与其它有毒、有害、易串味物质混装。

本节编写人员：李晓东　郭建明

第二十节　当归

1. 基本特征

1.1 当归：为伞形科植物当归［Angelica sinensis（Oliv.）Diels］的根。别名秦归、云归、西当归、岷当归等。当归适宜在海拔 1 800～2 500m 的高寒地区生长，喜凉爽湿润、空气相对湿度大的自然环境。当归对光照、温度、水分、土壤要求较严。在生长的第一年要求温度较低，一般在 12～16℃。当归生长的第二年，能耐较高的温度，气温达 10℃ 左右返青出苗，14～17℃ 生长旺盛。当归耐寒性较强，冬眠期可耐受 -23℃ 的低温。水分对播种后出苗及幼苗的生长影响较大，是丰产的主要条件。雨量充足而均匀时，产量显著增多；雨量过大，土壤含水量超过 40%，容易罹病烂根。当归苗期喜阴，怕强光照射，需盖草遮阳。因此产区都选东山坡或西山坡育苗。当归生长期相对湿度以 60% 为宜。二年生植株能耐强光，阳光充足，植株生长健壮。当归要求土层深厚、疏松肥沃、富含腐殖质的黑土，最好是黑油砂土。土壤酸碱度要求中性或微酸性。当归是一种低温长日照类型的植物。必须通过 0～5℃ 的春化阶段和长于 12h 日照的光照阶段，才能开花结果。而开花结果后植株的根木质化，有效成分很低，不能药用。因此生产中为了避免抽薹，第一年控制幼苗仅生长两个半月左右，作为种苗；第二年定植，生长期不抽薹，秋季收获肉质根药用。留种地第三年开花结果。我国的主产区为甘肃、云南、陕西、贵州、四川、湖北等地。

1.2 化学成分：含有挥发油、有机酸（如棕榈酸、烟酸）、氨基酸（包括19种氨基酸）、微量元素（23种）、胆碱及维生素（维生素 B_{12}、维生素 A）等多种物质。

1.3 功能主治：味甘、辛、微苦，性温，归肝、心、脾经。具有补血活血、润燥滑肠、调经止痛、扶虚益损、破瘀生新的功能。主治月经不调、崩漏、经闭腹痛、血虚头痛、痈疽疮疡、跌打损伤、肠燥便秘、头晕眼花、面色苍白等症。

1.4 植株形态特征：当归是多年生草本，高 0.4～1m。茎直立，带紫色，有明显的纵直槽纹，无毛。叶为 2～3 回奇数羽状复叶，叶柄长 3～11cm，叶鞘膨大；叶片卵形，小叶 3 对，近叶柄的一对小叶柄长 5～15mm，近顶端的一对无柄、呈 1～2 回分裂，裂片边缘有缺刻。复伞形花序，顶生，伞梗 10～14 枚，长短不等，基部有 2 枚线形总苞片或缺；小总苞片 2～4 枚，线形；每一小伞形花序有花 12～36 朵，小伞梗长 3～15mm，密被细柔毛；萼齿 5 个，细卵形；花瓣 5 片，白色，长卵形，先端狭尖略向内折；雄蕊 5，花丝向内弯；子房下位，花柱短，花柱基部圆锥形。双悬果椭圆形，长 4～6mm，宽 3～4mm，成熟后易从合生面分开；分果有果棱 5 条，背棱线形隆起，侧棱发展成宽而薄的翅，翅边缘淡紫色，背部扁平，每棱槽有一个油管，接合面有 2 个油管。花期 7 月，果期 8～9 月。

2. 栽培技术

2.1 选地整地

育苗地宜在山区选阴凉潮湿的生荒地或熟地，高山选半阴半阳坡，低山选阳坡。土壤以微酸性和中性，土质疏松肥沃、结构良好的砂质壤土为宜。最好在前一年的秋季选地、整地，使土壤充分风化。宜选平川地，前茬以小麦、烟草为好，忌重茬。选好地后进行整地，生荒地 4、5 月间开始翻地，先把灌木砍除，把草皮连土铲起，晒干堆起烧成熏土灰，均匀扬开，田地深耕 20～25cm，深耙三遍，整平土地，按宽 1 m 作畦，高约 25cm，畦沟宽 30～40cm。

移栽地应选择土层深厚、疏松肥沃、富含腐殖质、排水良好的荒地或休闲地。因当归喜肥，结合深耕施入基肥，每亩施 5 000～8 000kg 厩肥、油渣 100kg。深耕 30cm 左右，耙细整平，按宽 1.2m 作畦，高为 25～30cm，畦间距为 30～40cm，方向与坡向相同。

2.2 繁殖方法

多为育苗移栽，但也有直播繁殖的。

2.2.1 育苗

2.2.1.1 采种：选播种后第三年开花结实的新鲜种子作种。种子的成熟

第一部分 植物药

度，应掌控在成熟前种子呈粉白色时即采收。

2.2.1.2 播种：播种的时期，应根据当地的地势、地形和气候特点而定。高海拔地区宜于6月上、中旬播种，低海拔地区宜6月中、下旬播种。播期早，则苗龄长，早期抽薹率高；过晚则成活率低，生长期短，幼苗弱小。一般苗龄控制在110天以内，单根重量控制在0.4g左右为宜。播种方法多采用条播，在畦面上按行距15~20cm横畦开沟，沟深3cm左右，将种子均匀撒入沟内，覆土1~2cm，整平畦面，盖草保湿遮光。当归萌发生长温度为11~16℃。播种量每亩5kg左右。如采用撒播，播种量可达每亩10~15kg。播种前3~4天可先将种子用水浸24h，然后保湿催芽，种子露白时，就可均匀撒播。

2.2.1.3 苗期管理：播种后的苗床必须盖草保湿遮光，以利于种子萌发出苗。一般播后10~15天出苗。当种子待要出苗时，应细心将盖草挑虚，并拔除露出来的杂草。再过一个月，将盖草揭去。最好选阴天或预报有雨天时揭草。之后拔二次草，间去过密的弱苗。一般为了降低早期抽薹率，在苗期无需追肥，但追施适量的氮肥，能降低早期抽薹率。

2.2.1.4 种苗贮藏：于10月上、中旬，当苗的叶片刚刚变黄、气温降到5℃左右时，即可收挖种苗。将挖出的苗抖掉一部分泥土，去掉残叶，捆成直径5~6cm的小把（每把约100株），在阴凉、通风、干燥处晾干水气，大约一周后，根组织含水量达到60%~65%时，放室内堆藏或室外窖藏。堆藏要选阴凉屋子，一层稍湿的生黄土，一层种苗，堆放5~7层，形成总高度80cm左右的梯形土堆，四周围30cm厚的黄土，上盖10cm厚的黄土即可。窖藏要选阴凉、高燥无水的地方挖窖，窖深1m，宽1m，长视种苗栽子的多少而定。窖底先铺一层10cm厚的细砂，然后铺放种苗栽子一层，再铺一层细砂，反复堆放，当离窖口20~30cm时，上盖黄土封窖。窖顶呈龟背形。另外，采用冷冻贮苗可有效降低当归的早期抽薹率，一般冷冻适宜温度为-10℃左右。将采挖的种苗经晾苗失水后分层盖土放入冷藏筐内，直接放入冷藏室内贮存，移栽前2~3天取出置自然条件下存放。

2.2.1.5 移栽：次年春季4月上旬为移栽适宜期。过晚，则种苗芽子萌动，移栽时易伤苗，成活率低。栽时，将畦面整平，按株行距30×40cm开穴，呈品字形错开挖穴，穴深15~20cm，每穴栽大、中、小苗共3株，在芽头上覆土2~3cm。也可采用沟播，即在整好的畦面上横向开沟，沟距40cm，深15cm，按3~5cm的株距，大、中、小相间置于沟内，芽头低于畦面2cm，盖土2~3cm。

2.2.2 直播

立秋前后播种为宜。此法省工，但产量较育苗移栽低。可以采用条播或穴播。在整好的畦上按株行距25×30cm，三角形错开挖穴，穴深5cm，每穴点入种子5~10粒，盖土2cm以内，耧平畦面，上盖草保温保湿。苗出齐后揭去盖草。每亩播种量1~2kg。

2.3　田间管理

2.3.1　间苗、定苗：直播者，在苗高3cm时，即可间苗。穴播者，每穴留苗2~3株，株距3~5cm，到苗高10cm时定苗，最后一次中耕应定苗；条播的株距10cm定苗。保持密度为每亩7 000株时效益最高。

2.3.2　中耕除草：每年在苗出齐后，进行3次中耕除草，封行后不除草。当苗高5cm时进行第一次中耕除草，要早锄浅锄。当苗高15cm时进行第二次锄草，要稍深一些。当苗高25cm进行第三次中耕除草，中耕要深，并结合培土。

2.3.3　追肥：5月下旬叶盛期前和7月中、下旬根增长期前，应追施磷肥、钾肥和氮肥。在当归的高产栽培研究中发现，每亩施纯氮18.75~22.2kg时产量收益最大。在一定的施氮量基础上，增施磷肥可有效降低当归早期抽薹的发生，氮、磷配施还可对当归根病有一定的控制作用，每亩施纯氮150kg、纯磷100~150kg时增产效果最明显。此外，微量元素钼、锌、镁、硼的施用也会对当归起到增产效果，同时也可提高当归的品质。一般作为基肥在定苗前均匀施加，每亩施用钼酸铵200g、硫酸锰2 000g，但要注意与当地土壤中微量元素监测结合起来，做到合理施用。

2.3.4　摘花薹：栽种时应选用不易抽薹的晚熟品种，采取各种农艺措施降低早期抽薹率，对出现提早抽薹的植株，应及时剪除，否则会降低药材品质，同时大量消耗水肥，对正常植株产生较大的影响，应摘早摘净。

2.3.5　灌排水：当归苗期干旱时应适量浇水，保持土壤湿润，但不能灌大水。雨季及时排除积水，防止烂根。

2.4　病虫害防治

当归主要病害有褐斑病、白粉病、菌核病、麻口病及根腐病等。

2.4.1　褐斑病（*Septoria* sp.）：病原是真菌中一种半知菌。5月发生，7~8月严重。为害叶片。高温多湿易发病，初期叶面上产生褐色斑点，之后病斑扩大，外围有褪绿晕圈，边缘呈红褐色，中心灰白色，后期出现小黑点，严重时全株枯死。

防治方法：冬季清园，烧毁病残株；发病初期喷1:1:120~1:1:150波尔多液防治，7~10天喷一次，连续2~3次。

2.4.2　根腐病［*Fusarium avenaceum*（Fr.）Sacc.］：病原是真菌中一种半知菌。主要为害根部，受害植株根尖和幼根呈水渍状，随后变黄脱落，主根呈锈黄色腐烂，最后仅剩下纤维状物，地上部枯黄死亡。

防治方法：栽种前每亩用70%五氯硝基苯1 kg消毒；与禾本科作物轮作；雨后及时排除积水；选用无病健壮种苗，并用65%可湿性代森锌600倍液浸种苗10分钟，晾干栽种；发病初期及时拔除病株，并用石灰消毒；病穴用50%多菌灵1 000倍液全面浇灌病区。

2.4.3 麻口病：移栽后的4月中旬、6月中旬、9月上旬、11月上旬为其发病高峰期，主要为害根部，地下害虫易引起发病。

防治方法：每亩用"3911"颗粒剂3kg加细土15kg拌匀或20%甲基异柳磷乳剂0.5kg加水2.5kg喷在15kg土上拌匀，撒施，翻入土中；定期用广谱长效杀虫剂灌根，每亩用40%多菌灵胶悬剂250g或托布津600g加水150 kg，每株灌稀释液50g，5月上旬、6月中旬各灌一次。

2.4.4 菌核病（*Sclerotinia* sp.）：为害叶部，低温高湿条件下易发生，7～8月为害较重。

防治方法：不连作，多与玉米、小麦等禾谷类作物实行轮作。在发病前半个月开始打药，约隔10天一次，连续3～4次。常用1 000倍的50%甲基托布津喷药。

当归虫害主要为种蝇、黄凤蝶、金针虫、地老虎、桃粉蚜、红蜘蛛、蛴螬、蝼蛄等。

2.4.5 种蝇：属双翅目花蝇科。幼虫为害根茎。幼苗期，从地面咬孔进入根部为害，把根蛀空，引起腐烂而植株死亡。

防治方法：施肥要用腐熟肥；发现种蝇为害，用40%乐果1 500倍液或90%敌百虫1 000倍液灌根。

2.4.6 黄凤蝶（*Papilio machaon* L.）：属鳞翅目凤蝶科。幼虫咬食叶片呈缺刻，甚至仅剩叶柄。

防治方法：幼虫较大，初期可人工捕杀；后期用90%敌百虫800倍液喷杀，7～10天喷一次，连续2～3次。

2.4.7 蚜虫、红蜘蛛：为害新梢和嫩芽。用40%乐果乳油1 000～1 500倍液防治。

2.4.8 蛴螬、蝼蛄（*Gryllotalpa unispina* Saussure）、地老虎（*Agrotis ypsilon* Rottemberg）危害根茎。

防治方法：铲除田内外青草，堆成小堆，7～10天换鲜草，用毒饵诱杀。也可用90%晶体敌百虫1 000～1 500倍液灌窝或人工捕杀。

3. 留种技术

育苗移栽的当归，在第一年秋末采挖时，选择土壤肥沃、植株生长良好、无病虫害、较为阴凉的地段作为留种田，不起挖，待第二年发出新叶后，拔除杂草，苗高15cm左右时，进行根部追肥，待秋季当归花轴下垂、种子呈粉白色时即可采收。分批采收扎成小把，悬挂于室内通风、干燥、无烟处，经充分干燥后脱粒贮存备用。

4. 采收与加工

4.1 采收

当归移栽后，于当年（秋季直播的在第二年）10月下旬，地上部分开始枯萎时，割去地上部分，在阳光下曝晒3~5天，加快成熟。采挖时力求根系完整无缺，抖净泥土，挑出病根，刮去残茎，置通风处晾晒。

4.2 加工

当归根晾晒至根条柔软后，按规格大小，扎成小把，每把鲜重约0.5kg。将扎好的当归堆放在竹筐内5~6层，总高度不超过50cm。于室内用湿草作燃料生烟烘熏，忌用明火，室内温度保持在60~70℃，要定期停火回潮，上下翻堆，使干燥程度一致。10~15天后，待根把内外干燥一致，用手折断时清脆有声，表面赤红色，断面乳白色为好。当归加工时不可经太阳晒干或阴干。

5. 贮藏与运输

5.1 贮藏

贮藏药材的仓库应通风、干燥、避光，必要时安装空调及除湿设备，并具有防鼠、虫、禽畜的措施。地面应整洁、无缝隙、易清洁。药材应存放在货架上，与墙壁保持足够距离，防止虫蛀、霉变、腐烂、泛油等现象发生，并定期检查。

5.2 运输

药材批量运输时，不应与其它有毒、有害、易串味物质混装。运载容器应具有较好的通气性，以保持干燥，并应有防潮措施。

本节编写人员：李晓东　李　洪　姚正浪

第二十一节　地黄

1. 基本特征

1.1　地黄：为玄参科植物地黄（*Rehmannia glutinosa* Libosch.）的块根。别名酒壶花、山烟、山白菜。地黄对气候适应性较强，在阳光充足，年平均气温15℃，极端最高温度38℃，极端最低温度−7℃，无霜期150天左右的地区均可栽培。地黄是喜光植物，光照条件好、阳光充足时，则生长迅速，因此种植地不宜靠近林缘或与高秆作物间作。地黄根系少，吸水能力差，潮湿的气候和排水不良的环境，都不利于地黄的生长发育，并会引起病害。过分干燥也不利于地黄的生长发育。幼苗期叶片生长速度快，水分蒸腾作用较强，以湿润的土壤条件为佳；生长后期土壤含水量要低；当地黄块根接近成熟时，最忌积水，地面积水 2~3h，就会引起块根腐烂，植株死亡。地黄喜疏松、肥沃、排水良好的土壤条件，砂质壤土、冲积土、油砂土最为适宜，产量高、质量好。如果土壤黏、硬、瘠薄，则块根皮粗、扁圆形或畸形较多，产量低。山东、河南、山西、陕西等地均有大量种植，但以"古怀庆府"（今河南的温县、沁阳、武陟、孟县等地）一带的怀庆，地黄栽培历史最长，为道地产区，系著名"四大怀药"之一。

1.2　化学成分：主要含有多种苷类成分，其中以环烯醚萜苷类为主，如梓醇（catalpol）、二氢梓醇（dihydrocatalpol），乙酰梓醇，桃叶珊瑚苷（aucubin），单密力特苷（danmelittoside），地黄苷 A、B、C、D（rehmannioside A, B, C, D）等。此外，地黄中含有糖类，其中地黄多糖 RPS－b 是地黄中兼具免疫与抑制肿瘤活性的有效成分，并含有 20 种氨基酸、甘露醇、β－谷甾醇、豆甾醇、地黄素（rehmannin）等，还含有多种微量元素、卵磷脂及维生素 A 类。

1.3　功能主治：味甘、苦，性寒；归心肝肾经。鲜者入药称"鲜地黄"；干燥者称"生地黄"，也称"生地"。酒浸拌蒸制后再干燥者称"熟地黄"，也称"熟地"。鲜地黄有清热、生津、凉血的功效；生地有滋阴清热、凉血止血的功效；熟地则有滋阴补血的功效。地黄尚有抗辐射、保肝、降血糖、强心、止血、利尿、抗炎、抗真菌的作用。

1.4　植株形态特征：地黄是多年生草本，高 10~40cm，全株密被灰白色柔毛和腺毛。块根肉质肥厚，圆柱形或纺锤形，有芽眼。花茎直立。叶多基生，莲座状，叶片倒卵状披针形至长椭圆形，长 3~10cm，宽 1.5~4cm，先端钝，基部渐狭成柄，柄长 1~2cm，叶面皱缩，边缘有不整齐钝齿；无茎生叶或有 1~2 枚，远比基生叶小。总状花序单生或 2~3 枝；花多数下垂，花萼钟状长约 1.5cm，先端 5 裂，裂片三角形，略不整齐，花冠筒稍弯曲，长约 3~4cm，外面暗紫色，内面杂以黄色，有明显紫纹，先端 5 裂，略呈二唇状，上唇 2 裂片反折，下唇 3 裂片直伸；雄蕊 4 枚，二强；子房上位，卵形，2 室，花后渐变一室，花柱单一，柱头膨大。蒴果卵形，外面有宿存花萼包裹。种子多数。花期 4~6 月，果期 5~9 月。

2. 栽培技术

2.1 选地、整地

2.1.1 选地：地黄宜在土层深厚、土质疏松、腐殖质多、地势干燥、能排能灌的中性和微酸性壤土或砂质壤土中生长，黏土中则生长不良。不宜连作，连作植株生长不好，病害多。河南产地认为地黄应经6~8年轮作后，才能再行种植。前茬以蔬菜、小麦、玉米、谷子、甘薯为好。花生、豆类、芝麻、棉花、油菜、白菜、萝卜和瓜类等不宜作地黄的前作或邻作，否则，易发生红蜘蛛或感染线虫病。

2.1.2 深耕与施底肥：产区于秋季深耕30cm，结合深耕每亩施入腐熟的有机肥料4 000kg，次年3月下旬亩施饼肥约150kg。灌水后（视土壤水分含量酌情灌水）浅耕（约15cm），并耙细整平做成畦，畦宽120cm，畦高15cm，畦间距30cm，习惯垄作，垄宽60cm，以利灌水和排水。

2.2 繁殖方法

包括种子繁殖和块根繁殖。通过种子繁殖可以复壮，防止品种退化，而块根繁殖则是地黄生产中的主要手段。

2.2.1 种子繁殖：在田间选择高产优质的单株，收集种子播在盆里或地里，先育一年苗，次年再选取大而健壮的块根移到地里继续繁殖，第三年选择产量高而稳定的块根繁殖，如此连续数年去劣存优，可以获得优良品种，产量往往高于当地品种的30%~40%。种子繁殖在3月中、下旬至4月上旬于苗床播种，播前先进行浇水，待水渗下后，按行距15cm条播，覆土0.3~0.6cm，以不见种子为度，出苗前保持土壤有足够水分。苗现5~6片叶时，就可移栽大田。移栽时，行距为30cm，株距15~18cm，栽后浇水，成活后应注意除草松土，到秋天可采收入药。种子繁殖后代不整齐，甚至混杂，生产上不宜直接采用，仅在选种工作中应用。

2.2.2 块根繁殖：地黄块根繁殖能力强，其块根分段或纵切均可形成新个体。块根部位不同，形成新个体的早晚和个体发育状况不一样，产量也有很大的差异。块根顶端较细的部位芽眼多，营养少，出苗虽多，但前期生长较慢，块茎小，产量低；块根上部直径为1.5~3cm部位芽眼较多，营养也丰富，新苗生长较快，发育良好，是良好的繁殖材料；块根中部及中下部（即块根膨大部分）营养丰富，出苗较快，幼苗健壮，块根产量较高但种栽用量大，经济效益不如上段好；块根尾部芽眼少，营养虽丰富但出苗慢，成苗率低。一般选用中段直径4~6cm、外皮新鲜、没有黑点的肉质块根留种繁殖。

2.3 田间管理

2.3.1 栽植：地黄多春栽，早地黄（或春地黄）4月中旬栽植；晚地黄（或麦茬地黄）于5月下旬至6月上旬栽植。南方地区地黄的栽植期比北方要早。栽植时按行距30cm开沟，在沟内每隔15~18cm放块根一段（每亩6 000~8 000段，约20~30kg），然后覆土3~4.5cm，稍压实后浇透水，15~20天后出苗。主要产区药农有"早地黄要晚，晚地黄要早"的经验，即说明适时播种的重要性。从地黄种苗发芽所要求的温度看，日平均温度达13℃以上即可播种，18~21℃时播种较好。另外，适当密植能够增产，一般以每亩6 000~7 000株较好，但不同品种间有差异。

2.3.2 间苗、补苗：在苗高3~4cm，即长出2~3片叶时，要及时间苗。块根可长出2~3株幼苗，间苗时从中留优去劣，每穴留一株壮苗。发现缺苗时及时补栽。补苗最好选阴雨天进行。补栽用苗要尽量多带原土，补苗后要及时浇水，以利幼苗成活。

2.3.3 中耕除草：出苗后到封垄前应经常松土除草。幼苗期浅松土两次。第一次结合间苗进行浅中耕，不要松动块根处；第二次在苗高6~9cm时可稍深些。地黄茎叶快封行，地下块根开始迅速生长后，停止中耕，杂草宜用手拔，以免伤根。

2.3.4 摘蕾、去"串皮根"和打底叶：为减少开花结实消耗养分，促进块根生长，当地黄孕蕾开花时，应结合除草及时将花蕾摘除，且对沿地表生长串皮根应及时去掉，集中养分供块根生长。8月当底叶变黄时也要及时摘除黄叶。

2.3.5 灌溉排水：前期，地黄生长发育较快，需水较多；后期块根大，水分不宜过多，最忌积水。生长期间保持地面潮湿，宜勤浇少浇。在生产中视土壤含水量适时、适量灌水，且对雨后或灌后的积水，应及时排除。

2.3.6 追肥：在产区，药农采用"少量多次"的追肥方法。齐苗后到封垄前追肥1~2次，前期以氮肥为主，以促使叶茂盛生长，一般每亩施入人粪尿1 500~2 000kg，或硫酸铵7~10kg。生育后期根茎生长较快，适当增加磷、钾肥。生产上多在小苗4~5片叶时每亩追施人粪尿1 000kg或硫酸铵10~15kg，饼肥75~100kg。

2.4 病虫害防治

2.4.1 斑枯病（*Septoria digitalis* Pass.）：为害叶片，受害叶片出现受叶脉限制的不规则大斑，高温多湿发病严重。

防治方法：地黄采收后，及时清园，集中烧毁病残株；加强田间管理，雨后立即疏沟排水；增施磷肥、钾肥，提高植株抗病能力；发病初期用

1:1:150的波尔多液或65%代森锌可湿性粉剂500~600倍液喷雾，每隔10天喷一次，连续2~3次。

2.4.2　枯萎病［*Fusarium solani*（Mart.）App. et Wollenw.］：又称干腐病。引起叶柄腐烂，根茎干腐，细根干腐脱落，地上部枯死。6~7月发病严重。

防治方法：与禾本科作物轮作；选用无病栽子；加强田间管理，雨季及时排水，增施磷肥、钾肥，增强植株抗病能力；种前每亩用1kg50%多菌灵可湿性粉剂处理土壤，同时用50%退菌特可湿性粉剂1 000倍液浸栽子3~5分钟；发病初期用50%退菌特500倍液或50%多菌灵可湿性粉剂500倍液浇灌病区。

2.4.3　胞囊线虫病（*Heterodera glycines* Ichinohe）：为害根茎部，影响地黄根茎正常膨大，从而细根丛生，地上部生长不良。

防治方法：与禾本科作物轮作，选无病栽子，采用倒栽法留种，去掉病虫栽子，进行土壤处理。

2.4.4　虫害：主要有红蜘蛛、地老虎、拟豹纹蛱蝶幼虫。可用敌百虫800倍液喷杀，也可人工捕杀拟豹纹蛱蝶幼虫。

3. 留种技术

收获时，一般选用中段直径4~6cm、外皮新鲜、没有黑点的肉质块根留种作为种茎。种茎来源有：①窖藏种茎，是头年地黄收获时，选择良种无病虫害根状茎，在地窖里贮藏越冬的种栽。②大田留种，是头年地黄收获时，选留一部分不挖，留在田里越冬，翌春刨出，作种茎。③倒栽，即头年春栽地黄，于当年7月下旬刨出，在别的地块上再按春栽方法栽植一次，秋季生长，于田间越冬，翌春再刨出作种栽。三种种茎，以倒栽的种茎最好，生活力最强，粗细较均匀，单位面积栽用量少。栽植前，挑选无病虫害和霉烂的块根，折成5cm左右长的小段，以备栽植。前两种留种法，只适于较温暖的地区应用。

4. 采收与加工

4.1 采收

4.1.1　地上药用部位采收

4.1.1.1　地黄花的采收：地黄花有消渴、治肾虚腰痛的功效。在花期结合摘蕾、采花，采后阴干即可入药。

4.1.1.2　地黄果实的采收：地黄果实即地黄的种子。地黄果实的功效在《本草图经》记载"功同地黄"。其采收期在6月果实成熟期，阴干后的种子

123

即可入药。由于留种会影响块根产量,故生产上除种子繁殖外,均不留种。

4.1.1.3 地黄叶的采收:地黄叶主治恶疮,手、足癣。用法:捣汁涂或揉搓。此种用法记载于《千金方》。地黄叶在生长季节均可采收。

4.1.2 块根的采收:采收以秋后为主,春季亦可采收。一般在叶逐渐枯黄、茎发干、萎缩,停止生长,根开始进入休眠期,嫩的地黄根变为红黄色时即可采收。采收期因地区、品种、栽植期不同而异。一般栽培地黄在 10 月上旬至 11 月上旬收获。收获时先割去地上植株,在畦的一端采挖,注意减少块根的损伤。每亩可收鲜地黄 1 000~2 000kg,高产时可达 3 000kg。

4.2 加工

4.2.1 生地黄加工:生地黄加工方法有烘干和晒干两种。

4.2.1.1 晒干:指块根去泥土后,直接在太阳下晾晒,晒一段时间后堆闷几天,然后再晒,一直晒到质地柔软、干燥为止。由于秋冬阳光弱,干燥慢,不仅费工,而且产品油性小。

4.2.1.2 烘干:将地黄按大、中、小分等,分别装入焙干槽中(宽 80~90cm,高 60~70cm),上面盖上席或麻袋等物。开始烘干温度为 55℃,两天后升至 60℃,后期再降到 50℃。在烘干过程中,边烘边翻动,当烘到块根质地柔软无硬芯时,取出堆闷,"堆闷"(又称发汗)至根体发软变潮时,再烘干,直至全干。一般 4~5 天就能烘干。烘干时,注意温度不要超过 70℃。当 80% 地黄根体全部变软,外表皮呈灰褐色或棕灰色,内部呈黑褐色时,就停止加热。通常 4kg 鲜地黄加工成 1kg 干地黄。生地以货干、个大柔实,皮灰黑或棕灰色,断面油润、乌黑为好。商品规格规定,无芦头、老母、生心、杂质、虫蛀、霉变、焦枯的生地为佳品。

4.2.2 熟地加工方法:取干生地洗净泥土,并用黄酒浸拌(每 10kg 生地用 3kg 黄酒),将浸拌好的生地置于蒸锅内,加热蒸制,蒸至地黄内外黑润,无生芯,有特殊的焦香气味时,停止加热,取出置于竹席或帘子上晒干,即为熟地。

5. 贮藏与运输

5.1 包装与贮藏

干地黄用麻袋包装,每件 40 kg 左右。贮存于通风干燥处,适宜温度 30℃以下,相对湿度 70%~75%,商品安全水分 14%~16%。在每件包装上,应注明品名、规格、产地、批号、包装日期、生产单位,并附有质量合格的标志。

5.2 鲜品贮藏

新采挖的地黄摊晾 3~5 天,至表皮稍干时,用较湿润的河砂埋藏。冬季温度应不低于5℃。如在地窖内贮存,可将鲜药材晒一天,然后挑选完整的,一层砂一层生地排放几层,高度控制在30~40cm,不宜过高。此法可以减少霉烂,延长贮藏期。研究表明,随着贮存期的延长,地黄梓醇含量减少,鲜地黄当年的含量为2.45%,贮存一年之后的含量为2.00%;干地黄当年的梓醇含量为0.811%,贮存一年的含量为0.514%。可见,地黄以当年产品质量为佳。另外,可将地黄切成3cm长的饮片,均匀地放入瓷盘内,厚度约10cm。置烤房50~60℃干燥12h,待冷却后,立即装入聚乙烯薄膜袋中,封口,外面再套一层纤维袋,密封保存。

5.3 运输

运输工具或容器应具有较好的通气性,以保持干燥,并应有防潮措施,同时不应与其它有毒、有害、有异味的物质混装。

本节编写人员:马永升 谭 玮 魏爱新

第二十二节 黄芪

1. 基本特征

1.1 黄芪:为豆科植物黄芪(*Astragalus membranaceus* Bge. var. mongholicus(Bge.)Hsiao)的根。别名白皮芪(陕西)、混其日(蒙药音译),膜荚黄芪又称山爆仗(山东)、箭秆花(陕甘宁地区)。黄芪喜阳光,耐干旱,怕涝,喜凉爽气候,耐寒性强,可耐受-30℃以下低温,怕炎热,适应性强。多生长在海拔800~1 300 m的山区或半山区的干旱向阳草地上,或向阳林缘树丛间;植被多为针阔混交林或山地杂木林;土壤多为山地森林暗棕壤土。黄芪忌重茬,不宜与马铃薯、菊花、白术等连作。黄芪一年生和二年生幼苗的根对水分和养分的吸收功能强。随着生长发育的进行,吸收功能逐渐减弱,但贮藏功能增强,主根变得粗大。黄芪生长周期为5~10年,如果水分过多,易发生烂根。对土壤要求虽不甚严格,但土壤质地和土层厚薄不同对根的产量和质量有很大影响:土壤黏重,根生长缓慢,主根短,分枝多,常畸形;土壤砂性大,根纤维木质化程度大,粉质少;土层薄,根多横生,分枝多,呈鸡爪形,质量差。在pH值为7~8的砂壤土或冲积土中黄芪根垂直生长,长可达1m以上,俗称"鞭竿芪",品质好,产量高。蒙古黄芪分布于黑龙江、吉林、河北、山西、内蒙古等省区,膜荚黄芪分布于黑龙江、吉林、辽宁、河北、山东、山西、内蒙古、陕西、宁夏、甘肃、青海、新疆、四川和云南等省区。

1.2 化学成分：主要含有三萜皂苷、黄酮类化合物以及多糖。

1.3 功能主治：性微温，味甘；归肺、脾经。有补气固表、利尿、托毒排脓、生肌等功能。用于气短心悸、乏力、虚脱、自汗、盗汗、体虚浮肿、慢性肾炎、久泻、脱肛、子宫脱垂、痈疽难溃及疮口久不愈合等症。

1.4 形态特征：蒙古黄芪主根长而粗壮，顺直。茎直立，高40~80cm。奇数羽状复叶，小叶12~18对；小叶片小，宽椭圆形、椭圆形或长圆形，长5~10mm，宽3~5mm，两端近圆形，上面无毛，下面被柔毛；托叶披针形。总状花序腋生，常比叶长，具花5~20余朵；花萼钟状，密被短柔毛，具5萼齿；花冠黄色至淡黄色，长18~20mm，旗瓣长圆状倒卵形，翼瓣及龙骨瓣均有长爪；二体雄蕊；子房光滑无毛。荚果膜质，膨胀，半卵圆形，先端有短喙，基部有长子房柄，均无毛。花期6~7月，果期7~9月。

膜荚黄芪叶片也为奇数羽状复叶，小叶6~13对，长7~30mm，宽3~12mm，先端钝、圆或微凹，有时具小刺尖；托叶长5~15mm。花通常10~20余朵；花萼被黑色或白色短毛；花冠黄色至淡黄色，或有时稍带淡紫红色，长约16mm；子房有柄，被柔毛。荚果长20~30mm，宽9~12mm，被黑色或黑白相间的短伏毛。

2. 栽培技术

2.1 选地与整地

黄芪是深根性植物，平地栽培应选择地势高、排水良好、疏松而肥沃的砂壤土；山区应选择土层深厚、排水好、背风向阳的山坡或荒地种植。地下水位高、土壤湿度大、黏结、低洼易涝的黏土或土质瘠薄的砂砾土，均不宜种植黄芪。选好地后进行整地，以秋季翻地为好。一般耕深30~45cm，结合翻地施基肥，每亩施农家肥2 500~3 000kg，过磷酸钙25~30kg；春季翻地要注意土壤保墒，然后耙细整平，作畦或垄，宽40~45cm，高15~20cm，排水好的地方可作成宽1.2~1.5m的宽垄。

2.2 繁殖方法

黄芪的繁殖既可用种子直播，又可育苗移栽，但播种前都需对种子进行前处理。

2.2.1 种子前处理：一般采用机械法或硫酸法对黄芪种子进行预处理。

2.2.1.1 机械处理：温烫浸种法及砂磨法。

温烫浸种法：在春雨后，立即将黄芪种子进行开水催芽。取种子置于容器中，加入适量开水，不停搅动约1分钟，然后加入冷水调水温至40℃，放置2h，将水倒出，种子加覆盖物焖8~10h，待种子膨大或外皮破裂时，可趁雨后播种。

砂磨法：将种子置于石碾上，待种子碾至外皮由棕黑色变为灰棕色时即可播种。生产上将温烫浸种法与砂磨法结合使用，效果良好。

2.2.1.2 硫酸处理。用浓硫酸处理老熟硬实黄芪种子，发芽率达90%以上，比不处理的提高50%左右。方法是每克种子用90%的硫酸5mL，在30℃的温度条件下，处理2分钟，随后用清水冲洗干净后即可播种。

2.2.2 播种方法

2.2.2.1 种子直播：黄芪可在春、夏、秋三季播种。春播在"清明"节前后进行，最迟不晚于"谷雨"，一般地温达到5~8℃时即可播种，保持土壤湿润，15天左右即可出苗；夏播在6~7月雨季到来时进行，土壤水分充足，气温高，播后7~8天即可出苗；秋播一般在"白露"前后，地温稳定在0~5℃时播种。

一般采用条播或穴播。条播行距20cm左右，沟深3cm，播种量每亩2~2.5kg。播种时，将种子用甲胺磷或菊酯类农药拌种防地下害虫，播后覆土1.5~2cm镇压，每亩施底肥磷酸二胺8~10kg、硫酸钾5~7kg。播种至出苗期要保持地面湿润或加覆盖物以促进出苗。穴播多按20~25cm穴距开穴，每穴点种3~10粒，覆土1.5cm，踩平，每亩播种量1kg。

2.2.2.2 育苗移栽：选土壤肥沃、排灌方便、疏松的砂壤土，要求土层深度40cm以上，在春夏季育苗，可采用撒播或条播。撒播的，直接将种子撒在平畦内，覆土2cm，每亩用种子量15~20kg，加强田间管理，适时清除杂草；条播的，行距15~20cm，每亩用种量2kg。亦可与小麦套作。

移栽时，可在秋季取苗贮藏到次年春季移栽，或在田间越冬次年春边挖边移栽，忌日晒。一般采用斜栽，株行距为（15~20）cm×（20~30）cm，起苗时应深挖，严防损伤根皮或折断芪根，并将细小、自然分岔苗淘汰。栽后踩实或镇压紧密，利于缓苗，移栽最好是浇水后或趁雨天进行，利于成活。

2.3 田间管理

2.3.1 间苗、定苗：一般在苗高6~10cm，五片复叶出现后进行间苗。当苗高15~20cm时，按株距20~30cm定苗，穴栽的按每穴1~2株定苗。

2.3.2 松土除草：当苗出齐后可进行第一次松土除草。此时苗小根浅，应以浅锄为主。以后据田间状况除草2~3次。苗田除草要求严格，及早进行人工除草，保持田间无杂草，地表层不板结。

2.3.3 追肥：黄芪定苗后要及时追施氮肥和磷肥，一般田块每亩追施硫铵15~17kg或尿素10~12kg、硫酸钾7~8kg、过磷酸钙10kg。花期每亩追施过磷酸钙5~10kg、氮肥7~10kg，促进结实和种熟。在土壤肥沃的地区，尽量少施化肥。

2.3.4 灌排水：黄芪"喜水又怕水"，管理中要注意"灌水又排水"。黄芪有两个需水高峰期，即种子发芽期和开花结荚期。幼苗期灌水需少量多次，小水勤浇；开花结荚期视降水情况适量浇水。黄芪地中湿度过大易诱发（加重）沤根、麻口病、根腐病及地上白粉病等病害，故生长期雨季应随时进行排水。

2.4 病虫害防治

2.4.1 白粉病（*Erysiphe polygoni* D. C.）：主要为害黄芪叶片，初期叶两面生白色粉状斑；严重时，整个叶片被一层白粉所覆盖，叶柄和茎部也有白粉。被害植株往往提前落叶，产量受损。

防治措施：加强田间管理，合理密植，注意株间通风透光，可减少发病。施肥以有机肥为主，注意氮、磷、钾肥比例配合适当，不要偏施氮肥，以免植株徒长，导致抗病性降低。实行轮作，尤其不要与豆科植物和易感染此病的作物连作。

药剂防治：①用25%粉锈宁可湿性粉剂800倍液或50%多菌灵可湿性粉剂500~800倍液喷雾；②用75%百菌清可湿性粉剂500~600倍液或30%固体石硫合剂150倍液喷雾；③用50%硫磺悬浮剂200倍液或25%敌力脱乳油2 000~3 000倍液喷雾；④用25%敌力脱乳油3 000倍液加15%三唑酮可湿性粉剂2 000倍液喷雾。用以上任意一种杀菌剂或交替使用，每隔7~10天喷一次，连续喷3~4次，具有较好的防治效果。

2.4.2 白绢病（*Sclerotium rolfsii* Sacc.）：发病初期，病根周围以及附近表土产生棉絮状的白色菌丝体。由于菌丝体密集而成菌核，初为乳白色，后变米黄色，最后呈深褐色或栗褐色。被害黄芪根系腐烂殆尽或残留纤维状的木质部，极易从土中拔起，地上部枝叶发黄，植株枯萎死亡。菌核可通过水源、杂草及土壤的翻耕等向各处扩散传播危害。

防治措施：①合理轮作：轮作的时间以间隔3~5年较好。②土壤处理：可于播种前施入杀菌剂进行土壤消毒，常用的杀菌剂为50%可湿性多菌灵400倍液，拌入2~5倍的细土。一般要求在播种前15天完成，可以减少和防止病菌危害。另外，也可以用60%棉隆作消毒剂，但是需要提前3个月进行，10 g/m² 与土壤充分混匀。③药剂防治：可用50%混杀硫或30%甲基硫菌悬浮剂500倍液，20%三唑酮乳油2 000倍液，用其中一种，每隔5~7天浇注一次；也可用20%利克菌（甲基立枯磷乳油）800倍液于发病初期灌穴或淋施1~2次，每10~15天防治一次。

2.4.3 根结线虫病（*Meloidogyne incognita* var. acrita）：黄芪根部被线虫侵

入后，导致细胞受刺激而加速分裂，形成大小不等的瘤结状虫瘿。主根和侧根能变形成瘤。瘤状物小的直径为 1～2mm，大的可以使整个根系变成一个瘤状物。罹病植株枝叶枯黄或落叶。在土中遗留的虫瘿及带有幼虫和卵的土壤是线虫病的传染来源。一般在 6 月上、中旬至 10 月中旬均有发生。砂性重的土壤发病严重。

防治措施：①忌连作；②及时拔除病株；③施用农家肥应充分腐熟；④土壤消毒参照白绢病。

2.4.4　根腐病：病原有多个，但主要为〔*Fusarium solani*（Mart.）App. et Wollenw.〕。被害黄芪地上部枝叶发黄，植株萎蔫枯死。地下部主根顶端或侧根首先罹病，然后渐渐向上蔓延。受害根部表面粗糙，呈水渍状腐烂，其肉质部红褐色。严重时，整个根系发黑溃烂，极易从土中拔起。土壤湿度较大时，在根部产生一层白毛。带菌的土壤和种苗是根腐病的主要初次侵染来源。病害常于 5 月下旬至 6 月初开始发病，7 月以后严重发生，常导致植株成片枯死。

防治措施：①整地时进行土壤消毒；②对带病种苗进行消毒后再栽种；③药剂防治参考白粉病。

2.4.5　锈病（*Uromyces punctatus*）：被害叶片背面生有大量锈菌孢子堆，常聚集成中央一堆。锈菌孢子堆周围红褐色至暗褐色。叶面有黄色的病斑，后期布满全叶，最后叶片枯死。一般在北方地区于 4 月下旬发生，7～8 月严重。

防治措施：①实行轮作，合理密植；②彻底清除田间病残体，及时喷洒硫制剂或 20% 粉锈宁可湿性粉剂 2 000 倍液；③注意开沟排水，降低田间湿度，减少病菌为害；④选择排水良好、向阳、土层深厚的砂壤土种植；⑤发病初期喷 80% 代森锰锌可湿性粉剂（1:800～1:600 倍液）或敌锈钠防治。

2.4.6　食心虫（*Bruchophagus sp. Etiella zinckenella* Treitschke）：为害黄芪的食心虫主要是黄芪籽蜂。黄芪籽蜂对种子为害率一般为 10%～30%，严重者达到 40%～50%。其他食心虫还有豆荚螟、苜蓿夜蛾、棉铃虫、菜青虫等，这 4 类害虫对种荚的总为害率在 10% 以上。

防治措施：①及时消除田内杂草，处理枯枝落叶，减少越冬虫源；②种子收获后用 1:150 倍液的多菌灵拌种；③药剂防治：在盛花期和结果期各喷乐果乳油 1 000 倍液一次；种子采收前每亩喷 5% 西维因粉 1.5kg。

2.4.7　芜菁：为害黄芪的芜菁共 9 种，在内蒙古丘陵或山区为害尤重。芜菁取食茎、叶、花，喜食幼嫩部分，严重的可在几天之内将植株吃成光秆。

防治措施：①农业防治，冬季翻耕土地，消灭越冬幼虫；②人工网捕成虫，因有群集为害习性，可于清晨网捕；③药剂防治，用2.5%敌百虫粉剂喷粉，每亩1.5~2 kg，或喷施90%晶体敌百虫1 000倍液，每亩用药液75 kg，均可杀死成虫。

2.4.8 蚜虫：为害黄芪的蚜虫以槐蚜为主，多集中为害枝头幼嫩部分及花穗等，致使植株生长不良，造成落花、空荚等，严重影响种子和商品根的产量。

防治措施：用40%乐果乳油1 500~2 000倍液，或用1.5%乐果粉剂，或2.5%敌百虫粉剂喷粉，每3天喷一次，连续2~3次。

3. 留种技术

秋季收获时，选植株健壮、主根肥大粗长、侧根少、当年不开花的根留作种苗，芦头下留10cm长的根。留种田宜选排水良好、阳光充足的肥沃地块，施足基肥，按行距40cm，开深20cm的沟，按株距25cm，将种根垂直排放于沟内，芽头向上，芦头顶离地面2~3cm，覆土盖住芦头顶1cm厚，压实，顺沟浇水，再覆土10cm左右，以利防寒保墒，早春解冻后，扒去防寒土。随着植株的生长，结合松土进行护根培土，以防倒伏。7~9月开花结果后，待种子变绿褐色时摘下荚果，随熟随摘，晒干脱粒，去除杂质，置通风干燥处贮藏。留种田如加强管理，可连续采种5~6年。

4. 采收与加工

4.1 采收

黄芪质量以3~4年采挖的最好。目前生产中一般都在1~2年采挖，影响了黄芪的药材质量。建议3年采挖。黄芪在萌动期和休眠期的有效成分黄芪甲苷含量较高。据此，黄芪应在春（4月末5月初）和秋（10月末11月初）二季采挖。蒙古黄芪不同物候期总皂苷含量是随着植物的生长发育而逐渐升高的，9月可达到最高值，因此从得到总皂苷角度，应在9月采收。此外，就氨基酸含量来说，3年生的高于1年生的，2年生的最低，因此最好采收3年生的。采收时可先割除地上部分，然后将根部挖出。黄芪根深，采收时注意不要将根挖断，以免造成减产和商品质量下降。

4.2 加工

将挖出的根，除去泥土，剪掉芦头，晒至七八成干时剪去侧根及须根，分等级捆成小捆再阴干。以根条粗长，表面淡黄色，断面外层白色，中间淡黄色，粉性足，味甜者为佳。干品放通风干燥处贮藏。

5. 贮藏与运输

5.1 贮藏

贮藏药材的仓库应通风、干燥、避光，必要时安装空调及除湿设备，并具有防鼠、虫、禽畜的措施。地面应整洁、无缝隙、易清洁。药材应存放在货架上，与墙壁保持足够距离，防止虫蛀、霉变、腐烂、泛油等现象发生，并定期检查。

5.2 运输

药材批量运输时，不应与其它有毒、有害、易串味的物品混装。运载容器应具有较好的通气性，以保持干燥，并应有防潮措施。

本节编写人员：周海涛　侯惠莉

第二十三节　黄连

1. 基本特征

1.1　黄连：为毛茛科植物黄连（*Coptis chinensis* Franch.）的根茎。别名味连、雅连、云连。黄连生长于高寒山地阴湿处，于海拔 1 200～1 400m 分布最广，自然植被为温带常绿阔叶林或针、阔混交林。土壤多为富含腐殖质的黄壤、山地红壤、棕壤或暗棕壤。黄连为阴生植物，怕强光，要求弱光和散射光照。喜冷凉，不耐干热，在高温的 7～8 月，白天植株多呈休眠状态。但早春如遇寒潮，易冻坏花和嫩叶，影响产量。黄连喜湿润，忌干旱，要求有较大的土壤湿度和空气湿度，但水分过多，易引起病害。黄连生长的荫蔽度，在高海拔地区宜小，低海拔地区宜大；初栽时宜大，成活后宜小。味连主产于重庆等地；雅连产于四川峨眉、洪雅及雅安等地；云连产于云南碧江、德钦、西藏察隅等地。

1.2　化学成分：根茎中主要成分为多种原小檗碱型季铵生物碱，包括小檗碱（berberine）、黄连碱（coptisine）、巴马汀（palmatine）、药根碱（jatror-rhizine）、木兰碱（magnoflorine）等。

1.3　功能主治：味苦，性寒；归心、肝、胃、大肠经。具有清热燥湿、泻火解毒等功效；主治温病热盛心烦、菌痢、肠炎腹泻、流行性脑膜炎、湿热黄疸、中耳炎、疔疮肿毒、目赤肿毒、口舌生疮及发热等症。

1.4　植株形态特征：黄连是多年生草本，株高 20～50cm。根状茎多分枝，形如鸡爪，节多而密，生有极多须根，外皮黄褐色。叶均基生，叶片坚纸质，3 全裂，中央裂片卵状菱形，羽状浅裂，侧生裂片不等，2 浅裂。花葶 1~2 顶生；聚伞花序，每个花序 3~8 朵花，花小，萼片 5 个，黄绿色；雄蕊约 20 枚；心皮 8~12。果绿色，后变成紫绿色，成熟时顶端孔裂，种子多数。花期 2~3 月，果期 3~5 月。

2. 栽培技术

2.1 选地整地

2.1.1 育苗地：选择土层深厚、疏松肥沃、富含腐殖质、排水力强、通透性能良好的油竹杂木林地，土壤以微酸性至中性，地势以早晚有斜光照射不超过 30° 的缓坡地为宜；忌连作。

播种前砍除竹、木、杂草和枯枝落叶烧灰作肥；翻耕 20cm，耙细。若选择熟地，结合翻耕，亩施厩肥及土杂肥 4 000~6 000kg，耙细，然后按 1~1.5m 宽作高畦。

2.1.2 移栽田：选地与育苗相同，整地可分下述 3 种情况。

2.1.2.1 生荒栽连：砍山，即于栽种当年 2~3 月或上年 9~10 月，把树木杂草全部砍、铲干净。竹、木材可作棚材。选晴天将表土 7~10cm 的腐殖质土挖起，用土块拌和落叶、杂草等点火焚烧，保持暗火烟熏，见明火即加土。经数日，火灭土凉后翻堆。如腐殖质层厚，只将地表腐殖土挖松，不必熏土，即所谓"本土栽连"。翻地，以深至不动底土层为限。作畦，一般宽以桩距减畦沟宽为准，并以横桩位于畦的中间为宜。畦沟宽通常不少于 33cm，深 15cm 左右。每畦两端需开横沟，以便排水。铺土，即把熏好的土或腐殖土铺在畦上，厚 15~20cm。栽种前把熏土耙细，拣净草根、石块等；畦面呈弓形。

2.1.2.2 林间栽连：选地与育苗相同，整地与生荒地栽连相同，可因地制宜作畦和选用铺熏土、腐殖质土或原土。

2.1.2.3 熟地栽连：整地前亩施厩肥或堆肥 4 000~6 000 kg，深翻 20cm 耙细作畦。其方法与生荒地栽连相同。

2.2 繁殖方法

2.2.1 播种育苗

2.2.1.1 搭棚：夏播，一般于秋季搭棚；秋播，则于整地后搭棚。育苗 2 年可搭高 60~70cm 的矮棚，棚材多选用灌木、竹子等。覆盖物不宜过密。一畦一棚。

2.2.1.2 播种：10 月或 11 月播种。亩播种子 2.5~3kg。播种前用细腐殖质土 20~30 倍与种子拌匀，按量撒播畦面，播后稍压，覆盖细土。冬季干旱地区，播后盖一层落草，以保持土壤湿润。次春解冻后，揭去盖草，以利出苗。较少采用夏播。

2.2.1.3 移栽：选用坚实耐久材料搭棚，多用木材、竹子或水泥桩作棚桩。播种出苗后第二年春季便可移栽。选阴天或晴天栽种，忌雨天栽种。取生长健壮、具 4 ~ 5 个叶片的连苗，在整好的畦面上，一般行株距均为 10cm，每亩栽苗 5.5 万 ~ 6 万株。栽苗不宜过浅，一般适龄苗应使叶片以下部分入土。

2.3 田间管理

2.3.1 补苗：黄连移栽后的幼苗阶段，由于受多种因素的影响，常有不同程度的幼苗死亡，造成缺苗。因此，栽后前三年，应及时补苗。一般补苗二次，第一次在当年秋季，第二次在次年雪化后未发新叶前。

2.3.2 除草松土：栽种当年和次年，应及时除草松表土，每年除草 4 或 5 次；移栽 3 ~ 4 年的黄连，每年除草 3 ~ 4 次，第 5 年一次。第 3 ~ 5 年除草时应结合松土。

2.3.3 追肥培土：栽后 2 ~ 3 天用稀薄猪粪便或腐熟菜饼水灌苗，也可用细碎堆肥或厩肥每亩 1 000kg 左右撒施。

2.3.4 摘除花：除留种植株外，从移栽后第二年起，均应及时摘除花。

2.3.5 荫棚管理：栽后当年郁蔽度为 80% ~ 85%。从第二年开始郁蔽度逐年减少，第四年减至 40% ~ 50%。第五年采收种子后拆去棚盖，增加光照。林间栽连栽后第一和第二年郁蔽度较大，从第三年起应注意疏枝，郁蔽度要保持在 50% 左右。每年冬、春应铲断根茎周围深 20 ~ 30cm 内的树根。雅连，每年霜降时，上冬土后应将棚架（顺杆和横杆）及其上面的盖材一齐放下，依次有序地平铺地面，把植株盖住。春季雪化解冻后，及时复架；其方法和要求同搭棚。

2.4 病虫害防治

2.4.1 白粉病（*Erysiphe polygoni* DC.）：俗称冬瓜病。5 月下旬始发，6 ~ 7 月盛发，8 月以后危害较轻。危害严重时，使叶片焦枯死亡。

防治方法：调节郁蔽度，适当增加光照，减少湿度；发病初期用庆丰霉素 80 万单位或 70% 甲基托布津可湿性粉剂 1 000 ~ 1500 倍液或波美 0.2 ~ 0.3 度石硫合剂防治。

2.4.2 炭疽病（*Colletotrichum* sp.）：5 月始发，5 月中旬至 6 月上旬盛发。危害叶片。后期病斑中间脱落、穿孔，病斑合并，使全叶枯死。

防治方法：实行轮作；选阔叶林带栽种；一年生苗发病初期用 1:1:100 ~ 150 的波尔多液或 65% 的代森锌可湿性粉剂 300 ~ 400 倍液加 0.2% 洗衣粉防治。

2.4.3 白绢病（*Sclerotium rolfsii* Sacc.）：危害黄连根茎，造成根和根茎腐烂，全株死亡。6 月初始发，6 月下旬至 7 月中旬盛发，地下茎长出白色绢丝状的菌丝和菌核。

防治方法：实行与玉米轮作 5 年以上的轮作制；发现病株，立即拔除烧毁，并用石灰粉封穴及穴周围土壤；用 50% 多菌灵可湿性粉剂 800 倍液淋浇。

2.4.4 蛞蝓：3~11 月发生，危害叶片及叶柄，严重时全部吃光，且不发新叶。可在清晨撒石灰粉防治或用毒饵诱杀。

3. 留种技术

3.1 种子采收

栽移第四年所结种子数量大（每亩可产 10kg 左右），籽粒充实饱满，发芽率高，最适合留种。立夏前后，当果实变成紫绿色并出现裂痕时，选晴天采收。

3.2 种子贮藏

采后的果实经 2~3 天全部开裂，即抖出种子，并摊放室内湿润处，厚约 1 cm，每日翻动一次，以防发热霉变。一般可保存半个月左右。若贮藏时间较长，可在室外树下湿度适宜处挖穴，或选条件适宜的岩洞，将种子与 3~5 倍的细砂或砂质腐殖土（含水量 25%~30%）拌匀，放入摊开，厚 1~2cm，上面再覆盖一层湿砂或腐殖质土。封好洞口，并稍留缝隙通气。定期检查，湿度不够时应淋水。

4. 采收与加工

4.1 采收

一般移栽后 5 年采收。选晴天挖起全株，抖去泥土后，剪去须根及叶柄，运回加工；也可抖去泥土后，全株运回，再加工。

4.2 加工

鲜黄连不能用水洗，一般采用烘干。烘到一折就断时，趁热放到竹制槽笼里来回冲撞，撞掉所附泥土、须根及残余叶柄，即为成品。通常亩产干货 75kg 左右。重庆石柱亩产可达 150kg 左右。

5. 贮藏与运输

5.1 包装

黄连在包装前应再次检查是否充分干燥，并清除劣质品及异物。所使用的包装材料为麻袋或瓦楞纸盒，麻袋和纸盒的大小可根据出口或购货商的要求而定。每件包装上，应注明品名、规格、产地、批号、包装日期、生产单位，并附有质量合格的标志。

5.2 贮藏

按黄连根茎大小分别装入麻袋或瓦楞纸盒中，置于阴凉通风干燥处，并注意防潮、霉变、虫蛀。

5.3 运输

运输工具或容器应具有较好的通气性，以保持干燥，并应有防潮措施，尽可能地缩短运输时间。同时不应与其它有毒、有害、易串味物品混装。

本节编写人员：马永升　郑素花

第二十四节　防风

1. 基本特征

1.1　防风：为伞形科植物防风［*Saposhnikovia divaricata*（Turcz.）Schischk］的根。别名关防风、东防风、旁风等。喜阳光充足、凉爽的气候条件，耐寒性强，可耐受 −30℃ 以下低温，高温会使叶片枯黄或生长停滞。成株耐旱性强，适宜在排水良好、疏松干燥的砂土壤中生长，土壤过湿或雨涝，易导致根部和基生叶腐烂。野生于草原、山坡和林边。防风为深根性植物，一年生根长 13～17cm，二年生根长 50～66cm。根具有萌生新芽和产生不定根、繁殖新个体的能力。植株生长早期，怕干旱，以地上部茎叶生长为主，根部生长缓慢；当植株进入生长旺期，根部生长加快，根的长度显著增加，8 月以后根部以增粗为主。植株开花后根部木质化、中空，甚至全株枯死。我国主产于黑龙江、吉林、辽宁、河北、山东、内蒙古等地。黑龙江省主产于西部草原杜尔伯特、安达、青岗、齐齐哈尔等地，杜尔泊特县的"小蒿子防风"驰名中外。

1.2　化学成分：含戊醛、已醛等挥发油类、亥茅酚、亥茅酚苷、补骨脂内酯、D−甘露醇等。

1.3　功能主治：性温，味甘、辛，入肝、脾、膀胱经。有解表发汗、祛风除湿等功能。主治风寒感冒、头痛、发热、无汗、关节痛、风湿痹痛、四肢拘挛、皮肤瘙痒等症。

1.4　植株形态特征：株高 30～80cm，主根粗长，表面淡棕色，散生突出皮孔。根茎处密生褐色纤维状叶柄残基。茎单生，二歧分枝。基生叶丛生，叶柄长，基部具叶鞘；叶片 2～3 回羽状分裂，最终裂片线形或披针形；顶生叶简化，无柄，具扩展叶鞘。复伞形花序，无总苞片；伞幅 5～9 个；小总苞片 4～5 片；花梗 4～9 个；花黄色或小花白色；花 5 朵。双悬果卵形，成熟后裂开成二分果，侧棱具翅，每根槽中通常有油管 1 个，合生面有油管 2 个。花期 7～8 月，果期 8～9 月。千粒重 4.13g。

2. 栽培技术

2.1　选地整地

应选地势高、干燥、向阳、排水良好、土层深厚的砂质土壤。黏土或白浆土种植根短、支根多、质量差。整地时需施足基肥，每亩施厩肥 3 000 ~ 4 000kg 及过磷酸钙 15 ~ 20kg。深耕 30cm 以上，耕细耙平，作 60cm 的垄，最好秋翻秋起垄。或作成高畦，宽 1.2m，高 15cm，长 10 ~ 20m。

2.2 繁殖方法

繁殖方式有种子繁殖或插根繁殖两种。

2.2.1 种子繁殖：播种分春播和秋播，春播 3 月下旬至 4 月中旬。秋播采收种子即可播种至地冻前，次春出苗，以秋播出苗早而整齐。春播需将种子放在 35℃ 的温水中浸泡 24h，使其充分吸水以利发芽。浸泡后捞出晾干播种。秋播可用干籽。在整好的 60cm 垄上按行距 25 ~ 30cm 开沟，均匀播种于沟内，覆土 2cm 左右，稍加镇压。每亩播种量 2 ~ 5kg。如遇干旱要盖草保湿，浇透水，播后 20 ~ 25 天即可出苗，亦可用育苗移栽法进行繁殖。

2.2.2 插根繁殖：在收获时，取 0.7cm 以上的根条，截成 3 ~ 5cm 长的根段为插穗，按行距 30cm，株距 15cm 开穴栽种，穴深 6 ~ 8cm，每穴垂直或倾斜栽入一个根段，栽后覆土 3 ~ 5cm。栽种时应注意根的上端朝上，不能倒栽。每亩用根量 50kg。

2.3 田间管理

2.3.1 间苗：出苗后苗高 5cm 时，按株距 7cm 间苗，待苗高 10 ~ 13cm 时，按 13 ~ 16cm 株距定苗。

2.3.2 除草培土：6 月前需进行多次除草，保持田间清洁无杂草。植株封行时，为防止倒伏，保持通风透气，可先摘除老叶，后培土壅根，入冬时结合场地清理，再次培土保护根部越冬。

2.3.3 追肥：每年 6 月上旬和 8 月下旬，需各追肥一次，分别施厩肥 1 000kg，过磷酸钙 15kg 追肥。追肥结合中耕培土，施入沟内即可。

2.3.4 摘薹：两年以上植株，除留种外，发现抽薹应及时摘除。减少养分消耗和根系木质化的形成，否则失去药用价值。

2.3.5 排灌：播种或栽种后至出苗前，需保持土壤湿润，促使出苗整齐。防风成株抗旱力强，成株一般不浇水。雨季应注意及时排水，防止积水烂根。

2.4 病虫害及其防治

2.4.1 病害

白粉病（*Erysiphe polygoni* DC.）：病原是真菌中的一种子囊菌，夏秋季为害叶片。被害叶片两面呈白粉状斑，后期逐渐长出小黑点，严重时叶片早期脱落。

防治方法：增施磷钾肥以增强抗病力，并注意通风透光；发病时以 50% 托布津 800 ~ 1000 倍液喷雾防治。

2.4.2 虫害

2.4.2.1 黄翅茴香螟（*Loxostege palealis* Schiffermuller.）：属鳞翅目螟蛾科。现蕾开花期发生。幼虫在花蕾上结网，咬食花与果实。

防治方法：在清晨或傍晚用90%敌百虫800倍液喷雾防治。

2.4.2.2 黄凤蝶（*Papilio machaon* L.）：属鳞翅目凤蝶科。幼虫危害花、叶，6～8月发生，被害花被咬成缺刻和仅剩花梗。

防治方法：人工捕杀；幼龄期喷90%敌百虫800倍液，每5～7天喷一次，连续2～3次，或喷青虫菌（每克含孢子100亿）300倍液。

3. 留种技术

应选择生长旺盛而无病虫为害的2～3年生植株留种。为促进开花、结实饱满，可增施磷肥。种子成熟后割下茎枝，搓下种子，晾干后装布袋内，置阴凉、通风处备用。

4. 采收与加工

4.1 采收：防风在第二或第三年10月上旬地上部分枯萎时或春季萌芽前采收。春季根插繁殖的防风，生长的好，当年就可收获。防风根部入土较深，根脆易折断，采收时须从畦的一端开深沟，顺序挖掘。根挖出后除去残留茎叶和泥土，装筐运回。

4.2 加工：晒至半干时去掉须毛，按根的粗细分级，扎成小捆，每捆1kg，晒干即可。每亩产量为防风干品250～350kg，折干率25%～30%。质量以根条肥大、平直、皮细质油，断面有菊花心者为佳。

5. 贮藏与运输

5.1 包装：包装前检查药材是否充分干燥，含水量应在12%以内。将已扎成小捆的防风按等级进行包装，国内统货常用编织袋或麻袋等包装，每袋40kg，出口药材可按要求包装，常用长50cm、宽40cm、高30cm的瓦楞纸箱包装，每箱20kg。包装上或标签上注明品名、产地、规格、包装日期、生产单位，并有质量合格标志和验收单。

5.2 贮藏：包装后置于通风、干燥、低温、防鼠的库房中贮藏，定期检查，防止霉变、虫蛀、变质、鼠害等，发现问题及时处理。

5.3 运输：运输的车厢、工具或容器要保持清洁、通风、干燥，有良好的防潮措施，不与有毒、有害、有挥发性的物质混装，防止污染，轻拿轻放，防止破损、挤压，尽量缩短运输时间。

本节编写人员：柯　健　李晓生

第一部分　植物药

第二十五节　芍药

1. 基本特征

1.1　芍药：为毛茛科植物芍药（*Paeonia lactiflora* Pall.）的根。别名杭芍、亳芍、川芍、（根据加工方法的不同，药材名分为白芍和赤芍两种）。芍药种子为下胚轴休眠类型，低温处理、赤霉素处理有促进发芽作用。芍药种子宜随采随播，或用湿沙层积于荫凉处，不能晒干，晒干就不易发芽。9月中下旬播种，播后当年生根。种子的寿命约为一年。芍药是多年生宿根性植物，每年3月份萌发出土，4月上旬现蕾，4月下旬至5月上旬开花，开花期约在一周左右，5～6月为根的膨大期，7月下旬至8月上旬种子成熟，8月下旬植株停止生长，9月上旬地上部分开始枯萎并进入休眠期。我国主产于安徽、浙江、四川，产于安徽亳州的称"亳白芍"，产于浙江杭州的称"杭白芍"，产于四川中江地区的称"川白芍"或"中江白芍"。此外，江苏、山东、江西、湖南、贵州、陕西、河北等省亦有栽培。

1.2　化学成分：白芍主要含芍药苷、羟基芍药苷、芍药内酯苷和苯甲酰芍药苷等成分。

1.3　功能主治：白芍性微寒，味苦、酸，归肝、脾经。赤芍性微寒，味苦，归肝经。白芍具有平肝止痛、养血调经、敛阴止汗的功能，主治头痛眩晕、胁痛、腹痛、四肢挛痛、血虚萎黄、月经不调、自汗、盗汗等。赤芍具有清热凉血，散瘀止痛的功能，主治温毒发斑、吐血衄血、目赤肿痛、肝郁胁痛、经闭痛经、癥瘕腹痛、跌扑损伤、痈肿疮疡等。

1.4　植株形态特征：多年生草本，高50～80cm，根肥大，通常呈圆柱形或略呈纺锤形。茎丛生，直立，无毛。叶互生，具长柄。茎下部为二回三出复叶，上部为三出复叶，小叶狭卵形、披针形或椭圆形，长5～12cm，宽2～4cm，先端渐尖或锐尖，基部楔形，全缘，叶缘骨质细乳突。花大，单生于茎的顶端，萼片3～4个，叶状，花瓣10片或更多，白色、粉红色或紫红色，雄蕊多数，心皮3～5个，分离。蓇葖果3～5枚，卵形，先端外弯成钩状，无毛。花期5～6月，果期7～8月。

2. 栽培技术

2.1　品种类型

药用芍药品种相对单一，花色主要为红色或粉红色。据调查，亳州和菏泽地区培育了 4 个农家栽培品种，如线条型、蒲棒型、鸡爪型、麻茬型。从栽培面积和产量看，线条型占 70%，蒲棒型占 20%，其他两种合占 10%。从品种质量分析，线条型为优，其特点是根条长、体质实、粉性足、产量高；蒲棒型的特点是根条短粗、体质松、产量较高；鸡爪型和麻茬型，根条多而短，品质较次。

2.2　选地整地

芍药喜温暖湿润气候，耐严寒。宜选向阳、地势干燥、土层深厚、排水良好、疏松肥沃、富含腐殖质的土壤、砂壤土或沙淤两合土栽培。芍药不宜连作，一般需间隔 2～3 年后再栽种，前茬选择豆科作物为好，产区多与高粱、紫菀、红花、菊花轮作。栽种前应精耕细作，结合耕地每亩施腐熟的厩肥或堆肥 3 000～4 000kg，然后深翻土地 30～60cm，耙平作畦，畦宽 1.2～1.5m，高 30～40cm，沟宽 30cm。在栽培地四周，还要开设排水沟，以利排水。

2.3　繁殖方法

芍药的繁殖方式主要有芍头繁殖、分根繁殖和种子繁殖。

2.3.1　芍头繁殖：在收获芍药时，切下根部加工成药材。选取形体粗壮，芽苞饱满，色泽鲜艳，无病虫害的芽头作繁殖用。切下的芽头以留有 4～6cm 的根为好，过短难于吸收土壤中养分，过长影响主根的生长。然后按芍头的大小、芽苞的多少，顺其自然用不锈钢刀切成 2～4 块，每块有 2～3 个芽苞。将切下的芍头置室内晾干切口，便可种植。若不能及时栽种，也可暂时沙藏或窖藏。沙藏的方法：选平坦干燥处，挖宽 70cm、深 20cm 的坑，长度视芍头的多少而定，坑的底层放 6cm 厚的沙土，然后放上一层芍头，芽苞朝上，再盖一层沙土，厚约 5～10cm，芽苞露出土面，以后经常检查贮藏情况，保持沙土不干燥为原则。储备至 9 月下旬至 10 月上旬取出栽种。栽时按行、株距 60×40cm 开穴，穴深 10～15cm，穴径 15～20cm，栽前先在穴底施入适量腐熟的厩肥或灶灰，肥上覆一层薄土，每穴放入健壮芍芽 1～2 个，芽苞朝上，用手覆土固定芍芽，以芽头在地表以下 3～5cm 为宜。栽后施以腐熟的人畜粪便，再盖熏土和原土，将畦面耧成龟背形即可。每亩栽芍头 2 500 株左右。

2.3.2　分根繁殖：在收获芍药时，切下粗壮的根部加工成药材。选择笔竿粗细的芍根，按其芽和根的自然形状切分成 2～4 株，每株留芽和根 1～2 个，根长宜 18～22cm，剪去过长的根和侧根，供栽种用。每亩用种根 100～120kg。

2.3.3　种子繁殖：8 月中、下旬，采集成熟而籽粒饱满的种子，随采随播。若暂不播种，应立即用湿润黄沙（1份种子，3份沙）混拌贮藏于荫凉通风处，至9月中、下旬播种。播种可采用条播法，按行距20~25cm开沟，沟深3~5cm，先在沟内淋入清淡粪水，将种子均匀地撒入沟内，覆灶灰和细土将畦面耧成龟背形，再铺盖一层薄草，保温保湿。翌年4月上旬，幼苗出土时，及时揭去盖草，以利幼苗生长。由于种子繁殖，苗株需要2~3年才能进行定植，生长周期长，故生产上应用较少。每亩用种量30~40kg。

2.4 田间管理

2.4.1 中耕除草：早春松土保墒。芍药出苗后每年中耕除草和培土3~4次。10月下旬，在离地面5~7cm处割去茎叶，并在根际周围培土10~15cm，以利越冬。

2.4.2 施肥：芍药是喜肥植物，除施足基肥处，每年要进行追肥3~4次，春夏应以人粪尿以及碳酸铵为主，秋冬以土杂肥、厩肥为主。施肥量在第一、二年较少，第三、四年用量应增多。肥料种类，药农喜以棉饼、菜子饼肥与农家肥各一份，掺匀并发酵，每亩每次施肥100kg，或施过磷酸钙100kg。施肥时，应在植株两侧开穴施入。

2.4.3 排灌：芍药喜旱怕水，通常不需灌溉。严重干旱时，宜在傍晚浇水。多雨季节应及时排水，防止烂根。

2.4.4 亮根：亳白芍生长2年后，每年在清明节前后，将其根部的土扒开，使根露出一半晾晒，此法俗称"亮根"，晾5~7天，再培土壅根，这不仅能起到提高地温、杀虫灭菌的作用，而且能促进主根生长，提高产量。

2.4.5 摘蕾：为了减少养分损耗，每年春季现蕾时应及时将花蕾全部摘除，以促使根部肥大。

2.5 病虫害防治

2.5.1 芍药灰霉病（*Botrytis paeoniae* Oud.）：为害芍药的茎、叶及花，一般在花后发生，高温多雨时发病严重。受害叶部病斑褐色，近圆形，有不规则轮纹；茎上病斑棱形，紫褐色，软腐后植株倒伏；花受害后变为褐色并软腐，其上有一层灰色霉状物。

防治方法：栽种前用35%代森锌300倍液浸泡无病的芍头和种根10~15分钟后再下种；发病初期，可用1：1：120波尔多液喷洒，每7~10天一次，交替连喷3~4次；合理密植，加强田间通风透光，清除被害枝叶，集中烧毁，减少病害的发生；忌连作，宜与玉米、高粱、豆类作物轮作。

2.5.2 芍药锈病［*Cronartium flaccidum*（Alb. et Schw.）Wint.］：是一种由真菌引起的病害，危害叶片。5月上旬开花以后发生，7~8月发病严重。

初期在叶背出现黄色、黄褐色颗粒状夏孢子堆，后期叶面出现圆形和不规则的灰褐色斑，背面则出现刺毛状的冬孢子堆。

防治方法：发病初期，可喷洒97%敌锈钠400倍液和15%粉锈宁，每7天一次，连喷数次；收获时，清除残株病叶或集中烧毁，以消灭越冬的病原菌。

2.5.3 芍药软腐病［*Rhizopus stolonifer*（Ehreb. Ex Fr.）Vuill.］：主要为害芽头。病菌多从芍芽切口侵入发病。发病初期切口处出现水渍状褐色病斑，后变软呈黑色，手捏可流出浆水。病部常有灰白色绒毛，后顶端生出小黑点，最后干缩僵化。

防治方法：软腐病系病菌从芍芽切口侵入，故贮藏芍芽的沙土，最好用50%多菌灵800~1 000倍液消毒处理，并贮在通风干燥处。

此外，芍药尚有：叶斑病、叶霉病、根腐病、芍药炭疽病、芍药轮斑病、芍药疫病等多种病害为害芍药。

2.5.4 蛴螬：为华北大黑鳃金龟（*Holotrichia oblita* Faldermann）和暗黑鳃金龟（*Holotrichia parallela* Motschulsky）的幼虫。主要咬食芍根，造成芍根凹凸不平的孔洞。

防治方法：①在成虫盛发期，点灯或日落后树下烧火诱杀；或用40%乐果乳油1 500倍液喷射。②幼虫可用90%敌百虫1 000~1 500倍液根部浇注；或用百部、苦参、石蒜提取液浇灌。

2.5.5 小地老虎：除进行人工捕捉外，4月至6月，可用90%敌百虫1 000~1 500倍液根部浇灌。

3. 留种技术

3.1 芍头繁殖法：芍药收获时，选取形体粗壮，芽苞饱满，色泽鲜艳，无病虫害的芍药全根，切下含芽苞在内长约4~6cm的根部（切下的主根部分加工成药材），每块芍头有2~3个芽苞。用不锈钢刀切成若干块，然后将切下的芍头置室内晾干切口，或在切口处蘸些干石灰，使切口干燥，用沙藏法（参见芍头繁殖法）贮藏窖内或室内，储备至9月下旬至10月上旬取出栽种。每亩需用芍头2 500块左右。

3.2 芍根繁殖法：参见芍头繁殖法留种技术。每亩用芍根100~120kg。

3.3 种子繁殖法：7月下旬至8月上旬，收获成熟的芍药果实，放室内阴凉处堆放10~15天，边脱粒边播种，播种后盖草保湿、保温。

4. 采收与加工

4.1 采收

芍药一般种植3~4年后采收，采收时间多在8~10月，过早过迟都会影响产量和质量。采收时，宜选择晴天割去茎叶，先用鹰嘴抓钩掘起主根两侧泥土，再掘尾部泥土，挖出全根，起挖中务必小心，谨防伤根。亳白芍因品种不同，采收时间亦不同，"线条"型芍药一般在栽后4~5年采收。"蒲棒"型芍药一般在栽后的第三年收获。

4.2　产地加工

4.2.1　传统白芍加工法：挖出全根，去净泥土，修去头尾和支根，在修切芍头时，注意选留健壮饱满的芍芽作种栽用。将修好的芍根按粗细分为大、中、小3档，清水洗净，然后放入已烧开的沸水中烫煮，煮时要不断翻动。粗根煮约15分钟，中根煮10分钟，细根煮约5分钟，待芍根表皮发白，有香气，手能捏动，竹签能不费力穿透或能用手将根折断，内外色泽一致，即表明已煮透。煮烫时，宜3~4锅换一次清水，勤换水，芍条色白，将煮透的芍根迅速捞出浸入凉水中，用竹片或不锈钢刀刮去外皮。去皮后，切齐头尾及时出晒干燥。晒时要经常翻动，切忌强光暴晒，通常上午晒，中午收回，下午2时以后再晒，晒至7~8成干（否则会出现"刚皮"即外皮刚硬，内部潮湿，易发霉变质，一般以多阴少晒为原则），装入麻袋或堆放室内，用草包或芦席盖上，闷2~3天，使内部水分蒸出，然后再晒3~5天，反复至内外完全干燥。如果刮皮后，遇阴雨天，可先用硫磺熏一次，然后摊放通风处，可防止发霉。

4.2.2　生晒芍加工法：生晒芍主要出口日本及东南亚国家。有全去皮、部分去皮和连皮3种规格。全去皮：即不经煮烫，直接刮去外皮晒干；部分去皮：即在每支芍条上刮3~4刀皮；连皮：即采挖后，去掉须根，洗净泥土，直接晒干。去皮与部分去皮的白芍，当地药农和科研单位认为在晴天上午9时至下午3时进行比较好，用竹刀或玻璃片刮皮或部分刮皮，晒干即得。

4.2.3　规格：干燥的芍药以条粗长、身干体坚、色白、粉性足、切口整齐、无虫蛀、无霉变者为佳。亳白芍的商品规格分为8个等级。一等：长8cm以上，中部直径1.7cm以上，无芦头、无花麻点、破皮、裂口、夹生、杂质、虫蛀及霉变；二等：长6cm以上，中部直径1.3cm以上，间有花麻点；三等：长4cm以上，中部直径0.8cm以上，间有花麻点；四等：长短粗细不分，兼有夹生、花麻点、破条、头尾、碎节或未去净栓皮，但无枯芍、杂质、虫蛀、霉变；五等花片：芍药头切去芍药余下部分经加工后的切片，边缘不规则，内有白圈和糖心，无虫蛀，霉变；六等花个：外皮被害虫咬伤留有较深的痕迹，或有内伤，断面发黑，或有炸心、白圈、夹生、无虫蛀、霉变；七等狗头：芍药头切去芍芽余下的块状部分，无虫蛀及霉变，不黑心；八等花帽：主、侧根经加工后两头切下的部分，无黑皮、碎末、不霉变。

5. 包装、贮藏与运输

5.1　包装与贮藏：白芍干燥后，按等级用麻袋或木箱包装，每件50kg，贮藏于设有货架，阴凉、通风、干燥的仓库中。包装袋或木箱上应贴上注有品名、规格、产地、批号、包装日期、生产单位的标签和附有质量合格的标志。出口白芍还应贴上出口标识和使用国文字。由于本品富含淀粉，容易生霉、虫蛀、变色，因此贮藏期间要定期检查，一旦发现有生霉、虫蛀和变色的现象，应立即翻晒和处理。有条件的地方可进行密封抽氧充氮养护。

5.2　运输：白芍为大宗药材，需求量较大，运输时尽量不要与其它有毒、有害、有异味的药材混装。运输车辆和运载工具应清洁，装运前要消毒。运输中尽可能地缩短运输时间。

本节编写人员：柯　健　谭　玮　宋晓丽

第一部分　植物药

第三章　全草类

第一节　淫羊藿

1. 基本特征

1.1　淫羊藿：淫羊藿为小檗科淫羊藿属植物，落叶或常绿的多年生草本。淫羊藿属植物全世界约50种，我国约产40余种，并为该属的地理分布中心。《中国药典》记载有淫羊藿、箭叶淫羊藿、柔毛淫羊藿、巫山淫羊藿。

1.2　化学成分：淫羊藿全草含淫羊藿甙、淫羊藿素、β-去水淫羊藿素及去氧甲基淫羊藿甙、苦味质、鞣质、挥发油等。地上部分还含有葡萄糖、蜡醇、果糖、三十一烷醇、棕榈酸、木兰花碱、植物甾醇、银杏醇、花色素、槲皮素、咖啡酸及阿魏酸等。地下部分含5种去氧甲基淫羊藿甙A和4种木脂素：橄榄脂素、淫羊藿树脂醇、淫羊藿树脂醇-4′-β-D-葡萄吡喃糖甙及橄榄脂素-4′-β-D-葡萄吡喃糖甙等。

1.3　功能主治：性温，味苦、甘，归肝、肾经。温肾壮阳，强筋骨，祛风湿。主要功效是滋阴补阳、延年益寿、抗老年痴呆症、补肾等。

2. 栽培技术

2.1　保护抚育地选择

淫羊藿属植物为阴生植物，全生育期忌阳光直射。其自然分布于低、中山的灌丛、树林下或林缘等半阴的环境中。生于阴坡的淫羊藿明显优于阳坡；生于沟谷腐殖质土的淫羊藿高大粗壮。其对土壤的要求亦比较严格，以中性偏酸或稍偏碱、疏松、含腐殖质、有机质含量丰富的壤土或砂壤土为好。若土壤板结则不利于淫羊藿生长。

2.2　繁殖材料与繁殖方法

2.2.1　繁殖材料鉴定：淫羊藿或粗毛淫羊藿的带根茎的种苗及其地下具芽头根茎尚可应用种子繁育实生苗。现阶段的巫山淫羊藿或粗毛淫羊藿的繁殖材料，以其带根茎的野生苗为主，亦可用其地下具芽头根茎或种子繁育的人工实生苗。

2.2.2　繁殖材料质量

无性繁殖种苗质量标准：淫羊藿种苗分为 3 级。1 级，茎粗 0.20 ~ 0.25cm，根茎具 4 个芽头；2 级，茎粗 0.15 ~ 0.20cm，根茎具 2 ~ 3 个芽头；3 级，茎粗 0.1 ~ 0.15cm，根茎具 1 个芽头。根茎质量，视其芽或芽眼的多少，分成 2 ~ 3cm 大小的种块，每个种块保留 1 ~ 2 个芽或芽眼；剔除失去活力的根茎，混合均匀，即可供繁育种苗用，其人工培育实生苗分级同上。粗毛淫羊藿种苗亦分为 3 级。1 级，茎粗 0.15 ~ 0.20cm，根茎具 4 个芽；2 级，茎粗 0.1 ~ 0.15cm，根茎具 2 ~ 3 个芽头；3 级，茎粗 0.05 ~ 0.10cm，根茎具 1 个芽头。根茎质量与根茎人工培育实生苗分级同上。

淫羊藿种子为长椭圆形，3.6 ~ 3.9mm × 0.9 ~ 1.2mm，褐色，种子有皱纹；一、二、三级种子千粒重分别为 2.4g、2.2g、2.0g；粗毛淫羊藿种子为长椭圆形，4.1 ~ 4.7mm × 1.4 ~ 1.6mm，褐色，种子有皱纹；一、二、三级种子千粒重分别为 5.0g、4.8g、4.5g。

2.2.3　良种繁育与育苗

良种圃：淫羊藿或粗毛淫羊藿来源清楚，淫羊藿或粗毛淫羊藿的纯度分别在 95% 以上者（无论野生或人工培育的实生苗地），均可分别为其良种采种圃。

育苗圃：经过鉴定的淫羊藿或粗毛淫羊藿的根茎或种子作为其育苗材料，分别进行根茎育苗或种子育苗。

淫羊藿或粗毛淫羊藿的根茎育苗圃的基质，均以腐殖土为最好，其次为菜园土；下种量以每平方米 3kg 为宜；根茎处理以用 200 倍"世星"溶液消毒为佳。

目前，在淫羊藿或粗毛淫羊藿规范化种植与保护培育中，其繁殖技术以无性繁殖（分株繁殖或根茎繁殖）为主，有性繁殖为辅。

2.2.4　无性繁殖

选种及种苗处理：选阴天采挖多年生野生淫羊藿或粗毛淫羊藿健壮植株，按地下横走茎的自然生长状态及萌芽情况分株与分级。每株带 2 ~ 3 苗或 1 ~ 2 芽，剪去地上部分，留长 5 ~ 10cm；剪去过长的须根，留长 3 ~ 5cm；去掉干枯枝叶，捆成小束（把）备用待种。在分株过程中，应视每株地下根茎的发育状况进行分株，不可强分，以免伤根，否则不利于实生苗植株的萌发。

淫羊藿或粗毛淫羊藿的根茎育苗圃选取种苗时，当植株长到 10 ~ 13cm 即可起苗，再同上法进行种苗处理后供移栽定植；所选的种苗亦应做到去弱留强，去病留健。种苗采回后，应及时处理与定植移栽；如不能及时处理与移栽定植，应假植或放于阴湿处保存。

移栽定植：移栽定植时间为10月下旬至翌春3月下旬，在淫羊藿或粗毛淫羊藿的地下块茎处于萌芽时移栽定植。其移栽定植方法可采用沟植或窝植，行株距20cm×20~25cm，深10~15cm，每亩下种量75~100kg，每亩6 000~8 000窝，每亩施底肥量2 000kg。如果肥料采用点施，种植时应将肥料与土壤充分拌匀后种植，切忌将植株直接栽种于肥料上。定植时应将其根系伸展，以免"压根"影响根的伸展和子芽的萌发。覆土5cm，压紧，使根系与土壤充分接触，以利于萌发。种后浇足定根水。移栽定植时，若有余苗（或有余剪下的根茎），可植于阴湿、富含腐殖质的地块，以备种植补苗用。从起苗到移栽定植的时间，以不超过7天为宜。

2.2.5 有性繁殖

采种与保存：5~6月淫羊藿或粗毛淫羊藿的种子均陆续成熟，当蒴果由绿变黄，并出现背裂，大部分种子成熟时即应采收。采收过迟，种子散失；过早，种子尚未成熟，种子发芽率低或甚至不发芽。采收时，连果序一起剪下，放于室内阴凉干燥处脱粒。每个蒴果种子数11~15粒。

种子处理与育苗：采用温汤浸种，置于室温下，保持种子湿度，其发芽率可达45%。

将当年采收、室温贮存并经处理的淫羊藿或粗毛淫羊藿种子播于腐殖土苗床中，覆土1cm左右，经常保持土面湿润，注意观察种子发芽和幼苗生长情况，出苗后，3~6月苗高可达2~5cm，每株1~3个叶片。

假植炼苗：幼苗在播种苗床内长到3~6cm，具1~2片真叶时，可将其起苗假植于荫棚内的假植床中。假植时，按3×4cm的密度择阴天进行栽植。假植时还要注意栽植的深度，一般2cm左右，并压紧根部使根与土壤充分接触，然后再浇足定根水。

移栽定植：10月下旬至翌春3月下旬，当苗高8~10cm，具2~3片真叶时，可陆续取苗出圃移栽定植。其移栽定植方法与注意事项，与上述无性繁殖的移栽定植相同。

2.2.6 种植与保护培育管理

种植基地与培育基地的整地或清地：淫羊藿或粗毛淫羊藿规范化种植与保护培育地适生条件要求，于9~10月整地，精耕细耙（应深翻20~30cm），并结合整地，亩施底肥1 000~3 000kg有机肥，以加速土壤的培肥熟化。底肥也可在种植时点施或沟施。耙细整平作畦，畦宽1.2m，高20cm，畦间留作业道30cm，四周开好排水沟，不同品种间须设隔离带。如果选地裸露，无遮阴条件，可间作高秆作物如玉米或其他木本药材，为淫羊藿生长创造阴湿条件。如果所择基地为坡地、生荒地，整地时宜先割去杂草，集中堆沤，留乔木和灌木，以作遮阴条件。耕作时，须严格等高耕作。

对于成片淫羊藿或粗毛淫羊藿保护培育基地，还应根据该基地的实际，制定其保护培育与半野生种植规划及实施方案。其内容主要包括清场整地、修枝剪蔓、补株除草、遮光培育及修路建房管护等。一般情况下，除选留的自然架树和能成材树种外，尚应清除与淫羊藿或粗毛淫羊藿争肥、争水及争萌发等的野生植物。

2.3　田间管理

2.3.1　补苗：翌春 2～3 月出苗后，若发现死苗、弱苗、病苗应及时拔除，选阴天补苗种植，以保证基本苗数。

2.3.2　搭棚遮阴：无自然遮阴条件的地块，应搭棚遮阴，使光照度达 2 000～2 300lx 为好。高棚 1.8～2.0m，矮棚 1～2m。林下种植，应对树枝作适当修剪，以合理调节其透光度。

2.3.3　中耕除草：视草情、土壤墒情，适时除草中耕，以疏松土壤，除去杂草。但对于无遮阴条件的裸露地，也可利用部分蒿草作为淫羊藿苗的遮阴条件。

2.3.4　灌溉：阴湿是淫羊藿生长的必要条件，尤其是出苗后的一个月，是促进幼苗生长的关键时期，应适时灌溉，保证阴湿；雨后，如地面积水严重，应及时开沟防渍。

2.3.5　追肥：幼苗出土后的一个月是巫山淫羊藿或粗毛淫羊藿生长的关键时期，应结合灌溉、松土，及时追施提苗肥，亩施 1 000kg 腐熟的人畜粪便或适量饼肥。收割后亩施 1 000～3 000kg 有机肥，如堆肥、土杂肥或充分腐熟的人畜粪便等，以补充土壤营养的消耗。

2.3.6　冬季管理：清园是冬季管理的主要工作，将园中枯枝落叶清除，集中堆沤或烧毁，以减少病虫害的发生。

2.3.7　病虫害防治：目前，淫羊藿或粗毛淫羊藿病虫害发生较少，仅偶见小甲虫和煤污病发生，可采用农业综合防治法，以提高植株的抗逆性，减少其病虫害的发生。

3．采收、加工

3.1　采收

3.1.1　采收时间：栽培 2 年后便可开始采收，通常一年采收 2 次。第一次可于夏季 6 月果熟后采收，第二次可于秋季 11 月采收。

3.1.2　采收方法：从地面割取地上部分。连续采割 3～4 年后，应轮闲 2～3 年以恢复种群活力。

3.2　加工

产地加工：除去杂质，扎成小束，置于阴凉、通风、干燥处阴干或晾干。

3.3 贮藏与运输

本品产地加工与包装好后，应于通风干燥处或专门仓库室温下贮藏。仓储应具备透风除湿设备及条件，货架与墙壁的距离不得少于1m，离地面距离不得少于0.5m。水分超过10%的淫羊藿不得入库。库房应有专人管理，防潮，防霉变，防虫蛀；库存淫羊藿商品应定期检查与翻晒。淫羊藿运输时，不得与农药、化肥等其他有毒、有害的物质或易串味的物质混装。运载容器应具有较好的通气性，以保持干燥，遇阴雨天气应严密防雨、防潮。

4. 开发与利用

据多年的临床用药实践及对淫羊藿的系统研究证明，除了传统的医药价值及使用范围外，还发现许多新的药理作用及新用途，为进一步开发利用淫羊藿这一传统中药材提供了可靠的依据。淫羊藿的新用途包括许多方面的内容，综合起来，主要有几个方面：抗衰老，通过调节中枢神经递质水平及酶的代谢改善学习记忆等，延续脑组织衰老；促进骨骼生长，阻止钙质流失，防止衰老及激素水平下降所造成的骨质疏松，促进骨细胞活力的功能，使钙化骨形成增加；改善造血系统障碍，对白血病的治疗具有一定的效果；增加机体细胞免疫功能，抗拮病原体的损害和入侵；改善脑缺血和脑缺氧，治疗卒中易感型自发性高血压、冠心病和心绞痛；治疗性机能障碍；有祛痰、镇静、抗病毒、抗炎、降糖等药理活性，临床上还用于治疗老年性支气管炎、脊髓灰质炎、肠道病毒感染等疾病。

淫羊藿药用价值和应用领域的拓宽，为研制、开发、生产以淫羊藿为原料的中成药制剂产品提供了良好的条件。据预测，在今后一段时期内，淫羊藿类中成药及其相关产品将会陆续进入市场，淫羊藿的市场容量也会迅速增加，市场容量大幅度增长。淫羊藿为野生中药材，主要生长于阴湿的山沟中，分布环境较特殊，野生资源是极为有限。故此，为了避免因开发利用对野生淫羊藿资源造成过度的破坏，从现在起，我们应该做好淫羊藿资源的保护工作，做到开发利用与资源保护两不误，使有限的野生中药材资源得到永久利用。

本节编写人员：毋建民　赵秀兰

第二节　石斛

1. 基本特征

1.1　石斛：兰科植物环草石斛、马鞭石斛、黄草石斛、铁皮石斛或金钗石斛的新鲜或干燥的茎。为名贵中药材，《神农本草经》中被列为上品。为多年生草本植物，常附生于 480~1 700m 的林中或岩石上，喜温暖湿润的气候条件，生长适温 18~30℃，生长期以温度 25℃、湿度 80% 更为适宜，休眠期 16~18℃最佳，夜间温差保持在 10~15℃。白天超过 30℃对石斛的生长影响不大，幼苗 10℃以下易受冻害。石斛虽生长在林中，但栽培上还是比较喜光，最适光照 2 000lx，夏秋遮光 50%，冬季遮光 30% 为宜。我国主产广西、贵州、广东、云南、四川等省，淮河、秦岭以南均有分布。

1.2　化学成分：石斛含石斛碱、石斛胺、石斛次碱、石斛星碱、石斛因碱、6-羟石斛星碱，还含有黏液质、淀粉。

1.3　功能与主治：具有生津益胃，清热养阴的功效。治热病伤津，口干烦渴，病后虚热，阴伤目暗等症。

1.4　植物形态：铁皮石斛呈圆柱形或扁圆形，长约 30cm，直径 0.4~1.2cm，表面黄绿色，光滑或有纵纹，节旺显，色较深，节上有膜赤鞘。肉质，多汁，易折断，气味微苦而甘甜，嚼之有黏性，金钗石斛呈扁圆柱形，长约 20~40cm，直径 0.4~0.6cm，节间长 2.5~3cm，断面平坦，嚼之有黏性，无纤状态。

2. 栽培技术

2.1　繁殖方法

2.1.1　分株繁殖：一般在种植量较小或家庭少量栽培时常用分株繁殖，分株繁殖一般在春季进行。将植株取出，去掉栽培基质，剪去老根、枯根，假鳞茎上有花蕾的要去掉，减少养分消耗，从植株丛生茎的基部用利剪分开，分成几丛，每丛 3~4 个假鳞茎，分别栽入新的基质中，分切时要少分根系，使用的剪刀要进行消毒。分株栽培后要遮阴处理，保持栽培基质湿润，不浇水，空气经常喷雾，保持较高湿度，一周后进行正常管理。

2.1.2　分栽高芽：生长三年以上的春石斛茎上可长出完整小植株，当小植株具有 3~4 片叶，3~5 条根，根长 4~5cm 时，一般在秋季即可从母株上剪下，另行栽植，伤口处用 70% 代森锰锌可湿性粉剂处理，移栽后喷雾保持较高湿度，温度 25℃下进行正常管理。

2.1.3　扦插繁殖：在石斛生长期 5~8 月，选择未开花且发育完整的当年生茎做插条，将茎剪成几段，每段具有 2~3 节，伤口用 70% 代森锰锌涂抹消毒。扦插基质一般用糠类，扦插前给基质喷水，保持湿润但无积水。将茎段的 1/2 插入基质，茎段顶端向上。扦插后要放置在半阴湿润环境中，湿度 25℃下，基质保持半干燥状态，一周内不浇水，经常喷雾，保持湿润，1~2 月后节部即萌发新芽并长出新根，形成新植株，连同老茎进行移栽即可。

2.2　大田栽培技术

目前以大田无土栽培方法最为有效。选择通风朝阳有遮荫条件的地块，搭建成温室遮阴棚。

2.2.1　建圃作畦：棚内用砖铺三层（下两层排列留足空隙）或用竹篱笆搭建平台以利渗水，上铺栽培基质直径为 0.5~1.0cm 碎石子，碎栓皮，锯末按 1:2:3 混合，铺设成畦宽 1.5m，厚 7cm 的畦床。

2.2.2　栽植：春栽 5 月，秋栽 7 月进行。按 10×10cm 窝行距栽植，每窝栽 3~5 株，每平方米 400 株左右。

2.2.3　栽后管理：（1）浇水与施肥：新栽幼苗要加强水分控制，保持畦床基质湿润，棚内相对湿度 80%，过干影响成活率，过湿容易烂根。早春季节 7 天浇水一次，4~5 月气温回升，新芽开始旺盛生长增加浇水量，每 3~5 天浇水一次，浇水在每天 10 时前进行，栽后一月成活后可每 15 天（夏秋季）喷叶面肥 0.3% 磷酸二氢钾或"斯泰纳"营养液一次。并且有升温、降温设备，干热时要用布水帘，可喷雾以增加空气湿度。以后 7 天施肥一次，冬季停止施肥。（2）温度与光照调节：石斛喜温湿的环境，春石斛的适宜生长温度为 20~25℃，夏季高于 30℃时要进行降温，开动风机及湿帘系统降温。冬季温度不低于 10℃，小苗越冬温度要高一些，否则易受冻害。在秋季经过一段时间低温干燥处理，有利于花芽分化。适宜的昼夜温差在 10~15℃。石斛较喜光照，耐半阴，夏季遮光 50%，秋季中午遮光 30%，冬季不遮光。光照不足，春石斛的假鳞茎生长细弱，易感染病虫害。石斛喜欢新鲜空气，要求通风良好，有利于石斛生长。

2.3　病虫害防治

2.3.1　病害防治：石斛的生长环境温暖湿润，容易产生病害。常见病害有：石斛炭疽病，石斛斑点病，石斛软腐病等。炭疽病又称黑纹斑病，是常见的真菌病害之一，主要危害叶片，发病时叶面上出现黑褐色或淡灰色的小区，其上有许多黑点聚生成带状或环状。防治方法：加强通风、光照，摘除病叶。用50%的多菌灵0.125%浓度的溶液或65%的代森锌0.125%浓度喷洒防治。石斛斑点病，主要危害叶片，发病时黑褐色小斑点扩大，中心部位坏死呈褐色。防治方法：加强通风，及时摘除病叶，喷洒75%百菌清可湿性粉剂0.167%浓度的溶液防治。石斛软腐病是一种细菌性病害，从根茎侵染。发病植株成黄褐色软化腐烂状，有褐色水滴浸出，有特殊臭味。防治方法：加强通风，栽培基质不要积水，及时摘除病叶，拔除病株。用0.5%波尔多液或200mg/L农用链霉素或甲基多磷喷洒。

2.3.2 虫害防治：石斛常见虫害有吸取汁液的红蜘蛛、蚜虫、蓟马，介壳虫等。防治方法：用氯化乐果或三氯杀螨醇0.125%浓度的溶液每月喷杀一次。食叶的虫害有：蜗牛、蛞蝓、蝗虫、蟋蟀和一些蛾类的幼虫。防治方法：可用蜗克星喷杀，也可用诱捕法杀灭或用石灰粉撒于四周防止其进入，咬食嫩叶、嫩芽。

3. 采收加工

将生长三年以上的老茎，从基部剪下，阴干或鲜品出售，亦可采收后除去杂质，用开水略烫或烘软，再边搓边烘晒，至叶鞘搓净，干燥，铁皮石斛。加工成"枫斗"或呈"龙头凤尾"状或加工成"耳环"石斛。鲜品置阴凉潮湿防冻处保存。干品置通风干燥处，防潮保存。

本节编写人员：马永升　周海涛　张　海

第三节　益母草

1. 基本特征

1.1 益母草：为唇形科植物益母草（*Leonurus japonicus* Houtt.）的新鲜或干燥的地上部分。鲜品春季幼苗期至初夏花前期采收；干品夏季茎叶茂盛、花未开或初开时采收，晒干，或切段晒干。益母草为喜光、喜湿润气候的植物，在阳光充足的条件下生长良好，也较耐阴，一般栽培农作物的平原及坡地均可生长，以较肥沃的土壤为佳，需要充足水分条件，但不宜积水，怕涝。但花期必须具有一定的光照和温度条件，籽粒才能发育良好。益母草生长适温为22～30℃，15℃以下生长缓慢，0℃以下植株会受冻害，但在35℃以上植株仍生长良好。全国大部分地区均有分布。

151

1.2 化学成分：细叶益母草含益母草碱（leonurine）、水苏碱（stae-hydrine）、益母草定（leonuridine）、益母草宁（leonu-rinine）等多种生物碱及苯甲酸、多量氯化钾、月桂酸（lau-ric acid）、亚麻酸（linolenic acid）、油酸、图醇、维生素 A、芫香贰等成分。

1.3 功能主治：性微寒，味苦、辛。归肝、心包经。活血调经，利尿消肿。用于月经不调、痛经、经闭、恶露不尽、水肿尿少、急性肾炎水肿。

1.4 植物特征：益母草植株直立，株高 30～120cm。茎方柱形，有 4 钝棱，多分枝，有倒向白色糙毛，下部无毛。叶片对生，叶变化较大，其基生叶和下部茎生叶在花期脱落，卵形至近圆形，掌状 3 裂，中裂片菱形，3 小裂，两侧裂片 1～2 小裂，长 2～12cm，宽 2～8cm；茎中部的叶菱形，较小，2 回或 3 回深裂，常分裂成 3 个或偶有多个长圆状线形的裂片；花序上的叶片线形或披针形，叶面绿色，有糙毛，叶背淡绿色，被茸毛和腺点。下部叶具长柄，长 0.5～2cm，向上叶柄渐短以至无柄。轮伞状花序腋生，具花 8～15朵，花粉红色至紫红色，二唇形，长 12～13mm，被微茸毛，有明显的纵脉，裂片宽三角形，冠筒内面有不明显的毛环，上唇全缘，外面被毛，下唇 3 裂，中裂片倒心形，边缘膜质，基部缢缩，里面有鳞状毛，苞片披针形，长约5mm，基部弯曲，外伸，有细毛，花萼管状钟形，长 6～8mm，5 齿，前 2 齿靠合，齿端刺尖，雄蕊 4 枚，前 1 对较长，花药 2 室，花柱先端 2 裂。小坚果长圆状三棱形，长约 2.5mm，顶端截平，基部楔形，淡褐色。四季均可开花，但以夏、秋季开花结实较好。

2. 栽培技术

2.1 选地整地

益母草分早熟益母草和冬性益母草，一般均采用种子繁殖，以直播方法种植，育苗移栽者亦有，但产量较低，仅为直播的 60%，故多不采用。备种：选当年新鲜的、发芽率一般在 80% 以上的籽种。穴播者每亩一般备种 400～450g，条播者每亩备种 500～600g。

选地应选择肥沃，疏松，排灌方便的沙壤土地种植。播种前整地．每亩施堆肥或腐熟厩肥 1 500～2 000kg 作底肥，施后耕翻，耙细整平。条播者整130cm 宽的高畦，穴播者可不整畦，但均要根据地势，因地制宜地开好大小排水沟。

2.2 播种

2.2.1 播种时间：早熟益母草秋播、春播、夏播均可，冬性益母草必须秋播。春播以雨水至惊蛰期间（2 月下旬至 3 月上旬）为宜；北方为利用夏季休闲地种植，采用夏播，在芒种收麦以后种植，产量不高；低温地区多采取秋播，以秋分至寒露期间（9月下旬至10月上旬）土壤湿润时最好。秋播播种期的选择，直接关系到产品的产量和质量，过早，易受蚜虫侵害；过迟，则受气温低和土壤干燥等影响，当年不能发芽，翌年春分至清明才能发芽，且发芽不整齐，多不能抽薹开花。

2.2.2　播种方法：播种分条播、穴播和撒播。平原地区多采用条播，坡地多采用穴播，撒播管理不方便，多不采用。播种前，将种子混入火灰或细土杂肥，再用人畜粪尿拌种，湿度以能够散开为度，一般每亩用火灰或土杂肥250～300kg、人畜粪尿35～40kg。条播者，在畦内开横沟，沟心距约25cm，播幅10cm左右，深4～7cm，沟底要平，播前在沟中施2 500～3 000kg人畜粪尿，然后将种子灰均匀撒入，不必盖土。穴播者，按穴行距各约25cm开穴，穴直径10cm左右，深3～7cm，穴底要平，先在穴内亩施1 000～1 200kg人畜粪尿后，再均匀撒入种子灰，不必盖土。

2.3　田间管理

2.3.1　间苗补苗：苗高5cm左右开始间苗，以后陆续进行2～3次，当苗高15～20cm时定苗。条播者采取错株留苗，株距在10cm左右；穴播者每穴留苗2～3株。间苗时发现缺苗，要及时移栽补植。

2.3.2　中耕除草：春播者，中耕除草3次，分别在苗高5cm、15cm、30cm左右时进行；夏播者，按植株生长情况适时进行；秋播者，在当年以幼苗长出3～4片真叶时进行第一次中耕除草，翌年再中耕除草三次，方法与春播相同。中耕除草时，耕翻不要过深，以免伤根；幼苗期中耕，要保护好幼苗，防止被土块压迫，更不可碰伤苗茎；最后一次中耕后，要培土护根。

2.3.3　追肥浇水：每次中耕除草后，要追肥一次，以施氮肥为佳，用尿素、硫酸铵、饼肥或人畜粪尿均可，追肥时要注意浇水，切忌肥料过浓，以免伤苗。尤其是在施饼肥时，强调打碎后，用水腐熟透加水稀释后再施用。雨季雨水集中时，要防止积水，应注意适时排水。

2.4　病虫害防治

2.4.1　病害：多见白粉病、锈病和菌核病。

2.4.1.1　白粉病：发生在谷雨至立夏期间，春末夏初时易出现，危害叶及茎部，叶片变黄退绿，生有白色粉状物，重者可致叶片枯萎。可用可湿性甲基托布津50%粉剂1 000～1 200倍液或80单位庆丰霉素连续喷洒2～4次。防治白粉病应早动手，发生初期要防治一次，病发旺期连续防治2～3次。

2.4.1.2　锈病：多发生在清明至芒种期间（4～5月份），危害叶片。发病后，叶背出现赤褐色突起，叶面生有黄色斑点，导致全叶卷缩枯萎脱落。发病初期喷洒300～400倍敌锈纳液或0.2～0.3°波美度石硫合剂，以后每隔

7~10天喷一次，连续再喷2~3次。

2.4.1.3　菌核病：是危害益母草较严重的病害。整个生长期内均会发生，春播者在谷雨至立夏期间，秋播者在霜降至立冬期间病害发生严重，多因多雨、气候潮湿而致。染病后，其基部出现白色斑点，继而皮层腐烂，病部有白色丝绢状菌丝，幼苗染病时，患部腐烂死亡，若在抽茎期染病，表皮脱落，内部呈纤维状直至植株死亡。防治方法：一是在选地时就多加重视，坚持水旱地轮作，以跟禾本作物轮作为宜；二是在发现病毒侵蚀时，及时铲除病土，并撒生石灰粉，同时喷洒600倍65%代森锰锌可湿性粉剂或波尔多液1:1:300的溶液。

2.4.2　虫害：有蚜虫、地老虎等。

2.4.2.1　蚜虫较为严重，危害植株，常致其枯萎死亡。防治方法：一是适时播种，避开害虫生长期，减轻蚜虫危害。二是虫害发生后，用烟草、石灰、水1：1：10溶液或2 000倍40%乐果乳油液喷杀。

2.4.2.2　地老虎危害幼苗，易造成缺株短苗。防治方法：可采取堆草诱杀、早晨捕杀的办法，同时还可用毒饵毒杀。此外，益母草园地还会发生红蜘蛛、蛴螬等害虫，但不严重，以常规办法防治即可。再就是兽害，即在幼苗期间，常有野兔毁苗，可在田间抹石灰或作草人布障惊骇或猎捕，防止幼苗被毁。

3. 留种技术

选健壮、无病害的植株留种。种子成熟采收后，经日晒，打下种子，除去杂质，贮藏备用。当年的新鲜种子，发芽率一般在70%以上，隔年陈种发芽很少或不发芽。

4. 采收与加工

4.1　收获：益母草全草和籽种茺蔚子均为药材，因此收获时要以生产品种的目的而决定收获日期。以生产全草为目的，应在枝叶生长旺盛、每株开花达三分之二时收获。秋播者约在芒种前后（5月下旬至6月中旬）；收获时，在晴天露水干后，齐地割取地上部分。以生产籽种茺蔚子为目的，则应待全株花谢，果实完全成熟后收获。鉴于果实成熟易脱落，收割后应立即在田间脱粒，及时集装，以免散失减产，也可在田间置打籽桶或大簸箩，将割下的全草放入，进行拍打，使易落部分的果实落下，株粒分开后，分别运回。

4.2　加工：益母草收割后，及时晒干或烘干，在干燥过程中避免堆积和雨淋受潮，以防其发酵或叶片变黄，影响质量。茺蔚子在田间初步脱粒后，将植株运至晒场放置3~5天后进一步干燥，再翻打脱粒，筛去叶片粗渣，晒干，风扬干净即可。果实为茺蔚子入药。在夏、秋间花开时，割取地上全草，晒干。果实（茺蔚子）在秋季成熟后采收，晒干，去净杂质。

5. 贮藏与运输

5.1 贮藏：保管益母草应贮藏于防潮、防压、干燥处，以免受潮发霉变黑和防止受压破碎造成损失，且贮存期不宜过长，过长易变色。茺蔚子应贮藏在干燥阴凉处，防止受潮、虫蛀和鼠害。

5.2 运输：药材批量运输时，不应与其它有毒、有害、易串味物品混装。运载容器应具有较好的通气性，以保持干燥，并应有防潮措施。

6. 开发与利用

益母草传统应用于活血祛淤，调经消水。现代益母草还用于痛经、经闭，恶露不尽，水肿尿少；急性肾炎水肿。临床研究表明：益母草实验发现，煎剂、醇浸膏及所含益母草碱，对各种动物离体或在体子宫，无论是未孕、早孕或晚期妊娠或产后子宫，皆有明显兴奋作用。益母草还能扩张冠状动脉，明显增加冠脉流量和心肌营养性血流量及抗血栓形成和改善微循环作用。由此开发利用有益母草颗粒剂、注射剂、卫生巾等诸多方面。

本节编写人员：李晓东　马永升

第四节　紫苏

1. 基本特征

1.1 紫苏：为唇形植物紫苏的干燥叶、茎。紫苏包括两个变种。皱叶紫苏又称回回苏，鸡冠紫苏，有紫色和绿色之分。我国南方较多，其种子较少，褐色。尖叶紫苏又称野生紫苏。常在房前、篱边种植，其种子较大，灰色，也有绿色、紫色、正面绿背面紫之分。紫苏适应性很强，耐瘠薄。无论荒坡、秃岭、砂石地都能很好生长。前茬作物以蔬菜为好。果树林下均能栽种。紫苏种子露天越冬，可抗 - 17~14℃低温。地温达到5℃种子即开始萌动发芽，刚出土的幼苗可忍耐1~2℃甚至更低温度，灌浆期只要温度不低于12℃，可照常成熟。在我国各地均有分布。

1.2 功能主治：辛温，入肺、脾经。具有发汗解表、行气宽中，清利上下，治上气咳逆，除寒温中，调中，益五脏功效。治霍乱，呕吐反胃，补虚痨，肥健人，利大小便，破症结，消五膈，消痰止咳，润心肺，治肺气喘急，治风逆气，利膈宽畅，安胎、助眠。

1.3 化学成分：紫苏醛薄荷酮，丁香油酚，与苏烯酮，紫苏素，二烯萜，松节油萜，腺萜，精氨酸，丁香烯，紫苏醇，柠檬烯，芳樟醇，紫苏酶，左旋柠檬烯，沉香醇，柠檬醛，α-蒎烯、α-亚麻酸、β-香油烃（石竹烯）毛地黄黄酮等。

1.4　植物特征：株高1～1.5m茎四棱形，直立被细毛，紫色或绿紫色，多分枝。叶对生，有长柄；叶片卵形至宽卵形，长7～21cm，宽4.5～16cm，先端突尖或渐尖，边缘有锯齿，两面紫色，或上面靓色而下面紫色，两面均有柔毛。轮伞花序；组成偏向一侧的顶生或腋生总状花序；每花有一苞片，卵圆形，先端渐尖；花萼钟状，先端5裂；花冠二唇形紫红色或粉红色；雄蕊4枚，2强；子房4裂，柱头2浅裂。小坚果近球形，灰棕色。花期6～7月，果期7～9月。

2. 栽培技术

2.1　栽培方式及栽培季节：长江流域及华北地区可于3月末至4月初露地播种，也可育苗移栽，6～9月可陆续采收，保护地9月至翌年2月均可播种或育苗栽种，11月至次年6月收获。

2.2　种子处理及催芽：紫苏种子属深休眠类型，采种后4～5个月才能逐步完全发芽，如果要进行反季节生长，进行低温及赤霉素处理均能有效地打破休眠，将刚采收的种子用100μg/L赤霉素处理并置于低温3℃及光照条件下5～10天，后置于15～20℃光照条件下催芽12天，种子发芽可达80%以上。

2.3　播种育苗：育苗以3月中旬用小拱棚播种育苗的方法最佳。每亩用种量0.2kg。按种植面积的8～10%准备苗床，苗床播种量为10～14g/m²。播前苗床要浇足底水，种子均匀撒播于床面，盖一层见不到种子颗粒的薄土，再均匀撒些稻草，覆盖地膜，然后加小拱棚，以保温保湿，经7～10天即发芽出苗。注意及时揭除地膜，及时间苗，一般间苗3次，以达到不拥挤为标准，苗距约3cm见方。为防止秧苗疯长成高脚苗，应注意及时通风、透气。进入4月份即可揭除小棚薄膜，促使植株粗壮，增强定植后对外界环境的适应性。

2.4　整地定植：土壤在定植前10～15天进行深耕晒垡，每亩施复合肥100kg，人粪尿3 000kg，垃圾肥75 000 kg作为基肥。整地做成1.2m毛垄，净垄面0.9m，要求垄面平整。在定植前喷洒除草剂"都尔"，每亩用量100g，喷药后除定植穴外，尽量做到不破坏土表除草剂液膜。2天后进行定植，这样可使整个生长季节没有草害发生。定植一般在4月中旬，秧苗有2～3对真叶时进行。每垄定植6行，株行距均为0.15m。除露地栽培，紫苏可根据不同食用目的，利用保护地进行栽培。如：①芽紫苏：将种子播于用300mg/L赤霉素溶液湿润过的苗床或一些简易的育苗盘,当紫苏长至具有 4 片真叶时,齐地面剪断,收获芽紫苏。②穗紫苏:北方冬季利用温室生产,由于日照短,可以促进花芽分化,日照长的地方可用黑膜覆盖,使日照缩短至 6~7h。当长至 6~7 片真叶时抽穗,穗长至 6~8cm 时可以收获穗紫苏。

3. 田间管理

3.1 间苗补苗:育苗在苗高 3~6cm 分批间苗,苗高 10~15cm 定苗。移栽后,拔双留单,若有缺棵及时填补。

3.2 打顶、打侧枝:株高 70cm 左右打顶,以控制植株高度,促进分枝。根据紫苏种植密度增加、结实部位上升的特点,在分枝形成后,及时打去 30cm 以下叉枝,使梗加粗,提高中上层结实率。

3.3 追肥:移栽后在苗高 30~50cm 时追肥一次,每亩施入人畜粪500kg;打顶后每亩施入人畜粪 1 000kg;现蕾后每亩施入人畜粪1 500kg。均应加水沟施。前期追肥结合中耕除草,后期追肥结合培土壅土。生产期间看长势及时追施尿素 7~8 次。在整个生长期,要求土壤保持湿润,利于植株快速生长。定植后 20~25 天要摘除初茬叶,第四节以下的老叶要完全摘除。第五节以上达到 12cm 宽的叶片摘下腌制。有效节位一般可达 20~23 节,可采摘达出口标准的叶 40~46 张。在管理上,要特别注意及时打权。由于紫苏的分枝力强,如果不摘除分权枝,既消耗了养分,拖延了正品叶的生长,又减少了叶片总量而减产。打权可与摘叶采收同时进行。对不留种田块的紫苏,可在 9 月初植株开始生长花序前,留 3 对叶进行打权摘心,此 3 对叶片也能达到成品叶的标准。

3.4 病虫防治:病虫害很少出现,主要病害有白粉病、锈病、病毒病,如出现锈病,可用 50% 托布津 1 500 倍进行防治,连续喷药两次,每周一次。间隔 7~10 天。主要虫害有棉小卷叶蛾、蚱蜢、蝗虫,可用 50% 二溴磷乳剂500~1 500 倍液防治。若有青虫咬叶,咬茎尖时,可用速灭杀丁或敌杀死药液喷洒;发现红蜘蛛,可用久效磷或氧化乐果及菊酯类农药喷雾防治。喷药一定要在叶片采摘后立即进行,为降低农药残留量,可延后下一次采叶时间,2 对叶片同时采摘。

4. 留种技术

采种可在留种田进行,也可在大田选留部分植株作种株。但红、绿色紫苏要绝对隔离种植,变异株要剔除,避免种子混杂退化。为集中养分使中下部种子发育成熟,应将花序上部 1/3 剪去。待种子转入褐色即可采收。

5. 采收与加工

5.1　叶片的采收：采用嫩茎叶，可随时采摘。作出口商品的紫苏，需按标准采收，其采收标准是：叶片中间最宽处达到 12cm 以上，无缺损、无洞孔、无病斑。一般于 5 月下旬或 6 月初，若秧苗壮健，从第四对至第五对真叶开始即能达到采摘标准。6 月中、下旬及 7 月下旬至 8 月上旬，叶片生长迅速，是采收高峰期，平均 3～4 天可以采摘一对叶片，其他时间一般每隔 6～7 天采收一对叶片。从 5 月下旬至 9 月上旬，一般可采收 20～23 对合格的商品叶，腌制后可达株产 120g 左右。作药用的苏叶，于秋季种子成熟时，即割下果穗，留下的叶和梗另放阴凉处阴干后收藏。

5.2　加工

采收回来的紫苏，堆在通风处阴干。干后连叶打捆出售的称为全苏。叶片拣除杂质的称为苏叶。抖出种子，去净枝叶，杂质称为苏子。剩下的茎枝即为苏梗。

6. 贮藏与运输

6.1　贮藏：保管紫苏应贮藏于防潮、防压、干燥处，以免受潮、发霉、变黑和防止受压破碎而造成损失，且贮存期不宜过长，过长易变色。芫蔚子应贮藏在干燥阴凉处，防止受潮、虫蛀和鼠害。

6.2　运输：药材批量运输时，不应与其它有毒、有害、易串味物品混装。运载容器应具有较好的通气性，以保持干燥，并应有防潮措施。

7. 开发与利用

紫苏是国家卫生部首批颁布的既是食品又是药品的 60 种植物之一，在我国已有悠久的种植历史，约有 2000 年，为常用中药，以茎、叶及种子供药用，鲜紫苏全草可蒸馏紫苏油，是医药工业的原料，其种子中含大量油脂，出油率高达 45% 左右，油中含亚麻酸 62.73%，亚油酸 15.43%，油酸 12.01%。种子中蛋白质含量占 25%，内含 18 种氨基酸，此外还有各种谷维素、V_E、V_{B1}、缃醇、磷脂等。主要用于药用、油用、香料、食用等方面，其叶、梗、果均可入药，嫩叶可生食、作汤，茎叶可腌渍。近年来，紫苏因其特有的活性物质及营养成分，成为一种倍受世界关注的多用途植物，经济价值高。俄罗斯、日本、韩国等国开发出食用油、药品、腌渍品、化妆品等几十种紫苏产品，深受消费者青睐。

本节编写人员：李晓东　姚正浪

第五节 青蒿

1. 基本特征

1.1 青蒿：来源为菊科植物黄花蒿（*Artemisia annua* L.）的地上部分。别名香蒿、苦蒿、黄蒿。产于全国各地。分布在辽宁、河北、山东、山西、陕西、江苏、安徽、江西、湖北、浙江、福建、广东等地。

1.2 化学成分：青蒿含青蒿素（arteannuin），青蒿甲、乙、丙、丁、戊素，青蒿酸，蒿酸甲酯，青蒿醇，并含挥发油，油中主要为蒿酮（artemisia ketone）、异青蒿酮、枯敬醛（cuminal）、1,8-桉油精、丁香烯等。

1.3 功能主治：青蒿性寒，味苦、辛，归肝、胆经。清热解暑，除蒸，截疟。用于暑邪发热、阴虚发热、夜热早凉、骨蒸劳热、疟疾寒热、湿热黄疸。

1.4 植物特征：一年生草本，高达 1.5m；全株黄绿色，有臭气。茎直立，具纵条纹，上部分枝。基部及下部叶在花期枯萎，中部叶卵形，长 4.5~7cm，2~3 回羽状深裂，小裂片线形，宽约 0.3mm，先端尖锐，表面深绿色，背面色较浅，无毛或略具细微软毛，有柄；上部叶渐小，无柄。头状花序多数，球形，直径约 2mm，具细软短梗，排成圆锥状；总苞片 2~3 层；花管状，雌花长约 0.5mm，两性花长约 1mm，黄色；花药先端尖尾状，基部圆钝；柱头 2 裂，裂片先端呈画笔状。瘦果椭圆形，长约 0.6mm。花期 8~10 月，果期 10~11 月。

2. 栽培技术

2.1 选地：喜湿润、忌干旱、怕渍水，光照要求充足。

3. 育苗

3.1 播种时间：3 月初至 3 月下旬，农历 2 月初至 2 月中下旬。

3.2 苗床准备：选背风向阳（朝南）、地势平、肥沃又疏松的土壤，在晴天进行翻土，移栽一亩青蒿需要 $4.8m^2$ 的苗床（以下苗床和苗期的施肥量均以此面积计算），翻土后即可施农家肥 50kg，并按宽长 $1.2 \times 4m$ 左右开沟成厢。

3.3 苗床整理：将苗床表层土耙平整细（土越碎越好），施人畜粪水 50kg、磷肥 0.5kg，再覆盖筛过的火粪或肥沃细土 1cm 厚左右，以表层都是细土为准。

3.4　播种：将 2g 青蒿种子用细泥沙 1.5~2.0kg 充分拌匀，在整好的苗床上均匀撒播，再平铺地膜，以保温保湿，上盖拱膜，保持土壤湿润，温度控制在 18~25℃。

3.5　苗期管理

3.5.1　覆膜管理：待种子萌动发芽后揭去平铺地膜，以防烧芽。苗长出 2 片叶左右及时间苗，在每天上午 9 时揭开两端农膜，下午 4 时覆好。第 1~2 天小揭开，逐渐变大，5 天左右两端全部揭开，但是阴雨天气不揭开。待苗长到 4 片叶左右时，上午 9 时全部揭掉，下午 4 时覆好，2~3 天后全部揭棚。

3.5.2　间苗、匀苗：揭膜后视苗大小即可第一次间苗，先将生长特别密的苗间出，每 3.3cm 见方留苗 2~3 株，同时拔除杂草。在揭膜后 5~7 天进行第二次匀苗，留苗数量每寸见方留一株，总数量 2 000~2 500 株（满足每亩移栽 1 500 株左右即可）。匀苗要点：去小留大、去杂留纯、去病留健、去弱留强、疏密均可。

3.5.3　施肥：匀苗结束时即施清淡人畜粪便 25kg，采用浇施，切忌过浓和泼施致使土壤板结，用手指或削尖竹块轻轻地松表面结板的土。

3.5.4　送嫁肥：移栽前 7 天施一次送嫁肥，清淡人畜粪水 25kg 左右。

3.5.5　移栽

3.5.5.1　移栽时间：4 月下旬至 5 月中旬，农历 3 月下旬至 4 月底。

3.5.7.2　基肥：翻耕前每亩施农家肥 1 500kg 左右，磷肥 25kg，翻入土中。

3.5.5.3　开厢：平地厢宽 1.2m，坡地厢宽 0.8m，厢沟距离 20cm，长可以地形而定；厢土要细、要平。四周埋好排水沟。

3.5.5.4　每厢栽两行，以平地 70cm×80cm（株距×行距）、坡地 50cm×60cm 密度标准栽植（不可太密或太稀）。苗尽量带土移栽，确保成活。

3.5.5.5　移栽时选用壮苗，壮苗标准：株高 15cm，叶片数 6~10 片，茎粗、节间短。

3.6　田间管理

中耕、锄草、施肥、病虫害防治。

3.6.1　时间：5 月中旬至 6 月下旬，农历 4 月中旬至 5 月下旬。

3.6.2　中耕锄草：连续雨天后引起土壤板结或杂草多时需要中耕锄草，中耕宜浅不宜深，锄草要锄净，不伤青蒿根。

3.6.3　锄草后每亩施复合肥 15kg；根据长势可酌情增减，不施或少施铵类氮肥。施肥时不要离青蒿植株太近或太远。

3.6.4　苗高1m左右时打顶，便于青蒿分枝。

3.6.5　病虫害防治：用老烟头浸出液加1:40石灰水喷雾防治蚜虫；用苦参素、茴素等水液防治青虫、红蜘蛛；将两块普通肥皂溶化后加白糖0.5kg兑水15～20kg，充分摇匀灌根，可防治红蚂蚁。

4. 留种技术

10月下旬至11月上旬将果实采下阴干或以种藤带果自然阴干保存种子，忌直接晒干（直接晒干的种子丧失生活力，不能发芽）。

5. 采收加工

5.1　时间：结蕾前（8月中旬左右），通过取样确定最佳采收期。

5.2　收割：选连续晴天时收割，上午9时以后将整株砍下，放在原地内晾晒半天至一天，再运送至晾晒场对着太阳曝晒到干，水分不得高于10%。

5.3　加工方法：将干燥后的整株青蒿，用木棒先槌下植株下部的老、黄叶，除去并清扫干净，再用木棒槌下青蒿叶，用筛子筛去杂质后晒干装入麻袋，放于阴凉通风处。商品青蒿叶质量要达到身干、叶净、青色或青黄色，无枝叶、无枯叶、无泥沙、无杂质、无花蕾、无霉烂变质，青蒿叶中青蒿素含量在0.55%以上。

6. 贮藏运输

产地加工品用无毒塑料袋密封贮藏，置通风干燥处，防潮、霉变、虫蛀、鼠害。

7. 开发与利用

青蒿俗称苦蒿，是提取青蒿素（主要用于治疗疟疾等热带疾病）的主要原料。青蒿素复方制剂被世界卫生组织认定为目前最安全有效的抗疟药品，复方蒿甲醚又是最有效的、耐受性最好的青蒿素复合制剂，替代已经产生抗药性的奎宁、周效磺胺等传统用药。重庆是全球青蒿种植的最大基地，其青蒿种植占全国80%以上份额。

青蒿素是目前最安全有效的抗疟药，现在世界上已经有51个国家和地区在世卫组织推荐下将其列为抗疟指定用药，但全球紧缺青蒿素。

中国首先发现青蒿素对抗疟有效，并于上个世纪70年代在全球首先研制成功提取青蒿素用于防治疟疾。广西壮族自治区有良好的气候和土壤条件适宜种植青蒿，而且提取的青蒿素含量也很高，对发展青蒿种植业有广阔的前景。

本节编写人员：柯　健　章春燕　曹克俭

第六节 菘蓝

1. 基本特征

1.1 菘蓝：药材为十字花科植物菘蓝（*Isatis indigotica* Fort. ）的根。干燥根药材名板蓝根，干燥叶药材名大青叶。菘蓝喜温暖环境，耐寒冷，怕涝，宜选排水良好，疏松肥沃的砂质壤土。菘蓝（草大青）原产我国北部，对气候适应性很强，从黄土高原，华北大平原到长江以北的暖带为最适生长的地区，东北平原和南岭以南地区不宜栽种。菘蓝对土壤的物理性状和酸碱度要求不严。一般以内陆及沿海一带微碱性的土壤最为适宜，pH 值在 $6.5 \sim 8$ 的土壤都能适应，但耐肥性较强，肥沃和深厚的土层是生长发育的必要条件。地势低洼易积水土地不宜种植。主产于安徽、甘肃、山西、河北、陕西、内蒙古、江苏、黑龙江等地，大部分是栽培。

1.2 化学成分：菘蓝干燥根中主要成分含靛蓝、靛玉红、腺苷及多种氨基酸等；干燥叶中含靛蓝、靛玉红、芥子苷、靛苷等。

1.3 功能主治：菘蓝味苦、咸，性寒，归心、胃经。清热解毒，凉血利咽，用于温毒发斑，高热头痛，大头瘟疫，发斑发疹，黄疸，热痢，痄腮，喉痹，丹毒，痈肿等症。

1.4 植株形态特征：菘蓝是 2 年生草本，株高 $40 \sim 120cm$。主根长圆柱形，肉质肥厚，灰黄色，直径 $1 \sim 2.5cm$，支根少，外皮浅黄棕色。茎直立略有棱，上部多分枝，稍带粉霜。基生叶有柄，叶片倒卵形至倒披针形，长 $5 \sim 30cm$，宽 $1 \sim 10cm$，蓝绿色，肥厚，先端钝圆，基部渐狭，全缘或略有锯齿；茎生叶无柄，叶片卵状披针形或披针形，长 $3 \sim 15cm$，宽 $1 \sim 5cm$，有白粉，先端尖，基部耳垂形，半抱茎，近全缘。复总状花序，花黄色，花梗细弱，花后下弯成弧形。短角果矩圆形，扁平，边缘有翅，长约有 1.5cm，宽约 5mm，成熟时黑紫色。种子 1 粒，呈长圆形，长 $3 \sim 4mm$。

2. 栽培技术

2.1 选地整地

菘蓝喜温凉环境，耐寒冷，怕涝，宜选排水良好、疏松肥沃的砂质壤土，及内陆平原和冲积土地种植。播种前一般先深翻地 $20 \sim 30cm$，砂地可稍浅，施足基肥。基肥种类以厩肥、绿肥和焦泥灰为主。然后打碎土块，耙平。在北方雨水少的地区作平畦，南方作高畦以利排水，畦宽 $1.5 \sim 2m$，高约 20cm。

2.2　繁殖方法

采用种子繁殖。4月上旬播种，常用宽行条播或撒播。播前把种子浸湿，晾干，随即拌泥或细砂进行播种，播后再施一层薄粪和细泥，每亩用种量1~2 kg（按种子千粒重、发芽率、混杂度而定）。播后7~10天出苗。长江以北产区，如遇茬口安排困难，可在麦收后进行夏播。秋播留种田可以在8月上旬至9月初播种（北方应早播），幼苗在田间越冬，第二年继续培育。

2.3　田间管理

2.3.1　间苗和定苗：播种后，苗高3~4cm时，按株距7~10cm进行间苗和定苗。

2.3.2　中耕除草：由于杂草与菘蓝同时生长，应抓紧时机，及时进行中耕除草。

2.3.3　追肥：在间苗时施清粪水。结合中耕除草，追施一次氮肥，如每亩施入腐熟稀人粪尿800~1 000kg或每亩施入尿素3~4kg。割第二次叶后，重施腐熟粪肥，对后期的生长极为重要。

2.3.4　灌溉与排水：菘蓝生长前期水分不宜太多，以促进根部向下生长，后期可适当多浇水。多雨地区和季节，畦间沟加深，大田四周加开深沟，以利及时排水，避免烂根。如遇伏天干旱天气，可在早晚灌水，切勿在阳光下进行，以免高温烧伤叶片，影响植株生长。

2.4　病虫害防治

2.4.1　霜霉病（*Peronospora isatidis* Gum.）：主要为害叶柄及叶片。发病初期，叶片产生黄白色病斑，叶背出现似浓霜样的霉斑，随着病害的发展，叶色变黄，最后呈褐色干枯，使植株死亡。霜霉病在早春侵入寄主，随着气温的升高而迅速蔓延，特别在春夏霉雨季节，发病最为严重。

防治方法：清洁田园，处理病株，减少病原，通风透光；轮作；选择排水良好的土地种植，雨季及时开沟排水；用40%乙磷铝2 000~3 000倍液，或用1:1:100的波尔多液喷雾，隔7天喷一次，连续2~3次。

2.4.2　菌核病〔*Sclerotinia sclerotiorum*（Lib.）de Bary〕：为害全株，从土壤中传染。基部叶片首先发病，然后向上为害茎、茎生叶、果实。发病初期呈水渍状，后为青褐色，最后腐烂。在多雨高温的5~6月间发病最重。茎秆受害后，布满白色菌丝，皮层软腐，茎中空，内有黑色不规则的鼠粪状菌核，使整枝变白倒伏而枯死，种子干瘪，颗粒无收。

防治方法：水旱轮作或与禾本科作物轮作；增施磷肥；开沟排水，降低田间温度；发病初期用65%代森锌500~600倍液喷雾，隔7天喷一次，连续

2 ~ 3 次。

2.4.3 白锈病 [*Albugo candida* (Pers.) O. Kuntze]：患病叶面出现黄绿色小斑点，叶背长出一隆起的外表有光泽的白色浓胞状斑点，破裂后散出白色粉末状物，叶畸形，后期枯死。于 4 月中旬发生，直至 5 月。

防治方法：不与十字花科作物轮作；选育抗病新品种；发病初期喷洒 1:1:120 波尔多液。

2.4.4 根腐病 [*Fusarium solani* (Mart.) App. et Wr.]：根腐病的病原为腐皮镰孢菌，发病适温 29 ~ 32℃。采用 75% 百菌清可湿性粉剂 600 倍液或 70% 敌可松 1 000 倍液进行喷药防治效果最佳。

2.4.5 菜粉蝶 (*Pieris rapae* L.)：5 月起幼虫为害叶片，尤以 6 月上旬到 6 月下旬为害最重。可用生物农药 Bt 乳剂，每亩 100 ~ 150g 或 90% 敌百虫 800 倍液喷雾。

2.4.6 桃蚜 (*Myzus persicae* Sulzer.)：一般春天为害刚长出的花蕾，使花蕾萎缩，不能开花，影响种子产量。

防治方法：用 40% 乐果乳油 1 500 ~ 2 000 倍液喷杀。

3. 留种技术

春播和秋播留种方法不同。春播留种是在收割最后一次叶片后，不挖根，待长新叶越冬；秋播留种是在 8 月底至 9 月初播种，出苗后不收叶，露地越冬。以上两种方法均在次年 5 月至 6 月收籽。此外在田间地头选瘦地下种，可使菘蓝茎秆坚硬，不易倒伏，病虫害少，结籽饱满，株行距约为 30cm × 60cm。有的产区挖取板蓝根后，选择优良种根，移栽留种，也能收获良好种子。

4. 采收与加工

4.1 采收

春播菘蓝地上部分生长正常，每年可收割大青叶 2 ~ 3 次，第一次质量最好。

4.1.1 采收时间：第一次在 6 月中旬，第二次在 8 月下旬前后，伏天高温季节不能收割大青叶，以免引起成片死亡。

4.1.2 收割大青叶的方法：收割大青叶要从植株基部离地面 2 厘米处割取，以使重新萌发新枝叶，再继续采收。

挖板蓝根应在晴天进行，挖时必须深挖，以防把根弄断，降低产品质量。每亩可收获鲜根 500 ~ 800kg。

4.2 加工

挖取的板蓝根，去净泥土、芦头和茎叶，摊在芦席上晒至七八成干，扎成小捆，再晒至全干，打包后装麻袋贮藏。以根长直、粗壮、坚实、粉性足者为佳。

大青叶的加工，通常晒干包装即成。以叶大、少破碎、干净、色墨绿、无霉味者为佳。

5. 贮藏与运输

5.1 包装

板蓝根和大青叶在包装前应再次检查是否充分干燥，并清除劣质品及异物。所使用的包装材料为麻袋或无毒聚氯乙烯袋，麻袋或无毒聚氯乙烯袋的大小可根据购货商的要求而定。每件包装上应注明品名、规格、产地、批号、包装日期、生产单位，并附有质量合格的标志。

5.2 贮藏

置于阴凉通风干燥处，并注意防潮、霉变、虫蛀。

5.3 运输

运输工具或容器应具有较好的通气性，以保持干燥，应有防潮措施，尽可能地缩短运输时间；同时不应与其它有毒、有害、易串味物质混装。

本节编写人员：李晓东　孙　莹　杨晓太

第一部分　植物药

第四章 皮、叶类

第一节 杜仲

1. 基本特征

1.1 杜仲：杜仲（*Eucommia ulmoides* Oliv）来源为杜仲科植物杜仲的树皮。别名檰（音 mián）、思仙（《神农本草经》）、木棉、思仲（《名医别录》）、绵绵（《本草图经》）、石思仙（《本草衍义补遗》）、丝连皮、丝楝树皮（《中药志》）、扯丝皮（《湖南中药志》）、丝棉皮（《中药草手册》）、玉丝皮、丝棉树、乱银丝、银丝树、白丝线、鬼仙木、野桑树、木棉、棉皮等。皮呈板片状或两边稍向内卷，大小不一，厚 3～7mm。外表面淡棕色或灰褐色，有明显的皱纹或纵裂槽纹；有的树皮较薄，未去粗皮，可见明显的皮孔；内表面暗紫色，光滑。质脆，易折断，断面有细密、银白色、富弹性的橡胶丝相连。气微，味稍苦。

杜仲喜光，不耐阴。喜温暖、湿润环境和土层深厚、疏松肥沃的土壤，较耐寒。自然分布于年平均气温 13～17℃及年雨量 1 000mm 左右的地区。但杜仲适应性较强，有相当强的耐寒力（能耐 -20℃的低温），如在北京地区露地栽培也不成问题；在酸性、中性及微碱性土壤中均能正常生长，并有一定的耐盐碱性。但在水肥不足，过湿、过干、过于贫瘠的土壤中生长不良。根系较浅而侧根发达，萌蘖性强。生长速度中等，幼苗时期生长较快，一年生苗高可达 1m 以上。主要分布在华中和西南暖温带气候区内，其分布区大体上和长江流域相吻合，即黄河以南，五岭以北，甘肃以东。杜仲的中心产区在陕南，湘西北、川东、川北、滇东北、黔北、黔西、鄂西及豫西部等地。

1.2 化学成分：含桃叶珊瑚苷、松脂醇二葡萄糖苷、中脂素二葡萄糖苷、丁香脂素二葡萄糖苷、橄榄脂素单糖苷、松脂醇单糖苷、地黄普内酯。表儿茶素（Ⅰ）、儿茶素（Ⅱ）、正二十八烷酸（Ⅲ）、二十四烷酸甘油酯（Ⅳ）、芦丁（Ⅴ）、绿原酸（Ⅵ）、咖啡酸（Ⅶ）。种籽所含脂肪油的脂肪酸组成为：亚麻酸 67.38%、亚油酸 9.97%、油酸 15.81%、硬脂酸 2.15%、棕榈酸 4.68%。籽壳中胶含量可达 27%，易溶于乙醇、丙酮等有机溶剂。

1.3 功能主治：具有补肝肾、强筋骨、安胎等功效。主治腰膝酸疼、肢体瘦弱、遗精、滑精、五更泄泻、虚劳、小便余沥、阴下湿痒、胎动不安、胎漏欲堕、胎水肿满、滑胎、高血压等症。

1.4　植株形态特征：杜仲为落叶乔木，成年树株高达20m以上，胸径达50cm以上。树皮灰色，皮中含硬橡胶，折断时可见能拉长的胶丝。花单性，雌雄异株。雄花簇生，无花被片；雌花单生，花梗长8mm，苞片倒卵状匙形，无花被片，心皮2枚，上位子房一室。翅果长椭圆形，长3～4cm，宽6～12mm，具种子1个。种子扁平，线形，长1.5cm，宽3mm。树皮幼时为黄褐色，光滑，有皮孔，具片状髓，无顶芽。单叶互生，长椭圆形，先端渐尖，基部楔形，缘有细锯齿，老叶表面叶脉下陷，呈皱纹状，叶背有柔毛，脉上尤密。3～4月开花，花腋生，先叶开放或与叶同时开放。9～10月种子成熟，呈黑褐色。

2. 杜仲良种培育技术

2.1　良种园营建地点

建立良种园的地点，要求地势平坦或缓坡地（坡度小于20°），开旷，土层深厚，土质和结构良好。土地肥力中等以上，光照条件好，为阳坡和半阳坡地，通风条件好，排水良好，并有一定灌水条件，无严重病虫害感染，交通方便。有适当的天然隔离地段或便于人工设置隔离带。

2.2　实生良种园营建

2.2.1　育苗的种子是从优良杜仲林份中所选优树上采摘来的，育苗时，要按家系分开播种，每家系至少育出500株苗木。

2.2.2　对所育苗木，进行1～3年测定，选出优良家系，最少不得少于6个家系。每家系中选出5～10株长势良好的苗木。

2.2.3　选出的苗木，按家系编号，分别配置，建立良种园。先按2m×3m的株行距穴植，以后逐渐疏伐成4×6m。

2.2.4　将优良家系中选出园苗剩余的苗木，进行造林试验，时间约为10年，或开花结果3年，得到比较可靠的鉴定结果。用此结果来指导已建立的良种园的疏伐去劣。

2.3　无性系良种园营建

2.3.1　定植嫁接法：这种方法是先在苗圃里预先培养1～2年苗木作为砧木，于第二年或第三年进行嫁接，再在苗圃继续培养1～2年，然后，选择健壮的嫁接苗，按无性系配置图带土移栽在良种园里。按这种方式建园，因为在定植前经过一次选择，嫁接苗生长比较一致，便于管理。但苗期长，费用大。

2.3.2　人工幼林改建法：这种方法是利用适宜建园地段的人工幼林嫁

第一部分　植物药

接，要选择3~5年生，生长良好、林相整齐的纯林，按要求规划设计，标明小区界限，再在小区内按一定间距标明嫁接植株，对非嫁接植株可逐步间伐。其缺点：是人工林往往密度过大，要清除大量的幼林很费力，但若不及时清理，会直接影响种子园内母树的生长。所以此法采用不多。

2.3.3 定植砧木法：这种方法是先定植砧木，后现场嫁接。这种方法的最大优点是：可以精选砧木，并使栽植密度合乎要求。近来各地建园多采用此法。先在苗圃内选择1~2年长势优良的苗木，按4×6m株行距定植在已经选好的林地内，这些优良苗木成活后即作为砧木。于第二年或第三年按无性系配置图进行嫁接。

2.4 良种育苗及栽植技术

2.4.1 良种育苗

杜仲良种苗的培育，主要采用播种育苗和无性繁殖育苗。

2.4.1.1 播种育苗

（1）苗圃地选择

杜仲喜湿润的砂质土壤。因此，杜仲育苗应选择土质疏松、湿润、肥沃而排水良好的土地作为苗圃地。若苗圃地土壤条件较差时，必须施足底肥，土壤消毒后，再进行育苗。

（2）整地作床

整地能疏松土壤，改良土壤结构，促进土壤熟化，从而改善土壤的理化性质。因此，育苗时应进行细致整地。一般是冬前深翻，冬后浅耕，结合整地，施足基肥。

（3）种子处理

①精选种子：目前多采用水选法。将种子浸入冷水中，8h后，沉落水底的种子为上等，继续浸水到24h后，下沉的种子为中等，其余浮在水面和悬浮水中的种子为下等。去掉上浮种子，下沉种子可取出进行催芽处理。还可随机从每批种子中，取出500~1000粒种子，依据上述方法，计算出上、中、下三等级种子所占的百分率，以便确定播种量，若上、中两级种子占60%~80%时，就要适当增加播种量。

②种子催芽：目前多采用沙藏法和浸种法进行催芽。

沙藏法：将种子与沙以1:3的比例混合，堆放于阴凉通风的地面，沙的湿度以手握不滴水为宜，种子的厚度以30~40cm为宜。上覆稻草，经常浇水，保持湿润，温度5~6℃，每10~15天检查翻动一次，防止种子因过分潮湿霉烂。湿度过大时，应揭去盖草减少水分。用此法催芽，要掌握好时间，催芽结束时间应与播种期吻合，一般沙藏催芽30~40天为宜。

水浸催芽：播种前将种子置于 20～30℃ 温水或冷水中浸泡 2～3 天，每天换水一次，待种子膨大呈萌芽状态时播入圃地。此法催芽虽没有沙藏催芽的种子发芽率高，但差异不太大，所以生产中经常采用这种方法。

（4）播种

①播种期：经过低温沙藏催芽的种子，一般在 2～3 月中旬，温度稳定在 10℃ 以上时，即可播入圃地。干藏的种子，除播前应浸种 3～4 天外，还应早播，播种越早，苗圃发芽率越高，苗木生长越好。早春播种，发芽率较高的原因是种子需要经过一段低温处理。因此，未经低温湿沙贮藏的种子，在气候温暖地区，适宜播种期应在 1～2 月，最迟不能超过 3 月中旬。

②播种方法及播种量：杜仲苗床育苗一般采用条播，条距 20～25cm，每亩播种量 7～10kg。目前南方多采用宽幅条播法，该法较一般条播增加了实播面积，且幼苗分布均匀，生长良好，符合经济利用土地和提高单位面积产量的原则。

③播种深度：略阳县雨量充沛，1～3 月土壤湿度良好，一般播种深度为 2～3cm。

④覆土和覆盖：播种后，应立即覆以疏松肥沃细土，厚度 1～2cm，覆土要均匀平整，切不可薄厚不均，否则厚的地方种子发芽困难，薄的地方，表土很快变干，种子失水，失去了发芽能力。黏性较重的圃地，可用细土混沙盖种。

覆土完毕，应在苗床上覆盖地膜或稻草（或麦草），以防止土壤水分蒸发和雨水冲击圃地。覆盖地膜的苗床，当幼苗破土萌发时，应立即揭去地膜，以防膜下高温灼伤苗木。盖草的苗床，当种子发芽整齐，幼苗出土后高约 3～4cm 时，可在阴天或晴天傍晚或清晨揭去盖草，盖草次年不宜再用。

（5）苗期管理

①中耕除草：本着"除早、除小、除了"的原则，见草就除，经常保持苗圃无草和土壤疏松。

②灌溉排水：对于杜仲来说，干旱和水涝都会引起生长停滞，甚至死亡，所以灌溉和排水在苗期管理上是一项很重要的工作。干旱时，要及时灌水，保持土壤湿度。灌溉最好在傍晚或清晨进行，要灌透水。圃地也要设置排水沟，防止雨水多时，土壤湿度过大。

③追肥：6～8 月为杜仲苗木速生期，应加强施肥。叶片长出 4 片真叶时，就可施肥，第一次少施，每亩施 1～1.5kg 尿素，以后每月一次，每次用尿素量随着苗木高粗的增长，可由 2kg 增加至 10kg 左右，7～8 月后应停止施肥，以防苗木徒长，或苗木木质化不好而受冻害。施肥应与灌水或中耕除草同时进行。

④间苗：杜仲幼苗进入速生期后，应根据去弱留强、去密留稀原则及时进行间苗工作，间苗后，株间距保持在6～10cm。

⑤病虫害防治：阴天雨多，土壤潮湿，同时温度高或土壤瘠薄时，易发生苗木猝倒病。苗圃也常见地老虎等害虫危害苗木。所以应经常观察，及时防治。药物防治可用50%甲基托布津400～800倍液，或退苗特500倍液，或25%多菌灵800倍液灌根，对已死亡的幼苗要挖除烧掉。

⑥防寒措施：为了预防冬季的寒冷，应在9～10月间摘去顶芽，以抑制苗木梢部徒长，促进苗茎木质化，使苗木很好地度过严寒。

2.4.1.2　无性繁殖育苗

（1）插根繁殖育苗

杜仲的无性繁殖以"插根繁殖"育苗方法较好，此法成活率高，苗木生长快，深受药农重视。现将方法具体介绍如下：插根繁殖是利用起苗时修剪下的较粗根系，或挖掘植株采根，剪成7～10cm的根段，细的一端向下，插入苗床中，粗的一端微露地面，由断面愈伤组织处或根段皮部萌芽长成新苗。此苗萌发的快且数量多，苗木生长健壮，超过播种苗高度1.5倍，从下端的端部愈合组织处生出许多新根，比播种苗根系多达几十倍。

（2）嫁接育苗

嫁接是木本植物的一种无性繁殖方法。尤其是对经济树木良种化、无性系的繁殖及单性树种的雌性化均有重大意义。杜仲嫁接育苗时，以2年生以下的实生苗为砧木，在良种母树上采集一年生枝条作为接穗，进行嫁接。

2.4.2　栽植技术

2.4.2.1　栽植密度

根据杜仲生长特性和我们的实践认为：

（1）以采剥树皮为目的乔林作业，在经营过程中，不考虑中间疏伐，初植密度采用3m×3m或4m×4m的株行距栽植，即每亩74～42株。

（2）以采籽为目的头木林作业，不进行间伐，初植密度采用3m×3m或3m×4m的株行距定植，即每亩定植74～56株。

（3）以采叶为目的矮林作业，定植密度一次成型，株行距为1m×1.5m或1.5m×2m的株行距栽植，即每亩444～222株。

2.4.2.2　选择壮苗

苗木质量高低，直接关系到成活率或林木生长发育，必须选择单株地茎0.6cm以上、高80cm以上壮苗定植。苗木出圃要按规格进行分级，在适宜林地定植时还须再次选择，剔除受严重损害，根系发育不正常的苗木。

杜仲幼苗根部易于风干，从苗圃起苗拉运时，应用麻袋、草袋或编织袋包装，若运程较远，应随时洒水，防止脱水，到达栽植地后应立即栽植。

2.4.2.3　栽植

根据略阳县气候状况，每年冬、春季节均可进行栽植造林。苗木栽植前，挖好栽植穴，施入农家肥拌匀穴内土、肥，将苗木根系沾泥浆后端正放入栽植穴，使根系伸展，深度稍深于原土痕，切不可过深，用表土壅根，分层填土，适当踩紧，上覆一层松土，栽植后浇灌定根水，保证幼苗成活。

2.4.3　良种采穗圃营建技术

2.4.3.1　良种采穗圃的营建与改造

良种采穗圃是繁殖良种无性系苗木的基础。采用杜仲优良品种，分品种嫁接或高接改造。新建采穗圃的栽植株行距密度 1.5m×2m 或 2m×3m。用高接换优方法建立采穗圃也按以上密度适当改造。定干或留干高度为 0.5m。采穗圃应分品种、系号，每品种、系号单独成行或成片栽植，标记清楚。栽植前同样要施足底肥。

2.4.3.2　采穗圃的整形修剪技术

杜仲采穗圃的修剪比较简单，留主枝 3～4 个，每年冬季采取短截的方法，将每主枝留 1/2～1/3 剪下。由于杜仲萌发的新梢生长旺盛、粗壮，往往造成接穗太粗，嫁接困难。所以应在生长季节 5～7 月上旬多次摘心或剪梢促发多个萌条，培养成粗 0.6～1.5cm 不同规格的接穗，萌条任其直立生长，形成柱状树形。

2.4.3.3　采穗圃的田间管理

采穗圃的田间管理方法，施肥以氮、磷肥为主。有条件的地方要加强灌溉，以促进萌条生长。每年 5～7 月份喷施 0.3% 的尿素及磷酸二氢钾 2 次，可提高接穗质量。

2.4.4　良种嫁接技术

2.4.4.1　嫁接的方法

（1）芽接

春季和夏季均可进行，具有嫁接简单、节约接穗等特点。

①砧木：要求砧木距地面 5～6cm 处的直径在 0.5cm 以上，嫁接 10 天前除去距地面 10cm 以下的分枝，以便操作。

②选接穗：从健壮、丰产、品质优良、无病虫害的中年树或幼树上采取树冠外围生长充实、芽子饱满的一年生发育枝作接穗，不要采徒长枝、弯曲枝、病虫枝。要在树芽萌动前采集接穗进行沙藏备用。夏季嫩枝嫁接采取接穗时要随即剪去叶片，只留叶柄，上部不充实嫩梢也要剪去，以减少水分蒸发，然后用湿布包裹或插入盛有少许清水的桶中置阴凉处，以备随时取用。

第一部分　植物药

③削芽：左手拿接穗，右手持刀，自芽的上部1.5cm左右处向下斜削一刀，深度以稍带木质部、不超过2mm为宜，然后在芽的下方0.5cm处斜切30°角与第一刀相交，捏住叶柄取下芽片。

④切砧：在砧木的迎风面距地面3cm处以30°角斜切一刀，再在距地面约5cm处（长度视芽片长度而定，砧切口应略长于芽片长度）向下斜削与第一刀相交，深度与芽片相同，去掉砧皮。

⑤贴芽：将接芽片芽朝上，贴在砧木的切口上，使其形成层的两侧或一侧与砧木的形成层对准，下切口要蹬实。

⑥绑缚：用0.8cm宽的塑膜条绑紧系好，一般春、夏露芽，秋接可不露芽。

（2）枝接

用一段带有一个或几个芽的枝条作为接穗的嫁接方法叫枝接。枝接多在"惊蛰"、"谷雨"前后，树木开始萌动而尚未发芽前进行；枝接的优点是成活率高，长势旺，生长快，但枝接用的接穗量大，对砧木要求有一定粗度，操作麻烦，速度慢，嫁接时间也受到限制等。

①削接穗：穗取掉梢头和基部芽子不饱满的部分，截成5~6cm长，每段有2~3个芽，然后在最下一个芽的左右两侧下方各削3cm长的两个斜面，成上厚下薄的楔形，以便伤口远离芽苞，对芽的萌发更有利，如砧木比接穗粗，接穗要削成偏楔形，芽的正面厚、背面薄，有利于砧木的夹含。如砧木和接穗粗度一致，接穗削成正楔形，不但利于含夹，而且两者接触面大有利愈合，接穗削好后要防止水分蒸发和泥土等的污染。接穗的削面一定要平整光滑，以利于与劈口紧靠和形成层的连接愈合，这是嫁接成活的关键。

②劈砧木：离地面2~3cm处或与地面平处截断砧木树干，清除周围土及杂物，并用快刀削平断面，然后在砧桩上选皮厚纹理顺处劈口，深3cm。如砧木粗，可选断面三分之一处，如砧面为椭圆形，可选短径处；如砧木为细的椭圆形，选长径处，劈口时不要用力过猛，可将劈刀放于劈口部位，轻轻地敲打刀背，注意不要使泥土杂物落入其内。

③插接穗：用劈刀楔部撬开劈口，把接穗轻轻插入，并对准形成层。如砧木细可插一根接穗；如砧木粗还可两边各插一个接穗；如育苗，成活后保留一个健壮的；如系换头，可全保留或劈十字切口插入3~4个接穗。插接穗时，削面上端应露2~3mm，称为"露白"，有利于嫁接部位良好愈合。

④绑缚：从上往下把接口绑紧，绑缚时不要触动接穗，以免形成层错位。

2.4.4.2 嫁接后的管理

为了提高成活率，嫁接后管理十分重要。

（1）检查成活：夏季芽接一般 10～15 天以后检查成活。凡叶柄一触即落、接芽新鲜者为成活；叶柄干枯不易脱落，芽萎缩者未成活，应采取补救措施，如及时补接或准备第二年春季补接。春季芽接和枝接一般一个月以后才能判断是否成活，主要依据接穗上的芽是否萌动。

（2）适时松绑：芽接在新枝长至 10cm 时松绑为宜；枝接在成活后 1 个月左右松绑。松绑不宜过早，以免影响成活；也不宜过晚，以免影响发育或勒成"马蜂腰"而遭风折。

（3）及时除萌：接口附近及砧桩的萌芽要及时抹除，以保证接芽迅速生长。

（4）修剪接芽：有些接芽为复芽，且萌动力强，如主、副芽同时萌发时，应选留位置好、生长旺、向上直立的新梢，多余者及时抹除。当新梢上的芽（二次枝）萌发时，一般距地表 50cm 以下者在未木质化前应及时摘除。

（5）防治虫害：新萌发的幼芽或新稍，易受毛虫、蚜虫、金龟子等害虫的危害，要及时观察和防治。

3　杜仲低产园改造技术

3.1　杜仲低产园改造技术要点

3.1.1　平茬去弯与砍伐更新：对于主干低矮，长势弱的植株应采用平茬或砍伐更新措施。对胸径 30mm 以下的幼树，于春季萌动前 2 周，用修枝剪或手锯进行平茬，平茬位置在地面上 3～5cm 处。对胸径 3cm 以上的"小老树"，在春季树液流动后，树皮能够剥离时进行砍伐更新，时间一般在 4 月上旬。具体方法是：先在离地面 7cm 以上将枝干的皮剥掉，地上部分留 5～7cm 用手锯锯掉，并剥去主枝树皮。砍伐或平茬后，当伐桩萌条高 10cm 以上时，选留一根生长旺盛粗壮萌条，培育成新植株，其余萌条除去。平茬、砍伐更新，宜采用全园更新的方法，个别生长势较好的植株，也应同时更新，否则，保留植株会严重影响更新后的幼树。

3.1.2　疏密移植与间伐利用：对密度过大、没有合理经营的低产杜仲园，应采用隔行，隔株间伐或移植的方法进行改造。移栽时间在休眠期进行。对移栽的植株要挖大坑，多留根系，移栽时浇透水。间伐时间在 4 月中旬左右。间伐后的保留植株，可采用短截新稍恢复树冠的方法。

3.1.3　清园与土壤管理：对粗放管理的杜仲园，首先要全面清除园内的灌木杂草，全面深挖，疏松土壤，以增强蓄水保墒能力。

3.1.4　增施肥料与灌溉：缺肥、缺水是影响杜仲生长的主要原因之一。因此，必须加强低产园肥水管理。有条件的地方可增施有机肥，增加土壤有机质，改变土壤结构和理化性能；生长季节增施速效肥，促进树势恢复，提高低产园生产力，同时还应结合施肥进行浇水。

3.2　杜仲的常规管护技术

杜仲定植造林后，必须加强幼林（一般指定植后10年内的杜仲林）培育。要根据杜仲对土壤耕作质量、水肥和光照条件等反应十分敏感的特性，结合杜仲皮、叶、籽、材等不同侧重的经营对象，进行积极有效的培育，以更好的营建杜仲林。

3.2.1　抹除下部侧芽

抹除下部侧芽：杜仲栽种后要尽早抹去主秆下部侧芽，仅留顶端1~2个健壮饱满侧芽（越冬后顶芽多被冻死），生长就特别旺盛；若不及时将下部侧芽摘除，这时顶端的侧芽生长则特别缓慢，或变为休眠状态。因此，在树木发芽的第三个月内，应及时将过多侧枝剪除，一般只保留6~8个侧枝为好。

3.2.2　补植间苗

补植间苗：定植造林后，若出现空穴缺窝，应及时补植苗木；若直播造林，一穴生数株，造林当年则间苗，去弱留强，每穴保留一株。

3.2.3　松土除草

松土除草：松土的作用在于疏松表土，切断表层和底层土壤的毛细管联系，以减少土壤水分蒸发，改善土壤的透气性、透水性和保水性，促进土壤微生物的活动，加速有机质的分解和转化，从而提高土壤的营养水平，有利于幼树的成活与生长。松土与除草一般同时进行。造林后3~5年内，每年应进行二次松土除草。一般于4月上旬以前进行第一次；5月或6月上旬进行第二次；此期间为杜仲的生长高峰期，松土除草更有利于其生长发育。

3.2.4　施加追肥

施加追肥：追肥结合松土除草进行。据以前种植经验和国内研究证明，杜仲幼树对追肥很敏感，特别在前4年施追肥更加重要，而成年树作用不甚明显。

3.2.5　整形修枝

①平茬与去弯：平茬是利用杜仲萌芽力强的特点，将幼树从地面以上一定部位把主干剪去的一种修剪技术。杜仲枝条呈不同程度的"Z"字形特点十分明显，加之杜仲无顶芽的特性，造林后第2、第3芽萌发较旺，但生长直立性差，往往不能形成明显的主干，长势弱，容易形成"小老树"，这种现象在干旱地区表现更为突出。第2年剪梢接干的效果也不理想。而植株平茬后，生长位置降低，生长点减少，树冠比增大，养分供应相对集中，刺激萌芽极性生长加快，干形通直，树势旺盛，生长迅速。

平茬可在杜仲栽培时或栽植一年后进行，平茬时间为落叶后至春季萌芽前10天左右。平茬部位在地面以上10cm左右的根茎处，用快刀或利剪截去，让其从根茎萌发萌条，选留1~2根生长苗壮干形好的萌条培育新植株，称之为"平茬更新"；保留幼树部分主干，只从主干弯曲或无主干的部位截除，使其在截口附近萌生新枝条，选留一根与原主干基本通直，生长壮实的萌条培育新树冠，称之为"去弯接干"；或利用杜仲苗干上端腋芽萌发向上生特点，从苗干上部顶芽往下第3、4个腋芽中，选留一个直立而健壮的与主风向一致的饱满芽，作为接干对象，再将紧靠的上部芽连同上部苗干斜着剪去，与上述接干接上，选留的接干芽因顶端优势能向上生长而形成通直的新干及萌发3~4个营养枝，称之为"去梢接干"。进行上述修剪应在林木休眠期或林木生长初期进行，春天即萌发新枝，生长期长，植株健壮，并能充分木质化越冬。苗高2m以上的2年生苗圃平茬苗或嫁接苗，栽植后不再进行平茬。各地在建设杜仲园时，应酌情采用。

②除萌与抹芽：杜仲具有极强的萌芽特性。平茬或枝干截短后，会从剪口以下萌生许多萌芽，这些萌芽除根据需要必须保留之外，其余的萌芽要及时除去。平茬当年的保留萌条，在生长过程中，腋芽会大量萌发，影响主干生长，因此，也要及时抹去，以促进主干旺盛生长。第2年后对主干上萌发的幼芽应酌情抹去，抹芽高度一般为树高的1/3~1/2，抹芽过高造成树高、树冠比例失调，主干易弯曲，影响植株生长。

③疏枝：疏枝是将枝条从基部剪除，为果树上常用的一种修剪措施。杜仲不仅萌芽力强，萌芽后抽枝力也很强。这些萌发的枝条如任其自然生长，会造成枝叶过于密集，通风透光不良。生长量下降，产叶量减少。为改善植株通风透光条件，根据经营目的，应适当疏除竞争枝、徒长枝、过密枝、重叠枝、轮生枝、交叉枝、细弱枝和病虫枝等。每次疏剪量不宜太大，否则也会影响树势。

④短截：短截是根据需要将植株一年生枝条剪短一部分，促发萌条，调整树形结构和平衡营养的一种修剪措施，在果树生产中应用较多。在杜仲树上，主要用在采叶园、高产采籽园以及树势弱需要复壮的植株上。成年大树由于树体高大，操作不方便，应用较少。短截后的枝条萌发新梢生长十分旺盛，枝条粗壮，可超过未短截枝条的30%~60%以上。对中央主干较弱的植株，采用短截可明显促进树高生长。根据短截强度的大小，可分为轻短截、中短截和重短截。轻短截一般剪去枝条的1/5~1/4；中短截一般剪去枝条长度的1/3~1/2；重短截一般留基部6~10个芽或剪掉枝条长度的2/3左右。

⑤回缩与截干：回缩是在多年生枝的适当部位短截。一般在大树衰弱枝、多次短截的枝条上以及过于密集的枝上应用。目的是改善光照，恢复树势，保持枝条萌芽活力。截干是针对主干弯曲的多年生幼树或改变经营目的，如乔林改成头林，矮林改为采叶林等，在主干上一定部位用剪刀或锯截断的一种修剪方式。对弯曲植株，应在弯曲处截干，改变经营目的可根据需要，在

高度 0.6 ~ 1.5m 处截取主干。

4 杜仲主要病虫害及防治技术

4.1 苗圃病害

4.1.1 根腐病

该病害多在苗圃和 5 年生以下的幼树上发生,严重时造成苗木成片死亡并且逐年蔓延。

主要症状:病菌先从须根、侧根侵入,逐步传染至主根,根皮逐渐腐烂萎缩,地上部出现叶片萎缩,苗茎干缩,整株死亡。病株根部木质部呈不规则紫色条纹,病苗叶片干枯后不落,拔除病苗一般根皮留在土壤中。

发生发展:该病害主要病原菌有镰刀菌、丝核菌、腐霉菌等,具有较强的腐生性,平时在土壤及病株残体上存活和越冬,6 ~ 8 月份为该病害主要发生期,低温多湿、高温干燥均易发生此病,一年内形成 2 ~ 3 个发病高潮。

苗圃土壤黏重板结、透气性差、苗木生长弱容易感病,连续阴雨也能诱发该病发生。整地粗放、苗床太低、床面不平、圃地积水以及苗圃缺乏有机肥、土壤贫瘠、连续育苗的老苗圃地,也易发生该病。

防治措施:

①选好苗圃地:宜选择土质疏松、肥沃、灌溉及排水条件好的地块育苗,尽量避开重茬苗圃地;长期种植蔬菜、豆类、瓜类、棉花、马铃薯的地块也不宜作杜仲苗圃地。

②增施有机肥,土壤消毒:冬季土壤封冻前施足充分腐熟的有机肥,同时每亩加施 100 ~ 150kg 硫酸亚铁,将土壤充分消毒。酸性土壤每亩撒 20kg 石灰,也可达到消毒目的。

③药剂浸种:精选优质种子并进行药剂浸种处理再播种,能有效预防根腐病。

④药剂防治:幼苗发病初期要及时喷药,控制病害蔓延。可用 50% 托布津 400 ~ 800 倍液、退菌特 500 倍液、25% 多菌灵 800 倍液灌根,均有良好的防治效果。幼树发病后也应及时喷药防治。对于已经死亡的幼苗或幼树要立即挖除,将植株烧掉,并对发病处土壤充分杀菌消毒。

4.1.2 立枯病

立枯病又称猝倒病。在各产区都有不同程度的发生,主要危害当年生苗。

症状:苗木在不同生长阶段,表现出不同的症状。

种芽腐烂:播种后幼苗出土前或苗木刚出土,种芽遭受病菌浸染,引起种芽腐烂死亡。低温、高温、土壤板结或播种后覆土过深,易感此病。

幼苗猝倒:幼苗出土后至苗茎木质化前,病菌自幼嫩茎基部侵入,出现黑色缢缩，造成苗茎腐烂、幼苗倒伏死亡。

子叶腐烂：幼苗出土后，子叶被病菌侵入，出现湿腐状病斑，使子叶腐烂、幼苗死亡。在湿度过大、苗木密集或揭草过迟的情况下易感此病。

苗木立枯：苗木茎部木质化后，病菌主要从根茎部以下浸染，引起根部腐烂、病苗枯死而不倒伏。

发生发展：立枯病的主要病菌为立枯丝核菌、尖孢镰刀菌等。与根腐病的病原相同。立枯病在土壤黏重、板结、排水不良、管理粗放，土壤中病菌积累过多的苗圃地发生较多。

苗木立枯病的防治参照根腐病的防治方法。

4.2　苗圃虫害

4.2.1　金龟子

金龟子属鞘翅目金龟子科昆虫，主要以幼虫为害杜仲幼苗。

发生发展：金龟子幼虫统称蛴螬，营地下生活。一般为一年一代，少数二年一代。春季为幼苗活动旺盛期，3～5月份，当10cm深土温达到15℃以上时，种子萌发，幼虫生长，危害严重。幼苗高10cm以下时，根系幼嫩，幼虫在土内2～5cm深处啃食幼根，并将主根咬断；幼苗高10～30cm时，幼虫则以啃食根皮为主，在土内2～10cm深处啃食主根皮，呈不规则缺刻状，使地上部分叶片萎蔫，顶梢下垂，最后导致幼苗死亡。夏季气温高，土壤干燥，蛴螬潜入较深土中；秋季温度渐降，再次上升到表土层活动。

防治措施：

①适时翻耕土地，采用人工捕杀和放养家禽啄食，可减轻危害。成虫盛发期，利用灯光诱捕。

②苗圃地必须使用充分腐熟的农家肥作肥料，以免滋生蛴螬。

③幼苗生长期发现幼虫危害，可在被害苗周围2～10cm土层内捕杀。并用50%辛硫磷乳油或25%乙酰甲胺磷1 000倍液灌注根际，可取得较好的防治效果。

④以金龟芽孢杆菌（*Bacillas Popilliae*），每亩用每克含10亿活孢了的菌粉100g，均匀撒入土中，使蛴螬感染发生乳状病致死。由于病菌能重复感染，所以病菌可在土壤中保持较长的时间。

4.2.2　地老虎

地老虎属鳞翅目夜蛾科昆虫，主要以幼虫为害幼苗，俗称土蚕。幼虫老熟时体长3.3～6cm，体色暗褐，腹面略浅。

地老虎一年发生多代，以第一代幼虫4～5月份为害最重。初龄幼虫群集于幼嫩部分取食，3龄后分散，白天蜷缩于幼苗根茎部以下2～6cm深处，晚上出来取食，从根茎部咬断嫩茎幼芽拖入洞内。

防治措施：

①及时清除田间杂草，减少、消灭成虫产卵场所和幼虫的为害条件。

②幼虫危害期间，每天早晨在断苗处将土挖开，捕捉幼虫。

③在幼虫3龄前用50%辛硫磷乳油800～1 000倍液灌施根茎部或利用地老虎食杂草的习性，在苗圃堆放用6%敌百虫粉拌过的新鲜杂草，诱杀地老虎，草药比例为50∶1。

④用黑光灯诱杀成虫。

4.3　杜仲园的病虫害

杜仲病虫害主要有：烂皮病、杜仲夜蛾、杜仲笠圆盾蚧、杜仲瘿蚊、舞毒蛾、木蠹蛾、袋蛾、尺蛾等。

4.3.1　烂皮病

症状：该病主要是在杜仲剥皮再生过程中，由于忽视气候状况和防护措施不要所引起。初期病斑呈暗褐色水渍状，表面稍隆起，形似烫伤水泡。挑破水泡，流出淡黄色液体，具有酒糟或醋糟气味。病斑逐渐扩大，中期病斑呈褐色腐烂状，病组织松软，质如海绵状，手压流出褐色液体，有臭味。以后，病斑表面有一层灰白色薄膜，继而长出许多针头状小突起，为病菌的子囊壳或分生孢子器。阴雨或空气湿度大时，子囊壳或孢子器吸水膨胀，从孔口挤出橘黄色卷丝状或胶状物，即子囊孢子或分生孢子角。后期病组织失水，病斑干缩凹陷，木质部裸露霉变，不再生长新皮。轻者，树木长势衰退；当病斑环绕树干一周时，疏导组织被破坏，植株枯死。

防治措施：

①选择7月中旬到8月上旬，病菌越夏期和树木粗生长高峰期，进行剥皮再生作业，可减轻和避免再生新皮发生烂皮病。

②剥皮和包扎过程，避免皮面受创伤，包扎材料要洁净、无破损。剥皮后作好防护措施，避免再生新皮受创伤；防止雨水或昆虫进入剥面。

③剥皮后，勤检查，剥面如有积水或昆虫进入，应及时排除。如发现烂皮病斑，揭开塑膜，用利刀轻轻刮除病斑，再用药棉蘸500倍液退菌特，轻涂于病斑处，将剥面重新包扎好。

④新皮形成后，及时解除包扎，以防止新皮因长期缺氧而坏死，招致病菌侵入。

4.3.2　杜仲夜蛾

形态特征：属鳞翅目昆虫。成虫是中型蛾类。幼虫头小，光滑无毛，黑褐色；上唇缺切微凹；腹足发达；趾钩单序中带。

成虫：除具夜蛾科昆虫特征外，体长 12～15mm，翅展 30～40mm，雌蛾比雄蛾稍壮大；前翅似三角形，翅中部有两个较明显的淡褐色椭圆斑纹，翅后缘中部有一深褐色斑点，从翅前缘到后缘有一条浅褐色波状线纹。前翅色深，后翅色淡，一对丝状触角。

卵：形似圆形馒头，直径 0.6mm 左右，高约 0.3mm。初产时为乳白色，后渐变为灰白色，孵化前卵顶上呈现黑点。

幼虫：除具夜蛾昆虫特征外，体分 12 节，具胸足 3 对，腹足 4 对，臀足 1 对。

蛹：被蛹，体长 14～18mm，宽约 5.5～6.5mm，预蛹期绿黄色，3～5h后呈棕黄色，接近羽化时呈棕褐色，有光泽。

生活习性：多在傍晚至夜间羽化，第二天夜间开始进行活动。白天潜伏于土隙、枯叶、杂草、树丛下、遮阴的树干上等隐蔽物下，黄昏后开始飞翔、寻偶、交尾、产卵等活动。对普通灯光趋性不强，但对黑光灯极为敏感；有很强烈的趋化性，特别喜欢酸、甜、酒味。成虫寿命 5～11 天。

防治措施：

①杜仲夜蛾食谱窄，寄主单一。造林应考虑营造混合林，以控制林木病虫的发生和扩散。

②加强林地管理。每月 7 月中旬、11 月至翌年 4 月中旬，翻挖林地，以破坏杜仲夜蛾蛹期场所，消灭夏蛹和越冬蛹。

③每年 5 月上旬至 6 月下旬，7 月下旬至 8 月中旬，设置黑光灯诱杀成虫。

④幼虫三龄以前，在树冠上喷洒杀虫农药。

⑤幼虫三龄以后，用菊酯类杀虫农药与机油混合 1：10，在树干上涂药环，或浸制毒绳绷扎在树干上，阻杀上、下树幼虫。

⑥幼虫三龄以后，在树干上包塑膜，阻止幼虫上树，使幼虫饥饿死亡，此项可结合杜仲主干剥皮再生措施进行。

⑦认真贯彻执行森林植物检疫法规，加强检疫工作，防止林木病虫害传播蔓延。

4.3.3 杜仲笠圆盾蚧

形态特征：虫体微小，雌雄异型。雌虫发育经过卵、若虫和成虫三个阶段；雄虫发育经过卵、若虫、蛹和成虫四个阶段。雌成虫无翅，头胸部愈合，腹末数节愈合为臀板，介壳形似斗笠状。雄成虫有一对发达的前翅。

防治措施：

①加强植物检疫：杜仲笠圆盾蚧的远距离传播是靠苗木运输传播扩散。

调运苗木，必须履行检疫，不能使带有蚧虫的苗木出入境。有虫苗木要经灭虫处理后，才能造林，防止人为扩散蔓延。

②人工防治：在蚧虫发生数量少、面积小的情况下，可进行人工抹除。冬季用石灰液进行树干涂白；结合修剪抚育，剪除虫枝烧毁，这些措施经济有效，还能保护天敌。

③化学防治：化学防治应以消灭越冬和第一代若虫为重点。在第一龄若虫发生期为最佳施药时间。初孵若虫无介壳，抗药性弱，杀虫效果好。冬季喷洒 5 波美度石硫合剂或 5% 石硫乳剂。若虫孵化用菊酯类农药与敌敌畏乳油按 1:1 混合，稀释 3 000 倍液，或氧化乐果、久效磷、对硫磷等农药 1 000 倍液喷雾，均收到较好的防治效果。注意合理用药，不要单一使用某一种广谱性的化学农药，以免使害虫产生抗药性和杀伤天敌。

④生物防治：保护利用天敌，发挥天敌作用。据调查和文献记载，盾蚧科害虫的天敌有多种瓢虫和寄生蜂，如果条件适宜，天敌遏制害虫的作用将会更大。营造混交林，有利天敌的繁殖和栖息。

4.3.4 杜仲瘿蚊

形态特征：体形微小纤细。成虫有一对前翅，翅脉简单，只有 4 根不分支纵脉，无明显横脉，后翅特化成一对平衡棒；触角线状；足细长，胫节无端距。幼虫头小，无眼，口器发达，有一对适合咀嚼而作水平动作的上颚；胸部腹面有胸叉。

防治措施：

①加强检疫措施：苗木出圃前，进行产地检疫，经灭虫处理后，方可外调，杜绝带虫苗木出圃外运，防止人为传播扩散。

②药剂防治：勤检查，发现此虫为害，及时防治。瘿瘤初期，树皮尚未破裂，先用利刀将瘿瘤处树皮纵割数刀，然后用 40% 氧化乐果乳油加水稀释 5 倍，或用菊酯类农药加柴油稀释 5 倍，涂刷瘿瘤。如果瘿瘤处树皮已破裂，可直接涂刷药液，杀虫效果均达 100%。

③农业防治：结合修枝抚育，将有瘿瘤的枝条剪除，运出林外烧毁。

④生物防治：保护和利用寄生蜂、鸟类等天敌防治瘿蚊。

4.3.5 舞毒蛾

形态特征：雌蛾体长 25～30mm，翅展 76～93mm；体、翅被有淡黄白色鳞毛，翅脉各横脉不甚清楚；前翅有 4 条波曲状褐色横线，呈"<"状斑纹。前、后缘毛每两脉间有一个黑褐色斑点，各有 8 个，沿外缘呈单行排列。触角黑色，栉齿状；腹部粗壮，密生淡黄白色茸状鳞毛，腹末着生黄褐色毛丛。雄蛾体长 15～20mm，翅展 40～55mm；全身被有棕褐毛；前、后翅反面黄褐

色；前翅有 4 条黑褐色波曲状横线，内、外两线均双重，有时消失；中室中央有一黑点；前、后翅外缘部色泽深暗；外缘毛各有 8 个黑点。触角黑褐色，羽毛状。

生活习性：舞毒蛾在各地均一年一代。雄蛾很活跃，善飞翔，趋光性强，白昼常在林中成群飞舞，又具有毒毛，故称"舞毒蛾"。成虫多在树干、地坎、石壁处进行交尾。雄蛾交尾后不久死亡。雌蛾产卵于树干基部阴面、主枝下方，也有产于树洞中、地坎、石壁、岩缝间、地面、屋檐下等处。卵聚产成堆块状。雌蛾边产卵边脱下腹部的毛覆盖在卵块上。舞毒蛾大发生与气候、环境有一定关系。温暖干旱的气候，有利于舞毒蛾生活繁殖。通常在疏林、林苑、阳坡和受害的林分容易大发生。

防治措施：

①秋、冬或早春季节，发动群众铲除卵块，收集烧毁；或用煤油涂抹卵块。

②利用雄蛾趋光性强的习性，在成虫羽化期，设置黑光灯、水银灯或 100W 白炽电灯诱杀成虫。

③幼虫白天匿藏，晚间上树取食，利用这一习性，在树干束草或树基堆石块，待白天幼虫树下匿藏后，加以歼灭。

④树干涂药毒杀幼虫。

⑤应用人工合成舞毒蛾性引诱剂，一是诱杀雄蛾，二是林内喷洒使雄蛾迷向，难以找到雌蛾交配。

⑥大发生时，在卵块即将孵化时，对卵块喷洒杀虫农药，毒杀初孵幼虫。初龄幼虫期，进行树冠喷药，毒杀幼虫。

⑦在郁闭度较大的林分，初龄幼虫期，施放烟雾剂毒杀幼虫。

⑧在初龄幼虫期，喷洒舞毒蛾核型多角体病毒或白僵菌等菌液，使幼虫致病死亡。

⑨保护利用天敌，进行生物防治。

4.3.6 木蠹蛾

形态特征：成虫喙退化，下唇须小或消失，触角有双栉形、单栉形或线形；足胫节的距退化或很小；幼虫光滑，毛少，头及前胸盾片角质硬化，上颚发达，钻蛀树干，以丝和木屑作茧化蛹。

防治措施：

①营林措施：在营造成片林时要考虑树种的混交。剪除虫枝。在 8、9 月间，发现虫孔，及早从分叉处剪除有虫枝，带出林地妥善处理。

②化学防治：用 50% 久效磷、菊酯类等杀虫剂稀释液进行喷雾毒杀卵或

初孵幼虫；或用药剂注射虫孔，毒杀枝干内幼虫，均获得较好效果。

③在成虫羽化期间，设置黑光灯诱杀成虫。

④保护和招引啄木鸟、戴胜等鸟类，能有效地抑制虫害发生。

4.3.7 袋蛾

形态特征：袋蛾类属鳞翅目，谷蛾总科，袋蛾科害虫。雌蛾无翅；头、腹节退化，头小，无触角；胸足退化仅留痕迹；无腹足；腹部膨大如囊，第七节有一圈细毛束。雄蛾翅发达，翅面有稀疏的毛，几乎无斑纹，口器退化，无喙，足发达，胫节有距，翅具中室，中脉在中室可见，并分支；腹足退化。

生活习性：每年从10月中、下旬起，老熟幼虫负囊陆续向枝梢转移，将护囊前端用丝固定在枝梢上，袋囊口用丝封闭，以便越冬。翌年春季一般不再活动，或稍许活动取食。4月中、下旬化蛹。5月中、下旬开始羽化。5月下旬前后幼虫孵化。幼虫孵出时间为白天，以14~15时最盛。幼虫取食多在清晨、傍晚和阴天，晴天很少取食。又因喜好阳光和干爽环境，故树冠稀疏、树冠外围发生较多。7月中旬至10月中旬是为害高峰期，10月中旬以后，幼虫越冬。

防治措施：

①人工摘除虫囊，将幼虫饲养家禽。冬季结合培育修剪，剪除有虫枝，集中烧毁。

②如果发生面积大，虫口密度大时，掌握幼虫幼龄阶段进行喷药，并应在点片发生时，及早防治消灭为害中心。

③苗木出圃前，要进行严格检疫。

④保护利用天敌资源，抑制害虫发生。

4.3.8 尺蛾

形态特征：尺蛾的腹部和足都很细长，翅大而薄，静止时四翅平铺。腹部腹面有一鼓膜器。幼虫枯枝状，体色因寄主和环境不同而有变化，拟态性强。

生活习性：尺蛾一年一代；均以蛹在土壤内越冬。各虫态历期长短受气温影响较大。幼虫取食叶片和嫩梢，严重发生时可将成片树叶取食净光。

防治措施：

①冬季翻挖林地，将虫蛹翻至地表冻死或人工收集杀死。

②在树干上绑扎塑料薄膜带，或用久效磷等杀虫剂在树干上涂药环，阻杀雌蛾上树产卵。

③在成虫羽化期间，设置黑光灯诱杀成虫。

④初龄幼虫，用菊酯类杀虫剂稀释液进行树冠喷雾，毒杀幼虫。

⑤在密度大的林内，可释放烟雾剂熏杀初龄幼虫。

5　杜仲主干剥皮再生技术

杜仲树主干剥皮再生是对杜仲树主干或较大的枝干剥取外皮，通过一定的技术措施使剥皮部位形成新的周皮，五年或更长时间后在同一部位再次剥皮利用，从而达到杜仲树一次栽植、长期利用的目的。

5.1　杜仲主干剥皮的条件

5.1.1　杜仲树生长状态：剥皮再生的杜仲要选择生长旺盛、发育良好的树木。生长旺盛，形成层活动旺盛，形成层未成熟木质部位细胞的层数就多，剥皮部位周皮就容易愈合。

5.1.2　林分密度：每亩平均83～166株为宜，单株树剥皮效果最好。树越大密度应当越小。

5.1.3　剥皮树龄：被剥皮树龄一般在栽植后13年以上为宜。

5.2　剥皮时间

杜仲树主干剥皮再生时间为5月下旬到8月上旬。最佳时间为7月中旬至8月上旬。

5.3　剥皮再生气候条件

5.3.1　湿度：剥皮再生林地要保持有足够的水分和湿度，最好是在剥皮前一周降一场透雨，更有利于剥皮后新皮再生。剥皮后，剥皮部位的湿度必须达到90%以上。

5.3.2　温度：气温在20～25℃，形成层活动最旺盛，最适合剥皮，30℃以上高温不宜剥皮。

5.3.3　光照：充足的光照有利于再生形成层的发育和活动，因此林分的密度和包裹材料是影响光照的重要因素，光照越好再生皮生长越快。

5.4　剥皮前的准备

5.4.1　剥皮工具：首先要准备嫁接刀或其他较为锋利的刀具，用于切割树皮。其次要准备修枝剪和小手锯，用于清理树干。第三要购置和准备好洁净透明的塑料薄膜和塑料绳、麻绳等，用于包裹绑扎剥皮部位。第四，对于需剥皮的高大树木，要准备好梯子和架子，以便上树剥皮。

5.4.2　剥皮林地和林木的清理准备：对剥皮林地提前一周进行清理，清除杂草杂物，保证林内通风透光和地面干净。对剥皮树的树干进行修枝，取掉毛细枝、干枯枝，使剥皮树干保持光滑干净。对密度较大的林分进行间伐和疏株使其达到合理的密度。有条件的可进行一次浇灌，以保证剥皮有充足的水分。

5.5　剥皮、包扎及管理

5.5.1　切割树皮：先在树干上方，距离分枝下5～10cm处，绕树干环割一周，使刀口相交，然后距离地面上方10～15cm处绕树干环割一周，使刀口相交，上下环割结束后，再在上下环割线之间，选树干光滑平整面，垂直纵割一刀，使垂割线和环割线相接。不论在环割还是垂割时，用力要均匀，决不能伤及木质部。剥皮长度以1～1.5m为宜。

5.5.2　裁塑膜：塑膜的长度比剥面长15～20cm，其宽度比剥面周长宽20cm以上。

5.5.3　取皮：用刀尖或刀柄，沿树干从切割缝自上而下细心地撬拨两侧树皮，用手将树皮向两侧翻剥，取下树皮。在操作过程中，手和刀勿触及剥面，以免污染或损伤剥面。

5.5.4　包扎剥面：树皮剥离后，要立即用备好的塑膜将剥面包严，以不进水、不透气为准。保持剥面湿度，为新皮再生提供首要条件。包裹时上下要绑扎在未剥皮的部位，必须扎紧，以防止塑膜脱落和剥面水分散发，防止雨水及昆虫进入剥面。剥面部位的绑扎要松紧适度，不能太紧，以免影响新皮再生。一般剥皮部位需绑扎2～3道为宜。

5.5.5　剥皮后的管理

①适时观察。对已剥皮的树要每天进行观察，如发现包裹物脱落，要及时重新包裹。

②全面检查。每过一周，要全面逐株进行一次检查，如剥面有积水或昆虫进入，应当及时排除，如发现塑膜破烂要重新包扎。发现烂皮病现象，应及时刮除患病部位新皮，涂抹多菌灵、退菌特等药液，防止大面积传染。

③按时解除包裹物。剥皮后40天左右，新皮基本形成，选择阴雨天取掉包裹物。在解除包裹物时，若发现有未形成新皮的枯株，应即伐除，可剥皮采叶利用。伐桩要低，截面要平整，使其萌枝，选留一根生长健壮端正的萌条，培育新植株。

④增施肥料。剥皮后一月左右，新皮基本形成，要及时进行追肥，以速生肥为主，以增加养分。

⑤适时松土。施肥后要及时松土，大面积林分可连片松土，房前屋后单株树可在树周围进行松土施肥。

⑥适时浇灌。若遇天气干旱时，土壤干燥，可进行补水浇灌，以增加新皮生长所需水分。

6　杜仲叶、皮、种子的采收

6.1　杜仲叶的采收与干制

6.1.1　采收时间

胶用杜仲叶：胶用杜仲叶的采收时间，主要根据不同时期的叶片含胶量来确定。据研究，叶片与含胶量生长时间的关系密切，夏季所采叶片含胶量高，秋季落叶前采摘的叶片含胶量较低，夏、秋叶片含胶量相差可达 1 倍以上。略阳及周边地区的最佳采收期为 10～11 月。

保健及药用杜仲叶：夏叶与秋叶浸膏粉得率以及主要成分绿原酸、桃叶珊瑚甙的含量差别显著，秋叶含量明显高于夏叶。因此，采叶时应以 9～10月为主，尽量减少夏季采叶对杜仲植株生长的影响。

6.1.2　干制方法

北方产区秋季采叶时，一般天气晴朗，采用自然晾晒风干的方法，3～5天就可晒干；南方各产区可用自然风干和烘干相结合的办法。经过各种方法干制后的树叶要及时包装，放干燥处贮存，防止回潮霉变。

6.2　杜仲皮的采收

杜仲剥皮具体见杜仲主干剥皮再生技术。

6.3　种子的采收

杜仲种子 9～10 月份成熟，手工采收。对于高大的杜仲树，可用梯子、钩子等辅助工具采摘，不能折断树木枝条。

杜仲种子禁止使用布袋、塑料袋等软包装材料长期盛装。贮运过程应单独进行，防止被其他物品污染。杜仲种子应阴干，不能在阳光下曝晒。

7．开发与利用

随着人类物质生活水平的日益提高，杜仲系列产品越来越引起人们的关注，其地位也显得越来越高，这主要体现在：一是随着社会文明程度和生活水平的提高，人们愈发寻求各种保健品，以达到延年益寿，促进健康的目的。这样，医学家就把眼光转向了杜仲；二是随着三叶橡胶资源及供给的日益紧缺，人们期盼着新的胶源物质，特别是温带胶源物质，以期满足用胶需要。这样，化学家也把眼光转向了杜仲；三是随着高科技研究的深入，人们不断探寻着新材料，以期承载新功能，这样，科学家把眼光转向了杜仲。充分利用我们的杜仲资源优势和世界领先的科学技术优势，可以形成我国独具特色的民族高科技产业，国务院给予了高度的关怀和重视。略阳杜仲的综合开发利用和科学研究工作，自 1989 年以来，先后投资 2 000 余万元，建起了生产杜仲叶浸膏粉、杜仲抗疲劳饮品、杜仲调味品、杜仲茶、杜仲酒、杜仲粗胶生产厂。现在已有七大类 18 个杜仲产品上市销售。自 1985 年以来，略阳县还先后开展了杜仲速生栽培技术研究、杜仲低产林改造技术研究、杜仲全剥皮再生新皮技术研究。目前，这些科研成果得到国内同行专家的高度评价，并推广应用于生产实践中。

本节编写人员：周海涛　李晓东　杨晓太

第二节　黄柏

1. 基本特征

1.1　黄柏：为芸香科黄柏属植物黄皮树或黄蘖。前者习称川黄柏，后者习称关黄柏。川黄柏主产于四川、湖北、贵州、云南、江西、浙江等省；关黄柏主产于东北和华北地区。以皮和果实入药。

1.2　化学成分：黄柏含多种生物碱，另含黄柏酮、黄柏内脂、白鲜交脂、黄柏酮酸、青萤光酸等，是提取黄连素的主要原料。

1.3　功能与主治：具有清热解毒、泻火燥湿等功能。主治湿热泻痢、黄疸、带下、热淋、脚气、痿辟、盗汗、遗精、疮疡肿毒、湿疹瘙痒等症。

2. 栽植技术

2.1 繁殖方法：黄柏主要用种子繁殖，也可用分根繁殖。

2.2　育苗

2.2.1　选地作床：黄柏为阴性树种，宜选择湿润肥沃、排灌方便的地块做苗床。每亩施农家肥 3 000kg。深翻 20～25cm，作成 1.2～1.5m 宽的畦。

2.2.2　采种及种子处理：选生长快、高产、优质、树龄在 15 年以上的树作为采种母树，于 10～11 月果实呈黑色时采收，采收后堆放 15～20 天果肉腐烂时，淘洗，搓去果肉，再用清水冲净杂质，阴干或晒干，以备播种用。

2.2.3　播种：可春播也可秋播。春播一般在 3 月上、中旬，播前用 40℃温水浸种一天，然后进行低温或冷冻层积处理 50～60 天，待种子裂口后，按行距 30cm 开浅沟条播。播后覆土一指厚，再用草或树叶覆盖保墒，适当浇水，保持土壤湿润。秋播在 11～12 月进行，播前 20 天湿润种子至种皮变软后播种。每亩下种量 2～3kg。一般 4～5 月出苗，培育 1～2 年苗高 40～70cm 时移栽。

2.2.4　苗期管理

间苗、定苗：苗齐后应拔除弱苗和过密苗。一般在苗高 7～10cm 时，按株距 3～4cm 间苗，苗高 17～20cm 时，按株距 7～10cm 定苗。

中耕除草：一般在播种后至出苗前除草一次，出苗至封行前，中耕除草 2 次。

追肥：结合间苗、中耕除草追肥 2～3 次，每次每亩施人畜粪便 2 000～3 000kg，夏季在封行前也可追肥一次，以氮肥为主，平均每亩施入尿素 15kg

左右。

排灌：播种后经常浇水，以保持土壤湿润，夏季高温也应及时浇水降温，以利幼苗生长。

2.3 栽植

2.3.1 选地：黄柏栽植地应选在土层深厚，便于排灌，腐殖质含量较高的地方，零星种植可在沟边、路旁、房前屋后土壤比较肥沃、阴湿的地方。

2.3.2 栽植时间和方法：从11月至次年2月均可栽植。按株行距3m×4m开挖不小于50cm见方的栽植坑。每穴施入农家肥5~10kg。栽苗时，要将幼苗带土挖出，每穴栽1株，填土一半时，将树苗轻轻往上提，使其根部舒展后填土至平，踏实，浇定根水。

2.4 田间管理

2.4.1 除草：定植后半月要经常浇水，以保植株成活。在前2~3年每年夏秋两季，中耕除草2~3次，4年后只需每隔2~3年，夏季中耕除草一次，疏松土壤，将杂草翻入土内，改良土壤并增加肥力。

2.4.2 施肥：在每年入冬前施一次农家肥，沿树周围开沟施入10~15kg，以后每年施2~3次。也可用尿素或复合肥。

2.4.3 修剪：为了产量和质量的提高，在栽植第一年必须修枝。修枝在萌芽后进行，主要是顶芽缺失的树木。由于顶芽缺失而萌生的两个以上侧芽，应保留一根做中心干，另一根从基部剪去，确保黄柏直立生长。栽植3年后，只需将距地面2m以下主干上的大侧枝剪掉即可。

2.5 病虫害防治

2.5.1 锈病：5~6月始发，危害叶片。防治方法：发病初期用敌锈钠400倍液或25%粉锈宁700倍液喷雾。

2.5.2 花椒凤蝶：5~8月发生，危害幼苗叶片。防治方法：在幼龄期用90%敌百虫800倍液每隔5~7天喷一次，连续1~2次；在幼虫三龄以后，喷每克含菌量100亿的青虫菌300倍液，每隔10~15天一次，连续2~3次。

3. 采收与加工

3.1 采收：定植后10~20年可采收，时间在5~6月进行，将树砍倒，用刀横断皮层再纵开一刀依次剥下干皮、枝皮和根皮。也可不砍树剥皮，在活的黄柏树上进行环剥，方法是于7月高温多湿季节进行，按一定宽度进行环状割皮，切割深度以只割断表皮至木质部为宜，剥皮处用薄膜包扎，再生树皮表面光滑，两年后其厚度与原生皮相近，剥皮后仍可再生，可重复数次。

3.2 加工：剥下的树皮趁鲜刮去粗皮，显黄色为度，晒至半干，重叠成堆，用石板压平，再晒干即可。产品以身干、色泽好、粗皮净、皮厚者为佳。

4. 开发与利用

黄柏主要是药用和材用。药用黄柏是以皮和果实入药，目前开发的有黄柏碱注射液、黄柏干浸膏、黄柏丝饮片和黄柏片等。黄柏木材坚硬、细密且花纹美观，是建筑装饰及制作家具的上好材质。

本节编写人员：钟玉贵　赵秀兰

第三节　厚朴

1. 基本特征

1.1　厚朴：为木兰科木兰属植物，凹叶厚朴（温朴）的干燥树皮和根皮。它主产于湖北、四川、陕西及甘肃等地。陕西主产于紫阳、安康等地，略阳县多野生，也有部分栽培。

1.2　化学成分：它主要含有厚朴酚等酚类挥发油、生物碱以及 β - 桉叶醇。

1.3　功能与主治：具有散寒、燥湿、利气、消痰等作用。主治风寒咳嗽、喉痒痰多、腹痛泻痢、血淤气滞等症。花果入药有理气、温中化湿的作用。

2. 栽植技术

2.1　繁殖方法：厚朴以种子育苗为主，也可压条繁殖。

2.1.1　育苗

2.1.1.1　土地条件：厚朴育苗地应选向阳、土质疏松肥沃、土层较深、排灌方便的砂壤土，施足基肥，耕细整平，作成 1.2 ~ 1.5m 宽的畦，待播。

2.1.1.2　选种及种子处理：选生长 15 年以上的健壮母树，在 9 ~ 10 月种子成熟时采收。采收的种子，趁鲜播种，或用湿沙混合贮放至翌年春季播种。

播前进行种子处理：先浸种 48h，后用沙搓去种子表面的蜡质层，然后取出干搓，退去外皮，再放入清水中搓净晾干于翌年播种。

2.1.1.3　播种：春播或冬播。春播于 2 ~ 3 月，冬播于 10 ~ 12 月，以春播为好。一般采用条播。按行距 25 ~ 30cm，深 7 ~ 10cm 单粒播种，粒距 5 ~ 7cm，播下种子后覆土盖草，保温保湿。每亩播种量 15 ~ 20kg。

2.1.2　压条繁殖

11 月上旬或翌年 2 月选择生长 10 年以上成年树的萌蘖，横割断蘖茎一半，向切口相反方向弯曲，使茎纵裂，在裂缝中央夹一小石块，培土覆盖。

翌年生多数根后割下定植。

2.2　苗期管理

当幼苗大部分出土后，及时揭去覆盖物，经常除草并在行间浅中耕。当苗高6~7cm时，适当施入人粪尿，每隔两个月追肥一次。干旱时要勤浇水，以保持土壤湿润；在多雨季节要排除积水，以免发生根腐病。一般育苗2~3年，苗高30cm以上时移栽定植。

2.2.1　定植

土地条件：厚朴喜温和、潮湿的气候，高温干旱均不利于生长发育。宜选疏松、肥沃、富含腐殖质的砂壤土和壤土为宜。向阳的山坡、路旁及宅旁的空闲地可栽植。

栽植时间和密度：在秋季10~11月或春季萌发前起出幼苗，按株行距3m×4m或3m×3m挖穴，穴40cm见方。

栽植方法：栽苗时，苗入土深度应比原来深3cm左右，将幼苗轻轻向上提，使其根系舒展，再踩紧，浇定根水，上面再盖一层松土。

2.2.2　栽后管理

间作：栽植后2~3年，可间作豆类、玉米、蔬菜以及1~2年生中药材，既能充分利用地力，又有利于苗木管理。

中耕除草：定植最初几年，可与间作物结合中耕除草、施肥。林地停止间作后，在夏末中耕一次，深度10~15cm，不宜过深，以免损伤根系。

施追肥：间作时不单独施肥。停止间作后，每年春秋两季施堆肥和厩肥各一次，结合培土沿树基开沟施入人畜粪尿。

修剪除萌：厚朴荫蔽力强，定植10年后，要把密生枝、纤弱枝、垂死枝剪掉，使养分集中在主干和主枝部分，供其生长。树干根部受人畜损伤而形成的多干要及时修剪除萌。

2.3　病虫害防治

2.3.1　根腐病：多发生在幼苗期，6~8月发病最为严重。病苗根部发黑腐烂，呈水渍状，至全部枯死。防治方法：及时排水，发现病株立即拔除，病穴用石灰消毒，或用50%多菌灵可湿性粉剂500倍液浇灌病穴，防止蔓延。

2.3.2　叶枯病：发病初期叶上病斑黑褐色，最后干枯死亡。防治方法：发病初期摘除病叶，再喷1:1:100倍波尔多液防治，每隔7~10天一次，连续2~3次。

2.3.3　褐天牛：又叫蛀杆虫。蛀食树干，影响树势，严重时植株枯死。5~7月可捕杀成虫；树干刷涂白剂防止成虫产卵；用80%的敌敌畏浸棉球塞入蛀孔毒杀。

2.3.4 白蚁：可用灭蚁灵粉毒杀，或挖巢灭蚁。

3. 采收与加工

3.1 采收：一般栽后 15 年可采收，时间在 5～6 月份，采用砍树或环状剥皮法，亩产 150～300kg 左右。砍树剥皮，按 40～60cm 长度环剥干皮和枝皮，自然成卷筒状，每 3～5 筒套在一起，横放于盛器内，切忌竖放，以免树液流出，影响发汗。

3.2 加工：先用沸水煮软后取出，直立放屋内或木桶中，覆盖棉絮、麻袋使之发汗，待皮内侧或横断面都变成紫褐色或棕褐色，将每段树皮卷成双筒用竹篾扎紧，削齐两段曝晒干燥即成。小根皮和枝皮晒干即可。

3.3 花的采收与加工：栽植后 5～8 年开始开花，待花即将开放时采回花蕾，先蒸 10 分钟，取出铺开、晒干或烘干。

4. 开发与利用

近年来，国内外学者对厚朴的药理功效研究有了新的进展：其一，厚朴中的厚朴酚及其羟甲基衍生物，可治肝癌、胃癌、淋巴癌、皮肤癌、脂肪瘤及肝癌晚期疼痛；其二，厚朴对致龋菌变形链球菌有抑制作用。开发的中成药品有防龋齿厚朴牙膏，厚朴黄连液，含有厚朴提取物的口气清新和口腔清洁产品。

本节编写人员：李 宏 周海涛 赵秀兰

第五章　花、果实类

第一节　银杏

1. 基本特征

1.1　银杏：（*Gingo bilobal*），俗称白果，是我国特有的珍稀名贵树种，它在地球上已存在1亿7千万年，以"活化石"著称于世，有植物界的"大熊猫"之称。它集果用、叶用、观赏、环保、科研、文化于一身，尤其是其叶、果中的有效成分对心脑血管疾病和抗衰老有奇特的疗效，是重要的经济树种。

1.2　银杏的价值

1.2.1　药食价值：银杏外种皮主要含有银杏酚、白果酚、氢化白果酸、氢化白果亚酸等成分，是研制黄酮类药物的主要成分，对治疗脑膜炎有特效；外种皮提取物制成的生物农药对多种果树，蔬菜病虫害的防治效果显著。银杏种仁营养丰富，据测定，蛋白质含量为11.27%，淀粉73.24%，脂肪3.93%，总糖3.17%；每100g银杏中含维生素A 0.245mg，维生素C 21.65mg，维生素E 2.33mg，银杏种仁中的白果酸、氢化白果酸、莽草酸、白果二酸等具有抗菌、扩张收敛和促进人体新陈代谢、补肾健脑、滋肤美容作用。大量研究证明，银杏叶提取物（GBE）对治疗脑血栓和心血管疾病，提高人体免疫力、降低血糖及胆固醇具有显著效果。

1.2.2　材用价值：银杏木材纹理细密，白腻质轻，不翘不裂，耐腐蚀，无虫蛀，属珍稀上等木材，价格昂贵。是制造高级工艺品、高档家具、文体用品等的珍贵材料。

1.2.3　观赏价值：银杏树干端直，雄伟苍劲，叶形奇特，是集树形美、叶形美、叶色美于一体的珍贵树种；也是绿化、美化和制作盆景的珍稀树种。它与雪松、金钱松、南洋杉并列为世界四大园林树种，在我国，银杏和牡丹、兰花誉为中国园林三宝。且寿命绵长，一次栽植，千年受益。

1.2.4　环保价值：银杏树体高大，根系深广，病虫害少，寿命长，具有良好的防洪固沙、保持水土、涵养水源的作用，是营建防护林带和道路、庭院绿化的上等树种；尤其是它能分泌具有杀菌作用的芳香挥发物和具有抗癌作用的氰氢气体，使其环保价值更为突出。

1.3 化学成分：种子含少量氰甙、赤霉素和动力精样物质。类胚乳中还分离出两种核糖核酸酶。一般组成为蛋白质 6.4%、脂肪 2.4%、碳水化合物 36%，钙 10mg、磷 218mg、铁 1mg，胡萝卜素 320μg、核黄素 50%，以及多种氨基酸。

1.4 功能主治：敛肺气，定喘咳，止带浊，缩小便，消毒杀虫。主治哮喘，痰嗽，梦遗，白带，白浊，小儿腹泻，虫积，肠风脏毒，淋病，小便频数，以及疥癣，漆疮，白瘤风等病症。

2. 银杏育苗技术

2.1 圃地选择：选择地势平坦、背风向阳、肥力中上等的壤土或沙壤土、pH 值 5.5 ~ 7.0、土层厚度 60cm 以上、排水良好、灌溉和交通方便的地块作为育苗地。

2.2 整地作床：冬初全面深翻 25 ~ 30cm，每亩施入 2500 ~ 5000kg 农家肥作为基肥，混入 $FeSO_4$、$ZnSO_4$ 适量。多雨地区，可作高畦育苗；少雨地区，可采用低畦育苗。

2.3 种子选择：种子应从生长快、长势旺盛、授粉良好、无病虫害的树上采集，选种要求种子饱满，发芽率在 70% 以上。

2.4 播种与管理：播种前对种子进行沙藏催芽，然后在苗床上开沟，沟宽 15 ~ 20cm，深 10cm 左右，长以地形而定，种间距 5 ~ 10cm，进行点播，覆土 5 ~ 10cm，并用草帘喷湿覆盖保墒。出苗后揭去草帘及时除草。出苗 15 ~ 20 天后进行追肥，以氮肥为主，每亩 5 ~ 10kg，以后根据苗木长势而定再施肥 1 ~ 2 次，干旱时浇水，雨季防止苗圃积水。

2.5 苗木出圃及包装运输：根据栽植地需要，在 10 月份左右进行挖苗，要保持根系的完整性，不要伤苗，按等级每 50 株为一捆，填写苗木标签、注明产地、等级和出圃时间。在运输过程中防止日晒、风吹，注意保湿，尽量随挖随栽。

3. 银杏栽植技术

3.1 选地

平原、丘陵、山地有灌溉条件，排水良好，海拔 300 ~ 2 300m 均可种植；宜选阳坡、坡度 15° 以下、土质：壤土或沙壤土、pH 值 5.5 ~ 7.0、地下水位、1.5m 以下、土层厚度大于 60cm 的地块。

3.2 整地

山区、丘陵缓坡地按等高线带状整地，规格为：深 60cm，宽 80cm，长随地形长度而定；平地采取挖穴整地，规格（长、宽、深）：100cm×100cm×100cm，底表土分放，表土混合有机肥后先填入穴内，填至深度的2/3处为宜。

3.3　栽植时间

银杏落叶后至萌发前，一般在10月至翌年3月均可。

3.4　苗木规格

生产中采用一级苗较好。一般选苗高80～100cm、地径1.5～2.0cm、根系发达、无机械损伤和病虫害的苗木为佳。

3.5　栽植方法

栽植时要修剪过长的根系，将苗木根系舒展放入穴内，培土、提苗、踏实做盘后浇水。栽植深度以略高于出土地茎为好。

3.6　栽植密度

3.6.1　银菜间作：按株行距8m×10m，每亩定植8株；

3.6.2　银银间作：实行结果树与大苗培育、采叶三结合模式，短期卖叶子，中期卖大苗，长期卖果子的复合式种植。嫁接苗按株行距8m×8m定植，实生苗按株行距0.5m×0.6m定植。

3.6.3　密植丰产园：一般生产中嫁接苗按株行距5m×6m定植，每亩22株。

3.7　雄树配置

建园时雌雄树同时定植，均匀分布，雌雄配置比例为25:1～30:1，雄株应配置在花期的上风方向。

4. 银杏管理技术

4.1　银杏嫁接

4.1.1　银杏嫁接的意义和作用：银杏为雌雄异株植物，实生树结果较晚，且各地品种良莠不齐，品质及性状差异很大。通过人为嫁接改良，可提早结果、改良品质、提高生产性能。一般实生树不通过嫁接改良，需30～40年才能结果，选用优良品种嫁接后，3～5年就可结果，大大提前结果期，为银杏早果丰产打下坚实基础。

4.1.2　接穗采集

4.1.2.1　选用良种：良种母树需具有早实性：嫁接后4～6年开始结果；丰产性：单位面积树冠投影的种实产量在1.14kg/m²以上；品质好：种实正常成熟，种仁饱满，粒大，外形美观，皮薄，种仁鲜绿，无皱纹，出核率高，出仁率高；抗逆性强，抗病虫害等特点。

目前略阳县主要发展的几个优良品种：大佛指：结果早，丰产性较好，种实大小中等；大圆铃类：种实大，结果早，大小年不明显，是略阳县主要

第一部分　植物药

推广的品种；七星果：产自江苏，因果面有麻点而得名，种实大，结果早，没有大小年，稳产、高产，抗逆性强。

4.1.2.2 采集时间和贮藏：落叶后至萌发前 20 天，采集盛果期良种母树的壮枝，及时进行蜡封，在含水量40%的河，沙中贮藏保存，以备嫁接。

4.2 嫁接时间

一般在春季嫁接：即 3 月中旬至 4 月中旬；也可在秋季进行芽接。

4.3 嫁接方法

嫁接方法较多，生产中常用的是春季枝接，采取舌接或插皮接；秋季采用带木质新芽接。

4.3.1 插皮接

插皮接又称皮下接，是采用拨开树皮将接穗插到韧皮部内的嫁接法，适用于春季树液流动后、直径在 3cm 以上的实生苗上；以及低产林改造中，用于大树高接换头。成活率高且抽枝快，树冠成形早。

4.3.1.1 剪砧：在所需嫁接高度选留一段光滑处剪（或锯）去上部，用刀将剪（或锯）口修平滑，以利于愈合。

4.3.1.2 削接穗：一般每根接穗剪留 3～4 个芽，从最下芽背，长削一刀，长 2～3cm，削去接穗粗度的 2/3 以上，削面一定要平；在长削面两侧各斜削一刀，把顶端削尖即可。

4.3.1.3 插接穗：在砧木上端光滑一侧纵向切口，深达木质部，撬开砧木上口韧皮部，将接穗长削面对准砧木木质部插入，接穗长削面应在砧木上部露出 0.3cm 左右。根据砧木直径大小插接 2～4 根接穗。

4.3.2 双舌接

适用于砧木较细的苗圃地大量嫁接采用的方法，将粗度相同的砧穗各削成一长为 3～5cm 的斜削面，削好后再于各自削面具顶端 1/3～1/2 处纵切一刀，深度为削面长度 1/3，呈舌状。嫁接时将砧穗各自的舌长插入对方切口，并使形成吻合，然后包紧、包严。

4.3.3 绑扎

用塑料薄膜条（宽 2～3cm）绑扎，必须包扎严实，严防漏气，不利于成活。包扎 5 分钟、后见塑料薄膜内有水雾，说明包扎较好。

4.4 嫁接后的管理

4.4.1 抹芽、除萌

在整个生长季节要及时抹去砧木上发出的全部萌芽，反复进行多次。

4.4.2 松绑

一般春季嫁接 60 天左右即可松绑，太早和太迟都影响嫁接效果。松绑时解除或用刀片划断绑扎的塑料膜即可。

4.4.3　适时中耕除草、施肥、灌水，防止积水和病虫害。

4.5　嫁接苗的分级（苗圃地）

表 1-16　嫁接苗的分级　　　　　　　（单位：cm）

项目	级别			
	1 级	2 级	3 级	4 级
苗高	> 100	> 80	> 60	< 50
直径	> 2.5	> 2.2	> 2.0	< 2.0
根系	根系完整，侧根多。			

注：3 年生苗龄，嫁接高 > 50cm。

5. 银杏修剪

5.1　修剪时间

银杏修剪分冬剪和夏剪，冬季修剪主要是树体整形，夏季修剪主要是调节营养生长和生殖生长，使其有利于丰产稳产。

5.2　修剪方法

5.2.1　冬季修剪

5.2.1.1　短截：即对一年生的枝条剪除一部分的修剪方法。一般将长枝剪去 1/3，剪口芽一般应留背下芽，当年可发新枝 2～3 个，长度 30～50cm。短截的主要作用是促发新枝，扩大树冠。

5.2.1.2　疏剪：将枝条从基部剪除的修剪方法。作用为减少枝条数量，改善冠内通风透光。一般对交叉枝、平行枝、重叠枝和病虫枝进行疏剪处理。

5.2.1.3　回缩：对多年生枝进行短截的方法。适用于盛种期大树的衰弱枝、老龄枝的更新，回缩只留原枝长的 1/2 或 1/3。

5.2.2　夏季修剪

5.2.2.1　环剥与倒贴皮：在枝（干）上剥去一圈皮层叫做环状剥皮，简称环剥；剥去树皮，再将树皮翻转倒贴上叫倒贴皮。一般剥皮宽度为枝条直径的 1/10。一般在 6 月下旬至 7 月初对生长旺盛的未开花母树采用，可以促进生殖生长，抑制营养生长，提早开花结果。

5.2.2.2　摘心：即摘除新生枝条顶端嫩梢，一般 5 月中旬至 6 月上旬进行，通过摘心可以促进枝条二次生长，增加长枝数量。

5.2.2.3　疏花疏种：疏除过多的花和种，尤其是通过人工授粉后，结实量过大的树常进行及早疏果。

5.3　常见丰产性树形

5.3.1　圆头形（a）

干高 0.7 ~ 1.5m，分布均匀的 3 个主枝构成树体的基本骨架，一般留 2 层，层间距不小于 0.8cm，树高 3.0m 以下，萌发的枝条开张角度应控制在 50° ~ 60°，生产中常采用撑拉、环剥等混合措施均衡树势。一般适用于定植采果园，可实现 3 年结果，5 年丰产，同时也适合采穗圃的树形培养。

5.3.2　高干疏层形（b）

全枝共有主枝 7 ~ 9 个，从大到小，自上而下分层排列，一般 4 ~ 5 层，第一层有主枝 2 ~ 3 个，第一、第二层间距 1.2 ~ 1.5m，第三层有主枝 1 ~ 2 个，第四、第五层有主枝一个，且层间距 0.7 ~ 1.0m。这种树形的特点，中央主干强壮明显，主枝相错分层排列，通风和光照条件好，故开花结实早、产量高，修剪简单。

5.3.3　主干开心形（c）

这种树形由截去主干，嫁接 3 ~ 4 芽培育而成，无中央主干，干高即为嫁接高度，主枝 3 ~ 4 个，每主枝分生 1 ~ 2 个侧枝，主枝开张角度大于 60°，主枝与侧枝夹角 45°。树形特点，树冠圆形，中心空虚，占地空间小，通风、透光良好，有利于早果丰产。

a. 圆头形　　　　b. 高干疏层形　　　　c. 主干开心形

6. 银杏施肥

6.1　施肥时间

一般银杏苗定植当年追肥一次，第二、第三年各追肥 3 次，进入结果期后每年追肥 4 次。

第一次施肥（长叶肥）：一般在 3 月上中旬，在树冠下离主干一定距离挖宽 30cm、深 10cm 的环状沟，将腐熟的人畜粪 10 ~ 20kg 配以氮肥施入。

第二次施肥（长果肥）：一般在 6 月中旬至 7 月上旬，以氮肥、钾肥为主，并配合灌水进行。

第三次施肥（壮木肥）：一般在 7 月中下旬，以磷、钾肥为主。

第四次施肥（谢果肥）：一般在 9 月下旬至 10 月上旬，以人畜粪、土杂肥、堆肥为主。

6.2 施肥方法

6.2.1 放射沟施肥：离树干 60 ~ 100cm 开浅沟 4 ~ 6 条，按放射状均匀分布树下，至树冠投影外 30cm 处，沟深 10 ~ 15cm，宽 30cm，将肥施入回填平整。

6.2.2 环状沟施肥：在树冠投影外，开挖环状沟，沟深 15 ~ 20cm，宽 30 ~ 50cm，将肥料施入，并回土填埋。

6.3 施肥量

银杏施肥量与土壤肥力、树木长势以及结果量有很大关系，生产中常用产果量确定施肥量，每生产 100kg 种子，全年需氮肥 40 ~ 50kg，磷肥 16kg，钾肥 45 ~ 70kg，同时春秋两季增施有机肥，以人畜粪肥为主。

7. 银杏人工授粉技术

银杏为雌雄异株树种。花期短，雌雄花期不同步，自然界靠风力传粉，受自然条件影响较大。通过人工授粉，可以解决授粉不足、结实率低、产量低而不稳的问题。

7.1 花粉采集与处理

在 4 月中上旬，雄花絮由青转黄，手捻出现淡黄色花粉时采集。将采集的花絮放在干净的白纸上，上面盖一层报纸，置于室外阳光下曝晒，每日翻动 3 ~ 4 次，1 ~ 2 天花粉散开，将花粉收集保存在阴凉处备用。每 1kg 鲜雄花絮可得花粉 20 ~ 60g，出粉率为 2% ~ 5%。如遇雨天，可将采集花絮置于白纸或报纸上，下面铺一层生石灰，厚度约 15 ~ 20cm，有利于花粉散出，也可在花絮下铺电热毯加热，并要经常翻动，以利花粉散出。

7.2 授粉时间

当雌花柱头 60% 出现"吐水"现象，是最佳授粉时期，各地因气温、海拔高度等因素不同，雌花开花授粉期各不一样，一般在 4 月上旬至 4 月中下旬为授粉期。

7.3 人工授粉方法

7.3.1 挂雄花枝

将采集的雄花枝，剪成 25 ~ 30cm 的枝段，2 ~ 3 枝扎一束，挂在雌树冠上层和中层。此授粉方法简单，可延长授粉时间，能提高坐种率 50% 以上；缺点是对雄树破坏大，授粉效果受风向影响较大。

7.3.2 喷粉法

将银杏花粉装入微型喷粉器内，进行人工或机械喷粉；也可将花粉装入纱布袋内，挂在竹竿顶端，轻轻震动竹竿，使花粉均匀落在雌花上，此法授粉成功率高，但花粉用量较大，且在大树上操作不便。

7.3.3 喷雾法

此法是将银杏花粉加到水中，并配成花粉液，然后用喷雾器均匀喷到雌株树冠上。一般花粉、水按 1:250 比例配制，生产中宜将水的比例加大至 800 ~ 1 000 倍，以免授粉过量。通常背负式喷雾器一桶水加花粉 15 ~ 20g 左右。此法操作简单，授粉均匀，效果良好，且花粉用量少，是生产中常用的方法。

7.4 人工授粉注意事项

7.4.1 及时采集花粉：观察雄花，适时采集，不能太早和太迟，早了花粉未成熟，影响授粉效果；晚了花粉即散出，无法收集。根据略阳县这几年生产实践，一般海拔在 800m 以下地区，应在 4 月 10 日前采集；海拔在 800 ~ 1 000m 左右，应在 4 月 15 日前采集；海拔 1 000m 以上，在 4 月 20 日左右进行采集。

7.4.2 控制授粉量：花多时可少授，花少时可多授，以免挂果过多，影响树体正常生长和降低果子质量。授粉应一次完成，不要重复授粉；若授粉后 4h 内下雨应补授一次。

7.4.3 喷雾器应清洁无毒，打过农药的喷雾器一般不能用；配好的花粉液要在 1 ~ 2h 内喷完。

8. 银杏病虫害防治

8.1 病害

生产中银杏病害常见的有立枯病、干腐病、叶斑病、叶枯病等，其中最常见的是银杏叶枯病。

叶枯病症状：主要发生在苗圃地，为害幼苗幼树，感病叶缘早期出现灰褐色病斑，后期病斑上呈现许多纵行排列的突出小黑点，叶缘干枯呈焦黑状由外向内发展，严重时整片叶干枯。

发病时间：一般始于 5 月，7 ~ 8 月份为发病盛期。

防治方法：

（1）轮作换茬，减少感染源。

（2）加强管理：施足肥料，及时浇水、排涝，促进苗木旺盛生长，增强抗病能力。

（3）药物防治：从 5 月上旬至 7 月下旬，每 20 天喷一次 500 倍多菌灵或 1 000 倍疫霜灵，可有效控制病情。

8.2 虫害

常见虫害有：蛴螬、茶色金龟子、铜绿金龟子、小地老虎、银杏超小卷叶蛾等。现介绍一种：茶色金龟子，俗名硬壳虫。杂食性，为害多种林木，其成虫取食叶片与嫩枝，幼虫（蛴螬）危害根系。虫口密度大的地方，可连年将银杏的叶片、嫩梢吃光。

生活习性：每年 1 代，以老熟幼虫在土中越冬，幼虫次年 4 月化蛹羽化，5 月初开始出土为危。成虫白天潜伏于土中，傍晚（20 时）咬食树叶，尔后交配；凌晨 1~2 点入土潜伏。6 月初产卵，卵期约 10~15 天。幼虫取食植物根部皮层，严重时造成植株死亡。

防治方法：

（1）在蛴螬发生严重地块，要合理控制灌溉，使蛴螬向深处转移。

（2）利用成虫假死习性，在傍晚上树取食时摇动树枝振落成虫，进行人工捕杀。

（3）药物防治：成虫为害盛期，在下午喷施 90% 敌百虫 800 倍液杀灭成虫，也可施放烟雾剂进行防治。

（4）用 50% 辛硫磷乳油 1kg 兑水 900~1 000kg 进行灌根，可有效防治幼虫。

9. 种实采收与贮藏

9.1　采收时间

果皮由青绿色变黄，被白粉，变软有臭味即可采收，一般在 9 月底到 10 月初。果收后堆集 5~7 天，使外种皮完全变软。

9.2　脱皮

9.2.1　人工脱皮

即人工淘洗除去外种皮。作业人员必须带乳胶手套操作（种实外种皮对皮肤有腐蚀作用）。

9.2.2　机械脱皮

目前有银杏专用脱皮机，工作效率很高，脱皮效果良好。

9.3　贮藏

将脱去外种皮的银杏种核，在室内摊晾 2~3 天，装入编织袋出售或进行沙藏。

10. 开发与利用

银杏叶提取物对治疗心脑血管疾病和老年痴呆等症具有特效，目前已开发出多种剂型的药品用于临床；我国的银杏资源开发，以白果为原料开发的产品已涉及食品、保健品、饮料、化妆品等方面；用外种皮开发生物农药，能有效防治果树和棉花、蔬菜等多种农作物病虫害。另外，利用银杏的生态和观赏价值，开发银杏绿化和盆景大有可为。银杏功能众多，用途广泛，蕴藏着巨大的经济能力，具有广阔而良好的开发前景。

第一部分　植物药

11. 银杏丰产栽培作业时间表

表 1 – 17   银杏丰产栽培作业时间表

时间	作业内容
11 月 ~ 翌年 2 月 （落叶后至萌芽期）	1. 定植幼苗 2. 整形修剪 3. 采集接穗和插条 4. 深翻改土
3 月 ~ 4 月上旬 （萌芽至花序出现）	1. 嫁接幼树、高接换优 2. 浇萌芽水 3. 中耕除草
4 月中旬 ~ 5 月 （花序出现至落花）	1. 嫁接后管理、除萌、摘心 2. 追肥、中耕除草 3. 采集花粉，人工授粉 4. 防治金龟子类及其他食叶害虫
6 ~ 10 月 （落花至采收）	1. 浇水、追肥 2. 中耕除草 3. 适时解除嫁接绑扎物 4. 防治银杏茎腐病、叶枯病 5. 防治虫害 6. 适时采收、脱皮、贮藏
11 ~ 12 月 （采收后至落叶）	1. 冬季抚育管理，扩穴施肥 2. 定植、补植幼树 3. 清理枯枝落叶

本节编写人员：柯　健　钟玉贵　江翠兰

第二节　金银花

1. 基本特征

1.1　金银花：为忍冬科多年生半常绿缠绕性木质藤本植物，又名银花、双花、忍冬花、鹭鸶花、二宝花。金银花在全国大部分地区都可生长，主产于山东、河南等省，以山东的"济银花"、河南的"密银花"（南银花）质佳量大而著称。

1.2　化学成分：含挥发油，油中主要为双花醇、芳香醇，并含木樨草素、绿原酸、异绿原酸、番木鳖甙、肌醇等。

1.3 功能主治：味甘，性寒，归肺、心、胃经。具有清热解毒、凉散风热功效。用于痈肿疔疮、喉痹、丹毒、热血毒痢、风热感冒、温病发热等症。

2. 栽培技术

金银花规范化栽培技术全国各地都有研究。略阳县为发展金银花种植，曾组织乡镇和村组外出参观学习，并在城关镇、黑河坝、接官亭、硖口驿等乡镇进行规模化种植。

2.1 选地整地：金银花适应性强，对土壤和水分要求不是很严格，抗逆性较强，在平地和坡地均可种植，但以平整、疏松肥沃的土地为好，所选地块应有利于排灌。

2.2 繁殖方法：主要用种子和扦插繁殖，生产上以扦插繁殖为主。

2.2.1 种子繁殖：10～11月采摘果实，去净果肉，取成熟种子晾干备用。第二年3～4月，选肥沃沙质土壤，一亩施堆肥7 500kg，深翻细耙后整地，播前将种子放在35～40℃温水中浸泡一天，捞出拌以湿沙，放在温暖处催芽半月左右，待种子裂口即可播种。播时行距24cm开浅沟，将种子均匀撒在沟内，覆土0.5cm，压实，每亩播种量15kg。在干旱多风的地区，要在畦面上盖草保湿，每隔2～3天喷水一次。约半月即可出苗。种子繁殖生长慢，一般都不采用。

2.2.2 扦插繁殖：生产上多采用此法繁殖，生长快，易成活。扦插时期，南方在秋雨连绵季节，山东在8月上旬，陕西多在7～8月，此时土壤和空气湿度大，成活率高。扦插分直接扦插和育苗扦插两种，育苗扦插面积小，便于管理。具体方法是：先选择近水源的砂质壤土作好苗床，在阴雨天，剪取1～2年生健壮枝条，截成25～30cm小段，摘叶留芽，随采随插，以利成活。插时按行距20～25cm开沟，沟深18～20cm，将插条按株距5cm斜插于沟内，地上露出5cm，填土踏实。如天旱无雨可适当浇水保湿，半月即可生根。为保证出苗，可在畦上搭遮荫棚，新根生出后，拆除遮荫棚。第二年春季移栽定植。如直接扦插种植地，可不再移栽，每穴选留一株壮苗。

2.3 整地施肥：大田种植每亩施腐熟农家粪3 000～5 000kg、磷肥70kg、硫酸钾20kg、尿素10kg，深耕细耙。堤坝、坡地、沟边种植挖长宽深各33cm的穴，把足量的基肥与底土拌匀施入穴中，用穴栽法栽种。

2.4 种植：大田种植行距2m、株距1m，每亩大约栽植333株，穴栽每穴一株苗。金银花一年四季都可以栽种，但以冬眠期和早春萌发前栽种较好。种苗栽种前要用诱导剂和生物液肥拌土泥蘸根。栽时用细土把种苗压紧、踏实，浇透定根水。

2.5 修剪：修剪是金银花增产的主要措施之一，主要是把病枝和树型修剪，控制高度，促使开花多，产量高。

2.5.1 幼苗修剪方法：栽后 1 ～ 2 年的幼树以整形为主。春季萌发新枝后，选一粗壮直立枝作为主干培养，当其长到 25cm 时进行摘心，促发侧枝；萌发侧枝后及时除去下部徒长枝，通过疏下截枝，使主干逐年增粗；在主干上选留 4 ～ 5 个生长较壮的直立枝作为主枝，疏掉徒长枝及内部弱枝；采摘期结束后将其他枝剪截，促发花枝。经 2 ～ 3 年树便可成形，树高一般控制在 1.5m 左右，以方便采摘。

2.5.2 盛花期修剪方法：种植后 3 年进入盛花期，此时以产花为主，以培养主干主枝和扩大树冠为辅，一般一年修剪 3 次。①入冬后至第二年早春为第一次修剪时期，这次修剪要"枝枝见剪，疏除徒条"，修剪宜轻不宜重，剪去花枝长的 1/3 和枯枝、病虫枝、徒长枝。春季萌芽后及时疏除下部和内部的徒长枝、芽，清明前进行摘心。第一茬花一般占全年产量的 40% 左右；②6 月中旬为第二次修剪时期，此时第一茬花采摘基本结束，修剪要"打尖清堂，除弱留强，疏阴留阳，通风透光"，可将老花枝截去 1/2，疏去下部、内部弱枝和交叉重叠枝，使其通风透光；③7 月中下旬第二茬花采摘结束后进行第三次修剪，此时高温高湿，是生长最旺盛时期，修剪要细，剪截所有花枝，保留所有新生芽，疏去阴枝、内部弱枝和徒长枝。如果树体高大，要疏上留下；树体矮小，要留上疏下，树冠郁闭的采取大枝回缩或疏除的修剪方法，使其通风透光。

2.5.3 间作：幼苗期可间作远志、丹参等中药材。远志 2 ～ 3 年生，每亩年经济效益达 1 000 ～ 1 500 元；丹参一年生，每亩年经济效益 1 000 ～ 1 500 元。

2.6 中耕除草及追肥：春季地面解冻后和秋季地冻前要进行 2 ～ 3 次除草松土。每年秋后条状沟施肥或坑施基肥，条状沟施时，在植株的同一侧距离 30 ～ 35cm、挖宽 15 ～ 20cm 的沟，基肥和表土混合施入底层，根据树的大小每株施有机肥 5 ～ 10kg 和适量过磷酸钙、硫酸钾等，这样可以熟化土壤，增加有机质含量，引导根向下生长，提高其抗旱、抗寒能力。每年的早春和采花结束后追一次氮肥，追肥后及时浇水。每年 6 月、8 月分别喷施一次叶面肥（诱导剂＋生物肥），既增加产量和质量，又提高作物的抗逆性。

2.7 病虫害防治：金银花病虫害主要是蚜虫、棉铃虫、豆天蛾和炭疽病、白粉病。春季蚜虫为害严重，秋季棉铃虫和豆天蛾为害严重，主要施用内吸性有机磷农药防治，如氧化乐果、久效磷等，每隔 7 ～ 10 天喷一次药，连喷 2 ～ 3 次。采摘前半月应停止用药。炭疽病和白粉病多发生在雨季，可用多菌灵或甲基托布津防治，每隔 7 天喷一次，连喷 3 次。

3. 留种技术

生产上金银花一般采用扦插技术留种。选 1~2 年生健壮、充实的枝条，截成长 30cm 左右的插条，约保留 3 个节位，摘去下部叶片，留上部 2~4 片叶。将下端削成平滑斜面，扎成小捆，用 500mg/L IAA 水溶液快速浸蘸下端斜面 5~10 秒，同时可用多菌灵等溶液进行药剂处理，稍干后立即进行扦插。

4 采收加工

4.1 采摘：以花上部膨大呈青白色，但未开放时采摘最为适宜。俗话说："四月八（农历），摘银花!"一般在小满前几天开始采摘头茬花。

4.2 加工：将采收的金银花均匀地撒入苇席、秫秸筐或干净的场地晾（也可以烘烤），一直到八成干方可翻动，否则将使之变黑，一次性晒（烘）干的金银花，过一段时间要再晾晒（或烘烤）一次，即可用塑料袋打包、贮存待运待销。商品质量以身干，花蕾多、色淡、气味清香者为佳。

5. 贮藏运输

5.1 包装：售前，挑选除杂，这是保证金银花质量，提高经济效益的最后一道工序。主要是拣出叶子、杂质、杂花。杂花即指黑条花、黄条花、开头花、炸肚花、蝴头花、小青脐等。用簸箕除去尘土，然后按要求分等级装箱，装箱时加防潮纸密封。在每件包装上，应注明品名、规格、产地、批号、包装日期、生产单位，并附有质量合格的标志。

5.2 贮藏：贮藏的关键是充分干燥，密封保存。金银花药材易吸湿受潮，特别在夏秋季节，空气相对湿度大时，含水量达 10% 以上就会发生霉变或虫蛀。适宜含水量为 5% 左右。故贮藏前充分干燥，密封保存。较大量的先装入塑料袋内，再放入密封的纸箱内，少量可置于热坛中密封。产区群众常把晒干后的药材装入塑料袋中，把缸晒热，将袋装入缸内，埋于干燥的麦糠中，可贮存 1 年不受虫蛀，并能基本保持原品色泽。

5.3 运输：运输工具或容器需具有较好的通气性，以保持干燥，并应有防潮措施，同时不应与其它有毒、有害、有异味的物质混装，并防止挤压。

6. 开发与利用

金银花自古以来就以它的药用价值广泛而著名，《神农本草经》载："金银花性寒味甘，具有清热解毒、凉血化淤之功效，主治外感风热、瘟病初起、疮疡疔毒、红肿热痛、便脓血"等。《本草纲目》中详细论述了金银花具有"久服轻身、延年益寿"的功效。20 世纪 80 年代，国家卫生部对金银花先后进行了化学分析，结果表明：金银花含有多种人体必需的微量元素和化学成分，同时含有多种对人体有利的活性酶物质，具有抗衰老，防癌变，强身健体的良好功效。近年来，在传统医学的基础上，又开发出了诸如"银黄口服液"、"双黄连口服液"，含有金银花的"中华牙膏"、"健脑补肾丸"、"清热解毒口服液"、"金银花浴液"、"金银花洗面奶"、"金银花啤酒"、"金银花晶"、"金银花露"、"金银花茶"等数十个医疗和保健产品，在国内外市场一直俏销不衰。2002 年，国家卫生部《关于进一步规范保健食品原料管理的通知》中明确了金银花既是食品又是药品，长期食用无毒副作用。因它具有独特的清香，悦鼻清心，滋味醇和，鲜爽回甘，是人们历来非常喜爱而且重要的传统保健饮品，也是一种天然的饮料。金银花在制药、香料、化妆品、保健食品、保健饮料等领域也逐渐被应用，同时还远销欧美、东南亚、香港等 20 多个国家和地区。有预测说，目前全国金银花年实际产量 500 万千克左右，而社会需求量大约是 1 700 多万千克。金银花生产投入少、经济价值高、社会效益好。

本节编写人员：马永升　周海涛　毋建民

第三节　山茱萸

1. 基本特征

1.1　山茱萸：属山茱萸科山茱萸属，别名：肉萸、山萸肉、药枣、枣皮，为我国常用名贵中药材，应用历史悠久，以干燥成熟果肉入药。主产浙江。分布于安徽，陕西、河南、山东、四川等省。

1.2　化学成分：山茱萸含有生理活性较强的山茱萸熊果酸、没食子酸、苹果酸、树脂、苹果质和多种维生素等成分。

1.3　功能与主治：补益肝肾，用于眩晕耳鸣、腰膝酸痛、阳痿遗精、遗尿尿频、崩漏带下、大汗虚脱、内热消渴。

2. 栽培技术

2.1　育苗播种

2.1.1　选地：应选择海拔在 600 ~ 1 200m，土层深厚、肥沃、排水良好、呈微酸性的腐殖土或壤土为佳。

2.1.2　选种：秋季果实成熟后，从皮厚粒大蒴果多、产量高的植株上采摘充实饱满、无病虫害的果实做种子。

2.1.3　种子处理：因种子皮内有一层胶质，不易吸收水分，严重影响其发芽。常用种子处理方法有沙藏、温烫浸种贮藏、硫酸浸种、漂白粉处理，生产中有效的种子处理为硫酸浸种效果较好。其方法是：用浓硫酸浸种 1 分钟，或将硫酸加水稀释 100 倍，浸泡种子 2h，用清水洗净后秋播或沙藏。

2.1.4　播种时间：可秋播，11 月初；也可春播，3~4 月份。

2.1.5　播种量：一般以浸种播种，亩播种 125~150kg。

2.1.6　播种：选好育苗地后，实行条播，条距 24~30cm，沟深 2cm，将种子均匀播入沟中，覆薄土，用脚踏实、浇水。

2.1.7　苗期管理：间苗：当幼苗长到 3~4 片幼叶，进行间苗；除草：及时进行除草确保苗木健康生长；施肥：春、秋两季各施肥一次，以氮肥为主；去顶：当苗木长至 90~100cm 时，将顶芽剪去，促进侧枝生长，为丰产树形打好基础；出圃：一般落叶后，11 月至翌年 3 月及时出圃，并进行分级包装，待运。

3. 栽植

3.1　选地：根据当地栽培习惯，一般在房前屋后以及山坡边缘地带均可种植。

3.2　整地：坡地砍除杂灌林，除去杂草，沿等高线进行带状整地。

3.3　栽植密度：一般按株行距 4m×5m 或 3m×4m 进行定植。

3.4　选苗：选用侧根发达，无病虫害的树苗，苗高在 1~1.2m 为佳。

3.5　栽植时间：以秋季至翌年初春为好。

3.6　栽植：按长、宽、深 50cm×50cm×40cm 挖穴，先填熟土至穴 20cm 处，将苗木按株行距对齐，进行定植，再浇定根水，踩实即可。

4. 田间管理

4.1　除草：及时除草，按除早、除了，年平均除草 3~4 次。

4.2　施肥：一年施 2~3 次肥料，前期以氮肥为主，后期以磷、钾肥为主。

4.3　修剪：以冬季修剪为主，主要剪去重叠枝，病虫枝，以改善树体通风透光。

4.4　抗旱排涝：适时排涝和抗旱，确保苗木健康生长。

5. 采收与加工

秋末冬初果皮变软，即可采收，用文火烘或置入沸水中略烫后，外皮变软，及时除去果核，将果肉置于太阳下曝晒，以果肉表面紫红色、皱缩、有光泽、含水量低于 5% 的干品质量最佳。

第一部分　植物药

6. 开发利用

近年来，陕南秦巴山区山茱萸在历史上遗留下来的部分野生、半野生状态的基础上，通过人工栽植，迅速发展，资源丰富，"石磙枣"、"珍珠红"、"八月红"、"马牙枣"、"圆铃枣"等许多种质类型，高产、优质、抗病虫，山茱萸果实不仅含有大量的药用成分，广泛用于制造业，而且具有丰富的营养物质，如糖、有机物、维生素、脂肪、蛋白质、果酸以及矿物质成分等，可制成各种各样的加工品和保健品，开发潜力很大。陕西丹凤县天然保健品厂研制生产的山茱萸口服液、获中国中部第二届科学技术交流会金奖，陕西省老年生活保健品博览会最佳精品奖，国家林业总局 1994 年林特产品博览会银奖。目前正在研制山茱萸酒，山茱萸药茶，不久将问世，贡献于人类。随着医药的发展和人民生活水平的不断提高，以及市场对保健品更高更精的要求，山茱萸的开发利用将向更高层次逾越。

本节编写人员：柯　健　郑素花

第四节　五味子

1. 基本特征

1.1　五味子：为木兰科植物五味子的果实。野生于林间，缠绕于其他林木之上。适宜在土质疏松、肥沃而无积水的土壤中生长；幼苗喜阴湿环境，忌烈日照射，成苗后要求充足的光照。抗寒性强，能自然越冬。

1.2　化学成分：五味子果实含有 0.12% 的活性成分五味子素，3% 的五味子挥发油，10% 的有机酸和 6% 的糖类，以及一些维生素、矿物质元素和生物碱类。100g 五味子鲜果汁中，含有 1.1g 的抗衰老物质，还含五味子醇、五味子酯等。

1.3　功能与主治：收敛固涩，益气生津，补肾宁心。用于久咳虚喘，梦遗滑精，遗尿尿频，久泻不止，自汗，盗汗，津伤口渴，气短脉虚，内热消渴，心悸失眠。

1.4　植株形态特征：为落叶木质藤本，长达 8m。茎皮灰褐色，叶片薄而带膜质，卵形，长 5～11cm，宽 3～7cm，先端尖，基部楔形，边缘有小齿牙，上面绿色下面淡黄色，有芳香。花单性，雌雄异株，雄花具长柄，花被 6～9 片，椭圆形，雄蕊 5 枚，基部合生；雌花花被 6～9 片，雌蕊多数，螺旋状排列在花托上，子房倒梨形，无花柱，授粉后花托逐渐延长成穗状。浆果球形，直径 5～7mm，成熟时呈深红色，内含种子 1～2 枚，花期 5～7 月，果期 8~9 月。

2. 栽培技术

2.1 繁殖方法

2.1.1 种子繁殖：五味子种子应于当年秋季 8~9 月份果实充分成熟时选择果粒大而均匀一致、色泽红透、无病虫害的果穗留作种用。先用清水浸泡至果肉涨起，用清水反复漂洗除去果肉、杂质和秕粒。然后捞出饱满的种子用清水浸泡 5~7 天，使种子充分吸水。捞出种子控干与 3 倍的纯净湿沙混匀，然后在室外不易积水处挖深 0.5m，宽 1.2~1.5m 的坑，将混沙种子置于其中，厚度 35~40cm，上面填湿沙与地面平，然后覆 15~20cm 细土，盖上干草，进行低温处理，到第二年 4~5 月份种子裂口即可播种。室外贮藏处理要注意经常检查预防鼠害和积水霉烂。另外，也可以直接将精选吸涨后的种子用 250mg/L 浓度的赤霉素（GA）或质量浓度为 10g/L 的硫酸铜水溶液浸种 24h，再捞出种子与纯净湿沙按 1:3 的比例混匀，在室内堆放，厚度 40cm 左右，上面覆盖 10~15cm 的湿沙，再盖上草，注意通风，并保持温度 2~6℃，进行层积催芽，经过一个半月后，即可播种。

选地整地：育苗要求选择地势平坦，土层深厚，排水良好，有灌溉条件的圃地。选好后深翻耙细，以南北行做成宽 1.2m 左右的低床，每亩施腐熟的厩肥 2 000kg，与床土混匀。

播种：经低温处理的种子，于 4 月中旬到 5 月下旬播种，也可在 10 月下旬至 11 月上旬播种。采用条播，行距 15~20cm，横向开深 4~5cm 的沟，整平沟底。每亩用种 30~25kg。播种后覆土约 2~3cm 厚，浇足水，盖上麦草，以保温、保湿。

苗期管理：一般播后 15~20 天左右开始出苗，待出苗 60%~70% 时，揭去覆草，适当遮荫，保持床面透光度在 40%~60%，并经常浇水，适时松土、除草。幼苗抽生 1~2 片真叶时，结合除草按株距 5~7cm 定苗，并进行第一次追肥，每亩施硫酸铵 0.7kg。苗高 20cm 左右进行第二次追肥。秋冬季或第二年早春即可移栽定植。

2.1.2 扦插繁殖：于春季树液流动前，从优良的五味子植株上，选取枝条粗壮、生长充实、无病虫害的一年生枝条，剪成 20cm 左右的插穗。每根插穗上保证 3~4 个生长健壮的芽子，每 50~100 根插穗捆成一捆，用湿沙埋藏。在扦插前，用 150mg/L 的 ABT1 号生根粉处理插条基部 6h，按行距 30cm，株距 15cm，插条与地面成 45°角斜插于沟内，下埋 2~3 个芽，上面露出一个芽，待秋冬季或第二年春季进行移栽。

2.1.3 压条繁殖：在早春植株尚未萌动前，将五味子植株的枝条压在土壤中，将入土部分的外皮割至露出木质部，然后埋严，经常浇水，等到枝条生长出新的须根和新芽后，到当年的秋冬季或第二年的春季，将新枝和母枝分离，进行移栽定植。

2.1.4　根茎繁殖：在早春植株尚未萌动前，刨出母株周围的横走根茎，截成 6～10cm 的节段，每段上保证 2～3 个更新芽，然后按行距 30cm，株距 15cm 栽培于苗床上，到第二年春季定植于大田。

2.2　整地栽植

人工栽培五味子宜选择土壤肥沃、通风透气、光照良好的河川平地或坡度在 15°以内的缓坡地。选好地后，按 50×150cm 的株行距开挖 50cm 见方的栽植坑，每坑施农家肥 5kg 左右作基肥。

2.3　田间管理

2.3.1　搭架：五味子为缠绕藤本植物，需搭设支架。搭支架可因地制宜，就地取材，可用水泥柱或木柱作立柱，柱高 2.5～3m，横拉三道铁丝构成。在枝条萌发后按右旋的方向引蔓上架，以后可让其自然缠绕上架。

2.3.2　中耕除草：视田间杂草情况及时进行，防止草荒，一年生苗木越冬时应将枝蔓用土埋严，以防冻害，第二年解冻后再扒开覆土。

2.3.3　施肥：进入结果期前，一年追肥 2 次，第一次在 5 月中、下旬，每亩施尿素 10～15kg；第二次在 7 月上、中旬，每亩施尿素 15kg 和磷肥 50kg，或施入足够的农家肥；进入结果期后适当增加施肥次数和施肥量，并增施磷、钾肥。

2.3.4　排灌水：五味子不耐旱也不耐涝。因此干旱时要勤浇水，下雨时要勤排水，以保证土壤湿润又不积水。

2.3.5　整形修剪：五味子的整形以多枝蔓形式为好。苗木定植以后，留 4～5 个饱满的芽，其余的一律去掉。主蔓的数量以 2～4 条为宜，在架上应成扇形分布，各枝主蔓上每 20～30cm 培养一个固定的结果母枝，为了防止结果枝逐年上移，结果枝应及时修剪。在 5～8 月主要是剪掉基生枝、内部枝、重叠枝、有病虫的枝条和过密的当年生枝。在秋季落叶后至翌春植株尚未萌动前，剪除多余的基生枝，过密的结果枝，以及干枯和有病虫害的枝条，对旺长枝拦梢打顶，防止结果枝逐年上移。

2.4　病虫害防治

2.4.1　病害：主要有叶枯病和根腐病

叶枯病：主要危害五味子的叶片，5 月下旬至 7 月中旬发生。初期叶片的边缘及叶尖干枯，随后扩展到整个叶片，严重时果穗脱落。防治方法：一是加强田间管理，保持园内通风透光，发现病叶立即摘除烧毁。二是在发病初期喷施 1 500 倍甲基托布津，隔 5 ~ 7 天喷一次，连续进行 2 ~ 3 次。

根腐病：主要危害五味子的根部，5 月上旬至 8 月上旬发病。发病时，根部与地面交接处变黑腐烂，根皮脱落，叶片枯萎，甚至全株死亡。防治方法：一是雨后及时排水，防止积水。二是发病初期用 50% 多菌灵 500 ~ 1 000 倍液浇灌根部。三是用 50% 托布津 1 000 倍液浇灌根部或处理病区土壤。

2.4.2　虫害：主要是卷叶虫。为害五味子的叶片，7 ~ 8 月发生。防治方法：在幼虫卷叶前用 80% 的敌百虫 1 000 ~ 1 500 倍液喷雾；卷叶后用 40% 乐果乳油 1 000 ~ 1 500 倍液，50% 辛硫磷 1 500 倍液或 50% 磷胺乳油 2 000 倍液喷雾。在幼虫卷叶前后，也可以进行人工捕捉消灭。

3. 采收加工

人工栽植的五味子，3 年就能开花结实，5 年后就可以大量结果，可结果多年。在 8 月下旬至 10 月上旬，当果实由红色变为紫红色时即可采收，采收的果实在阳光下晾晒，若天晴无雨可将果实薄摊在席子或水泥地上，并每天翻动数次，让其自然晾干或晒干。如果遇上阴雨天，可进行烘干，温度不宜过高，以防止挥发油散失及果实变焦，降低质量。晒干和烘干的标志以手捏有弹性、松手后能恢复原状为宜。晒干后，除去果柄、黑色果粒、杂质异物、筛去灰屑，放在通风干燥处贮藏。

4. 开发与利用

五味子属于药食两用食品类原料，它的营养价值和医疗保健作用，已广泛运用于食品工业中。五味子含有丰富的营养元素，比如：钙、磷、铁，维生素 A、维生素 B、维生素 C，尼克酸、16 种氨基酸和丰富的抗衰老物质。目前我国市场上主要开发出五味子果酒、五味子果酱、五味子口服液、五味子食品防腐剂等一系列产品。因此，五味子食品有着很大的国内和国际市场，开发前景广阔。

表 1 - 18　五味子生产农时安排表

时　间	生　产　内　容
12 月 ~ 翌年 2 月	扦插繁殖 、压条繁殖 、根茎繁殖 、选地 、整地
4 ~ 5 月	播种
6 ~ 7 月	遮荫 、浇水 、搭架 、松土 、除草 、施肥 、修剪 、防叶枯病
8 ~ 9 月	采收与加工 、种子前期处理 、防根腐病

本节编写人员：钟玉贵　付玉平

第一部分　植物药

第五节　娑罗果

1. 基本特征

1.1　娑罗果：为七叶树科七叶树属，又名梭椤果、天师栗、开心果、猴板栗、七叶树。该树种为亚热带及温带树种，原产于我国陕西、甘肃、湖北等地。娑罗果适应能力强，喜深厚、肥沃、湿润而排水良好的土壤，耐寒耐阴，对光照要求不强。

1.2　化学成分：种子含七叶皂甙≥20%，含脂肪油31.8%，淀粉36%，纤维14.7%，粗蛋白1.1%，脂肪油主要为油酸和硬脂酸的甘油酯。

1.3　功能与主治：娑罗果提取物具有抗组织水肿，减低血管通透性和预防组织内水分存积，迅速消除局部水肿引起的沉重感觉和压力。还有理气宽中，和胃止痛，治疗胃寒作痛，脘腹胀痛，疳积虫痛，疟疾，痢疾等功效。

1.4　植物性状：落叶乔木，掌状复叶对生，圆锥花序顶生，蒴果近于圆球形，顶端高平，密生黄褐色的斑点，种子一枚，圆球形。

2. 栽培技术

2.1　播种

2.1.1　选种：选15~30年生的生长健壮，无病虫害，果实高产稳产的七叶树为母树，于9月下旬果熟时采收，阴干，去果壳，立即播种或沙藏在阴凉处，并经常检查，以防霉烂。千粒重12~16kg，出种率50%~60%。

2.1.2　播种时间：9月下旬采收后立即播种或于次年2~3月间点播。

2.1.3　播种密度：株行距12cm×13cm。

2.1.4　播种方法：播时种子种脐向下，覆土厚度3~4cm。出苗前切勿灌水，以免表土板结。苗木应盖草保湿，秋末至翌年春天陆续发芽、出苗。此时，对幼苗要采取保湿防寒措施。

2.1.5　苗木管理：一般春播苗于4月出苗，初期苗高生长十分迅速，其中4月苗高生长量占全年生长量的70%，5月以后锐减，7月终止高生长，而茎生长可延续至8月底至9月初。幼苗喜湿润，怕烈日照射。要加强苗木前期管理，高温干旱期应适当遮荫，灌溉。一般当年实生苗高35~55cm，根径0.8~1.2cm，可出圃移植。作行道树，一般要用4~6年生，高3m左右的移植苗。一年生移植行距30cm×50cm。生长期应松土，除草和追肥，剪去瘦弱枝、徒长枝；落叶休眠期，施以腐熟的堆肥，并将园地深翻，使其熟化。实生苗经分栽，移植，培育 4~6 年长成大苗供绿化，美化应用。

2.2 栽植

2.2.1 土地条件：娑罗果适应选择湿润、肥沃，排水良好的土壤，及夏季凉爽湿润的生态环境，多作为庭园和行道树种植。

2.2.2 栽植：春季将 2 年生幼树按株行距 1m × 1m，挖穴栽植，穴径 50cm，深 50cm，取出心土，施基肥，再填入表土，冬季或早春土壤湿润时栽植。栽植深度以苗木根茎与地面齐平为宜，培土要高出地面 4~6cm。

3. 管理

栽后 2 年应经常松土除草，4 月在树干外 50cm 处开环状沟，施追肥一次，每株 25~50kg 腐熟堆肥，干旱时注意灌溉。

修剪：生长期应剪去瘦弱枝、徒长枝，切勿损伤主枝，以免破坏树形。

4. 主要病虫害防治

4.1 日灼病：夏季于树干上发生，可在深秋或初夏在树干上刷白以防日灼，也可以用枯草或稻草覆盖于树干基部，可预防日灼病的发生。

4.2 刺蛾：幼虫食叶，在虫害发生初期，一般在 5~6 月及时喷洒 90% 敌百虫 800~1 000 倍液或 15% 溴氰菊酯 4 000~6 000 倍液，可取得良好的防治效果。

5. 采收与加工

果熟期 9~10 月。果实成熟后采收，除去果皮，晒干或低温干燥。必须即时干燥，否则易生霉，果实中心不宜干时切成四瓣晒干。

6. 开发与利用

七叶树树形美观，树冠开阔，姿态雄伟，叶大而形美，遮荫效果好，初夏繁花满树，蔚然可观，是世界著名观赏树种，四大行道树之一，最适宜栽作庭荫树及行道树。

七叶树的种子也可提取淀粉。种子中所含七叶皂甙可促进静脉循环，使静脉壁恢复正常状态，从而促进血液回流心脏，主要用于治疗慢性静脉功能不足和小范围静脉曲张；具有抗炎作用和减少外伤所至水肿，特别是运动伤害，外伤手术和头部受伤后，用于治疗运动中的急性扭伤，减轻包括肿胀和疼痛在内的慢性静脉功能不足症状，还可缓解手术后肿胀。它在抗炎、抗渗出，消肿胀方面有显著作用，能恢复毛细血管的正常通透性，增加静脉张力，改善微循环。所以其食用，药用价值很高。

表 1 – 19　娑罗果生产农时安排

10 月上旬落叶至翌年 3 月初萌芽（休眠期）	1. 定植幼苗，保湿防寒 2. 深翻园地 3. 施腐熟的堆肥
4 月中、下旬至 5 月上、中旬 （萌芽期）	1. 松土除草 2. 开环沟，施追肥一次 3. 剪去瘦弱枝，徒长枝
5 月中旬至 8 月上旬 （夏季休眠期）	1. 遮荫 2. 灌溉 3. 防治病虫害
9 月下旬至 10 月初 （种子膨大期）	1. 适时采收，去壳，沙藏 2. 播种

本节编写人员：柯　健　魏爱新

第六节　女贞子

1. 基本特征

1.1　女贞子：为木樨科植物女贞（*Ligustrum lucidum* Ait.）的干燥成熟果实。别名女贞实、冬青子、白蜡树子、鼠梓子、蜡树、虫树。适宜在温暖湿润气候条件下生长，具有喜温、喜光、稍耐阴、较耐寒的特性。在土质肥沃、土层深厚、排水良好的中性或微酸性土壤上生长良好。野生多分布于海拔 200 ~ 2 900m 的山坡、丘陵向阳处疏林中；栽培的多生长在庭园、路边、田埂旁。我国分布在华东、华南、西南及华中各地。主产浙江、江苏、湖南、福建、广西、江西、陕西以及四川等地。

1.2　功能主治：味甘、微苦，性凉。归肝、肾经。具有滋补肝肾，明目乌发功效。用于眩晕耳鸣、腰膝酸软、须发早白、目暗不明等症。

1.3　化学成分：果实含齐墩果酸（Oleanolic acid）、甘露醇、葡萄糖、棕榈酸、硬脂酸、油酸、亚油酸。果皮含齐墩果酸、乙酰齐墩果酸、熊果酸（Ursolic acid）。种子含脂肪油 14.9%，油中棕榈酸与硬脂酸为

19.5%、油酸、亚油酸等为80.5%。

1.4　植株形态特征：常绿大灌木或小乔木，高可达10m，叶对生，革质、卵形或卵状披针形，长5~14cm，宽3.5~6cm，先端尖，基部圆形，上面深绿色，有光泽。花小，芳香，密集成顶生的圆锥花序，长12~20cm；花萼钟状，4浅裂；花冠白色，漏斗状，4裂，筒和花萼略等长；雄蕊2枚；子房上位，柱头2浅裂。核果长椭圆形，微弯曲，熟时紫蓝色，带有白粉。花期6~7月，果期8~12月。果实卵形、椭圆形或肾形，长6~8.5mm，直径3.5~5.5mm。表面黑紫色或灰黑色，皱缩，基部有果梗痕或具宿萼及短梗，体轻。外果皮薄，中果皮较松软，易剥离，内果皮木质，黄棕色具纵棱，种子1~2粒，肾形，紫黑色，油性。无臭，味甘而微苦。

2. 栽培技术

2.1　选地整地

选择向阳坡地，以土质肥沃，质地疏松，土层深厚，排水良好的砂壤土为宜。选地后，于秋季耕翻，并施足底肥，耙细整平后做成宽1m，高13~15cm的苗床。

2.2　种植方法

2.2.1　播种

种子处理：种子成熟后采收，搓擦种皮，洗净，阴干，湿砂层积。播种前用温水浸种，进行催芽处理，待种子萌动后播种。

播种方法：条播、撒播均可，以条播为好。一般在12月下旬播种，于畦床上开沟，沟距15cm，沟深4~6cm，将种子均匀播于沟中，覆土厚度1~1.5cm。

2.2.2　移植

一般为2~3月或10~11月间。按行、株距3.5~4m开穴，穴深40cm，穴底施基肥，盖土15~20cm，然后取1~2年生苗（大苗要带泥土，并剪去部分枝叶，以提高成活率）栽于穴内，覆土压实。此外，也可采用扦插、压条繁殖，一般多在春、秋两季进行。

2.3　田间管理

2.3.1　松土除草

育苗地幼苗出土后，要及时松土除草，防止草荒。当苗高10~13cm时，进行第一次松土除草，以后每年进行2~3次；冬季、夏季要结合松土除草进行根部培土。移栽地遇天气干旱时，要浇水。

2.3.2　追肥

移栽后每年追肥二次，第一次于立秋前，第二次于立冬前后进行，以有机肥为好，施肥量视植株生长情况而定。

2.3.3 修枝

幼树成活后的第二年开始，在冬末春初进行一次修枝、整形，剪去枯枝、弱枝和根部萌生枝。如遇主干弯曲，需用木架撑枝整形，使其逐步形成树冠；成龄树视其生长情况，每年进行一次整修，以利定向生长，通风透光和促进果枝发育。

2.4 病虫害防治

2.4.1 病害

锈病：危害后，叶表面产生黄褐色粉末，引起叶面失水、枯焦死亡。可于发病初期喷 20% 萎锈灵乳油 400 倍液，或 50% 退菌特可湿性粉剂 800 倍液，或 1:1:200 的波尔多液。发病期间，每 15 天左右喷一次 25% 粉莠灵可湿性喷雾剂 2 500~4 000 倍液。

2.4.2 虫害

（1）女贞尺蛾：以女贞为寄主，幼虫吐丝结网，在网内取食，虫多时结成大丝网，网罩全树，可将树叶食尽。严重时，使树木致死。防治方法：随时清除女贞植株上的丝网，消灭蛹、卵及幼虫；在幼虫发生期，喷 90% 敌百虫 1 000~1 500 倍液。

（2）白蜡虫：危害后树势衰弱，枝条枯死。防治方法：结合修剪，去除部分虫体密集的枝条，用竹片等物刮除密集于枝条的虫体；于若虫孵化后，自母体爬出 60% 左右时，可用 25% 亚胺硫磷乳油 1 000 倍液喷雾。

（3）云斑天牛：幼虫蛀食韧皮部和木质部，成虫还啃食新枝嫩皮。防治方法：及时捕杀成虫；在卵、幼虫和成虫期，将 50% 杀螟松乳油 40 倍液塞入虫孔，以毒杀蛀入木质部的幼虫。

3. 采收与加工

一般于冬季果实成熟时采收，除去枝叶，稍蒸或置于沸水中略烫后，晒干。也可直接晒干。

4. 贮藏与运输

4.1 储藏

女贞子一般用麻袋、尼龙编织袋包装，贮于通风、干燥处，温度30℃以下，相对湿度 70%~75%。商品安全水分 8%~12%。女贞子受潮易生霉，较少虫蛀。底部商品较易吸潮霉变，污染品表面可见霉迹。危害的仓虫主要有玉米象、烟草甲、药材甲、粉斑螟、米黑虫等，蛀蚀品表面现细小蛀痕。储藏期间，应保持环境干燥、整洁，可用密封或抽氧充氮养护。发现受潮或少量轻度虫蛀，及时晾晒或用磷化铝熏杀。

4.2 运输

应专车专运，不得与其他物质混装混运；运输车辆应保持干净、卫生，并配备防雨淋、防晒、防冻和通风散热设施。

5. 开发与利用

女贞子除中药配方外，还用于生产首乌片、补肾丸等中成药，近年来又用于提取齐墩果酸、亚油酸、甘露醇等新药原料，不仅国内需求殷切，还俏销美、日等国市场。另外，在食品开发研究方面，已研制出女贞子茶、酒、饮料、食用色素等产品。女贞树适应性广，栽培技术简单易学，管理粗放，既产药材，又能生产白蜡及绿化荒山，可作为经济林木开发种植。特别是女贞子每年成熟一次，年年均可收获，资源丰富，可保证长期大规模开发利用。

本节编写人员：赵　强　付玉平

第七节　红豆杉

1. 基本特征

1.1　红豆杉：为红豆杉科（*Taxaceae*），裸子植物，5 属，约 23 种。又称杉、赤柏松，是第四季冰川期隆子遗的古老树种，是一种濒临灭绝的珍贵植物，我国已将其列为一级珍稀濒危保护植物，联合国也明令禁止采伐野生资源。药用为枝茎叶部分，从中提取前体化合物 10 - 去乙酰巴卡亭Ⅲ，然后用半合成办法制备药用紫杉醇。红豆杉为典型的亚热带山地植物，适生于海拔在 1 000m 以上、温暖湿润、雨日雾日多、雨热同步、≥10℃ 积温约在 4 000 ~ 5 000℃、年降水量 800mm 以上、生长季节降水量占年降水量 85% ~ 90% 的山沟或山林。红豆杉属植物全世界有 11 种，分布于北半球的温带至热带地区。中国有 4 种 1 变种：东北红豆杉、云南红豆杉、西藏红豆杉、中国红豆杉、南方红豆杉。主要分布在吉林、黑龙江、云南、甘南、陕南、四川等地。

1.2　化学成分：紫杉醇即 $C_{47}H_{51}NO_{14}$，是萜类环状结构的天然次生代谢物。

1.3　功能主治：味甘性平。归胃、大肠经。具有防癌治癌、消炎和增强人体免疫力的功效，对于肺癌、食道癌有显著疗效，对肾炎及细小病毒炎症有明显抑制作用。

1.4 植物形态：为常绿灌木或乔木；树皮红褐色，有树脂管；叶互生，少量为交互对生，常2列，针形、线形或鳞片状；球花单性异株，很少同株；雄球花或单生叶腋，或为小的穗状花序或头状花序集生枝顶；雄蕊多数有3~9个花药，呈辐射状或偏向一侧，花粉无气囊；雌球花腋生，单生或成对着生，具多数覆瓦状排列或交互对生的苞片（大孢子叶），基部苞片退化，腋内无胚珠，顶部苞片发育为杯状、盘状或囊状的珠托，内有胚珠1枚，花后珠托发育成假种皮，全包或半包着种子；种子为核果状或坚果状；子叶2枚。

2. 栽培技术

2.1 种子采集

每年9~10月采收果实，搓去红色假种皮和果肉，洗净，混湿沙贮藏。

2.1.1 种皮处理：红豆杉种子后熟期较长，有休眠特性，在自然条件下需经两冬一夏方可萌发，即冬季置室外冷冻，夏季接受高温、雨淋。如春播可于入冬后仍留室外土中冷冻，3月下旬至4月上旬移入暖房催芽后播种，播种后一般20天左右出苗。若将种子拌粗沙用鞋底在粗糙水泥地上或洗衣板上进行反复磨擦，磨破其坚韧种皮，或用平嘴老虎钳轻轻夹破种壳，使种子容易透水、透气，播种发芽较快。

2.1.2 解除休眠：红豆杉种子有胚根、胚轴双重休眠的习性，胚根需通过1个月左右25℃以上高温阶段才能打破休眠，胚轴需在-20℃~-3℃条件下经过一个月左右才能解除休眠。为提早和加速种子萌发，需将破损了种皮的红豆杉种子混以湿沙，置-3℃以下的环境中冷冻25~40天，以解除其胚轴休眠，然后再置25℃以上的环境20天左右，打破胚根休眠再播种，种子能很快萌芽出土。如果是冬播，可在采种后一周内将处理好的种子用50°白酒和40℃温水（1:1）浸泡20分钟，捞出后用浓度为0.105%的赤霉素浸种20h左右。这样能诱导水解酶的产生，打破种子休眠，促进种子萌发。

2.2 苗床准备

红豆杉播种，苗床要求深翻并精细耕作，施入呋喃丹防治地下虫害。或用蛭石、河沙、泥炭、园土各1份，并加入多菌灵或甲基托布津等杀菌剂，混合成基质，覆上塑料膜密封熏蒸3~5天即可播种。

2.2.1 播种：育苗种子放在0.12%的高锰酸钾溶液中消毒10分钟，再用清水冲洗干净，晾干后均匀地播在播种沟内。一般以条播为主，粒距5~7cm。也可采用撒播，每平方米播种量在200粒左右，播种后用木板略压平，盖1~2cm厚的混合基质土，覆盖草帘或塑料膜保温保湿。遇天气干燥应适当喷水，一般40天后可发芽出苗。此时应去掉塑料膜或草帘，并在苗床上方搭设2m高的遮荫棚，上盖遮荫网防止阳光直射，透光度在60%左右。保持苗床湿润，遇雨天应搭低拱棚并盖塑料膜防止苗床水分过多。做好苗床的排水通风工作，及时防治病虫害。幼苗期每隔10天施一次腐熟淡肥水或饼肥，忌用化肥和浓肥。用这种方法处理东北红豆杉和南方红豆杉，出苗率均可达到70%~80%。

2.3 红豆杉的无性繁殖技术

2.3.1 扦插育苗繁殖技术

2.3.1.1 插条收集：在5~6月，从4龄以上的母树上剪取当年生嫩枝作插条。

2.3.1.2 插条处理：剪取长15cm以上的枝条作插穗，除去下部叶片，将枝条基部环剥0.5~1.0cm的伤口，待伤口周边处有瘤状物形成后，再把枝条从环剥处下部剪下，也可一次就剪成长度为10~15cm或30cm长的小段。在剪枝时要求切口平滑、下切口马耳形，2/3以下去叶，将基端置于100mg/L吲哚乙酸或苯乙酸中浸泡3h，或用200mg/L ABT生根粉溶液浸泡8~10h。

2.3.1.3 扦插育苗：将处理过的插穗插于备好的苗床上或蛭石加风化沙（1:1）锯木基质上，扦插深度3~5cm，株行距8~10cm。插后浇透水，并用塑膜拱罩保湿，起初每天喷水二次、少量，两周后每天一次。荫蔽条件与种子育苗相同。插后45~50天生根，精心管理，成苗率可达90%以上。树龄、温度、药剂处理浓度、基质、季节、湿度、品种及其他人为因素等都会影响扦插成活率。研究结果表明，几种红豆杉的扦插成活率分别为：东北红豆杉95%、南方红豆杉95%、云南红豆杉90%、中国红豆杉86%。

2.3.2 组织培养繁殖技术

组织培养是利用植物细胞的全能性和可克隆性进行的无性繁殖方法。红豆杉的组培繁殖以收获紫杉醇为目的的组织培养研究居多，以繁殖育苗为目的的红豆杉组织培养研究较少，且目前都未达到商业化生产水平，这也是探索人工快繁的意义所在。试验表明，在利用红豆杉幼叶、幼茎、成熟或未成熟的胚经过愈伤组织诱导及分化成苗过程中，由于有药用价值的紫杉醇是一种植物毒素，能抑制细胞分裂，因而愈伤组织易出现褐化或半褐化现象，继而导致组培幼苗成活率低。即使通过一些辅助措施，成苗率也不理想。以茎尖为材料，经过附加NAA 0.12mg/L和6-BA 115mg/L的怀特培养基，在24℃条件下，每日光照12h，光强1klx条件下培养即可获得小植株，再经过基质移栽、拣苗，检查防疫后成为生产用苗。

2.4 选地整地

选择疏松、富含腐殖质、呈中性或微酸性的高山台地、沟谷溪流两岸的深厚湿润性棕壤、暗棕壤为好。深翻、整平，按株行距0.4m×1m或0.4m×

第一部分 植物药

0.4m 开穴，穴深 40cm，备栽。

2.5 移栽

一般种子育苗的 1~2 年、扦插繁殖的一年左右，当苗高长至 30~50cm 即可移栽。移栽在 10~11 月或 2~3 月萌芽前进行，每穴栽苗一株，浇水，适当遮荫。

2.6 田间管理

种子出苗后，要经常拔除杂草。每年追肥 1~2 次，多雨季节要防积水，以防烂根。定植后，每年中耕除草 2 次，林地封闭后一般仅冬季中耕除草，培土 5 次。结合中耕除草进行追肥，肥种以农家肥为主，幼树期应剪除萌蘗，以保证主干挺直、快长。

3. 留种技术

红豆杉种子的成熟期在 10~11 月，果实成熟特征为红色。果实处理方法是浸水后去皮，洗净阴干。核果种子的贮藏方法是分层用湿沙堆藏。

4. 采收与加工

人工栽培的红豆杉一般在第三年后即可适当采收枝叶。鲜叶一年四季均可采收。但根据有效成分含量的积累，枝以嫩枝为好，叶以老叶为好，10 月份为其最佳采收期。采收后如不作鲜加工用，应及时摊开通风阴干或晒干。

6. 开发与利用

红豆杉是远古第四纪冰川后遗留下来的植物。我国拥有 4 个种和一个变种。我国红豆杉属所有种均为国家一级保护野生植物，具有重要的生态价值、经济价值和科学研究价值。近年来，红豆杉类植物因含有的多种药用成分，使其受到医学和科研工作者前所未有的重视。从红豆杉类植物中提炼出的单体双萜类化合物紫杉醇，具有良好的抗癌活性，尤其对晚期、转移性卵巢癌、乳腺癌、肺癌有十分显著的疗效，是国际上公认的防癌、抗癌药剂。据统计，全球每年死于癌症的病人总数达 630 万以上，预计治疗这些病人，每年大约消耗紫杉醇 1 500~2 500kg。

红豆杉集药用、材用、观赏于一体，具有极高的开发利用价值。从红豆杉树皮和枝叶中提取的紫杉醇是世界上公认的抗癌药。我国在北京、重庆、陕西、福建、广西等地建有提取紫杉醇制药厂，生产的红豆杉产品主要有紫素、特素、达克素、复方红豆杉胶囊等，效益可观。据美国专家估算，即使将全世界所有红豆杉都用于提取紫杉醇，也只能拯救 13 万癌症患者的生命，可见市场缺口非常大。红豆杉作为道路、公园、景区、工厂、庭院绿化和盆景摆设，观赏价值极高。材用林造林周期较长，需 25 年以上，用于制作高档家具、造船、雕刻等，后续发展前景看好。同时，红豆杉是各级农林科技示范园和自然保护区内展示的珍稀科普树种。要充分用红豆杉这一珍贵树种造福人类，就必须人工规模化种植红豆杉。因为种子来源稀少，种植技术相对复杂，生长缓慢，在全国种植刚开始起步，决定了红豆杉在今后 20~30 年内长期处于市场不饱和状态，种植利润空间大。

红豆杉是当前世界上研究最热门的药用植物之一。从红豆杉树皮中发现和提取的抗癌药—紫杉醇，以其独特的治癌机理和疗效显著而风靡全球，从而促成了世界性开发红豆杉和提取紫杉醇的新潮流。由此导致红豆杉野生资源的严重破坏、濒临灭绝的现象，也不容忽视。紫杉醇相继在美国、英国、法国、日本、意大利、加拿大、瑞典、德国、中国等 40 多个国家获准作为抗癌药上市，全球掀起了红豆杉紫杉醇热。随着全世界紫杉醇市场需求量的逐年增加以及巨额的商业利润（1g 在 1 000 美元以上），导致了红豆杉的过度砍伐。然而红豆杉野生资源的紫杉醇含量极低，仅为干重的 0.006%~0.06%，红豆杉属植物的分布特点又是天然散生，无纯林，以"混生、复层、异龄"为主要存在特征，加之生长缓慢，自然更新困难，因此资源很容易遭受严重破坏。我国的红豆杉野生资源也同样遭受严重的破坏，现属于严格控制采伐的树种。因此有关紫杉醇的临床研究和该属植物的合理开发、利用研究，也成为国内、外的研究热点。我国于 20 世纪 80 年代末也组织专家开展紫杉醇及红豆杉成分的深入研究。1996 年 9 月 20 日，我国严家琪教授在中药新药战略研讨会上，连续发表了 3 篇有关红豆杉药理研究及紫杉醇的抑制肿瘤及癌细胞方面的临床论述。由于野生红豆杉紫杉醇含量极低，限制了紫杉醇制药业的发展，因此打破紫杉醇含量局限的研究成为研究重点。为解决紫杉醇药源问题，据报道，从红豆杉针叶中提取 10 —去乙酰浆果赤霉素Ⅲ，经四步反应合成紫杉醇的研究已取得重大进展，但目前仍不具备应用价值。

本节编写人员：曹克俭　章春燕　蒙　琳

第八节　决明子

1. 基本特征

1.1　决明子：为豆科植物决明（*Cassia obtusifolia* L.）的种子，又称草决明。喜高温、湿润气候，不耐寒，幼苗及成株受霜冻后，叶片脱落甚至死亡，种子不能成熟。对土质要求不严，无论壤土、黏土、腐殖土都能种植，但以

第一部分　植物药

疏松肥沃的砂壤土为最好。生长期间要求阳光充足，开花结果期间要求通风透光，有利荚果结实，种子饱满。种子发芽的最适温度为25℃～30℃。不宜连作。全世界热带地区都有分布；全国大部分地区有分布，广泛分布在长江以南。主产于安徽、广西、四川、浙江、广东等地。

1.2　化学成分：含大黄素（Emo d in）、大黄酚（Chrysophanol）、大黄素甲醚（Physcion）、决明素（Obtusin）、钝叶决明素（Obtusifolin）及其甙类。

1.3　功能主治：性微寒，味甘、苦、咸。归肝、肾、大肠经。清热明目，润肠通便。用于目赤涩痛、羞明多泪、头痛眩晕、目暗不明、大便秘结。

1.4　植物特征：一年生半灌木状草本，茎直立，基部木质化。高1～2m。羽状复叶互生；托叶早脱；小叶片2～4对，倒卵形，长1.5～6.5cm，宽0.8～3cm，先端圆形，有小短尖头，基部楔形，全缘，小叶柄短。花成对腋生；萼片5枚，分离；花瓣5枚，鲜黄色，下面2片稍长，倒卵状圆形；雄蕊10枚，长短不一，3枚不育；子房细长，上方弯曲，有细毛。荚果微弯曲，长15～20cm，直径0.5cm，坚硬，内有种子30～35粒，果柄长2～4cm。种子菱柱形，浅棕色，有光泽，两侧各有一条斜向浅棕色线形凹纹。小决明与钝叶决明形态相似，但其下面两对小叶间各有一个腺体；果实及果柄均较短，荚果长6～14cm，果柄长1～1.5cm，种子两侧各有一条宽广的绿黄棕色带；具臭气。

2. 栽培技术

2.1　选地整地

宜选平地或向阳坡地，以排水良好，疏松、肥沃的砂质壤土为佳。整地前，每亩施圈肥或堆肥1 000～2 000kg，加过磷酸钙50kg，均匀撒施地面，耕翻后整细耙平，做成1.3～1.5m宽的畦即可。

2.2　播种方法

草决明在4～5月份播种，麦、菜收后，利用麦茬、菜茬地种植正适时。按行距30cm开2～3cm，深10cm宽的播种沟条播。播种前将种子用50℃温水浸种24h，待种子吸足水后捞出晾干表面水汽，将种子均匀撒入沟内覆盖约2cm厚的粪土，7～8天后即可出苗。

2.3　田间管理

2.3.1　间苗：苗高5cm左右开始间苗，把过密过弱的苗拔去。苗高l5cm左右时，结合中耕除草按株距30cm左右定苗。

2.3.2　中耕除草：出苗后及时除草、浇水、松土。中耕时注意株间浅锄，行间深锄，以免伤根。

2.3.3　追肥：草决明生命力强，一般地力就能生长，但土壤肥沃，产量高。于定苗后、开花前追肥 1~2 次，每亩用硫酸铵 8kg，过磷酸钙 l5kg，混合撒于植株旁侧，用土掩埋，或结合培土时埋入。也可用稀薄人粪尿浇施，每次每亩约 1 000kg。施肥时不得触及茎叶。但应掌握氮肥用量，过多籽粒不饱满，而磷、钾肥可提高决明子的品质。

2.3.4　排灌：天旱时及时浇水；雨季挖通排水沟，防止水涝。

2.4　病虫害防治

2.4.1　灰斑病：初期在叶片上生褐色病斑，中央色稍淡。后期病斑上产生灰色霉状物。防治方法：清园，处理病残体；选用无病豆荚，单独脱粒留种 0.3 波美度；发病前或发病初期用 40% 灭菌丹 400~500 倍液喷雾防治，严重时喷 0.3 波美度石硫合剂。

2.4.2　轮纹病：茎、叶、荚均可感染受害。病斑近圆形，轮纹不明显，后期密生黑色小点（为病原菌之分生孢子器）。防治方法：同灰斑病。

2.4.3　蚜虫：苗期较重，可用 40% 乐果 2 000 倍液喷雾，每 7~10 天一次，连续数次；或用 1:10 的烟草、石灰水防治。

3. 留种技术

适时采收：中秋季节，荚果变黄时，选健壮、无病虫害的植株割下晒干，打下种子，去净杂质即可。留种的种子，最好不用日晒，避免种子形成硬实。

4. 采收与加工

10 月中、下旬荚果变黄褐色成熟时，将全株割下。将收获的植株晒干。打下种子，去净杂质。一般亩产干籽 150~200kg。

5. 贮藏与运输

5.1　贮藏

贮存于阴凉、通风、干燥处。

5.2　运输

药材批量运输时，不应与其它有毒、有害、易串味物品混装。运载容器应具有较好的通气性，以保持干燥，并应有防潮措施。

6. 开发与利用

决明子具有降血压、降血脂、抗菌等作用，对于治疗高血脂症有一定疗效。除药用成分外，决明子还含有多种维生素和丰富的氨基酸、碳水化合物等，近年来其保健功能日益受到人们的重视。坚持喝决明子水，对便秘有很好的效果。需要注意的是：有泄泻与低血压者慎用决明子制剂。决明子茶因其明目清肝的药用价值被办公室白领当做"亮眼八宝茶"，但其"主渲泻"的副作用，一定要引起怀孕女性的重视，最新研究发现，长期饮用轻则引发月经不规律，重则使子宫内膜不正常，从而诱发早产。针对决明子滑肠作用稍强，适当炒熟后可减缓滑肠作用，且质较松脆，易于粉碎和煎出有效成分。决明子还有多种医疗保健作用，例如，治疗高血压，可取适量决明子，炒黄后捣成粉，加糖用开水冲服，每次3g，每日3次；或用决明子15g、夏枯草9g一起水煎服。治疗高血脂症，可取决明子、泽泻各15g，赤芍12g，灵芝、山楂各9g，每日一剂，分2次水煎服；或取生决明子30g，生山楂、葛根各20g，水煎服。治疗便秘或习惯性便秘，可取炒决明子10~15g，冰糖10g，沸水冲泡当茶饮用，每日一剂，每剂泡3次；或取经粉碎的炒决明子10~15g水煎10分钟左右，兑入20~30g蜂蜜并搅匀，每日服一剂或早晚分服。对于老年习惯性便秘，还可取单味炒决明子或已打碎的决明子15g，直接泡茶饮用，直至茶水无色。对于老年人阴虚血少者，可加入枸杞子9g、杭白菊、生地各5g一同泡服；若老年人有气虚之症，宜加生晒参3g同泡服。老年人饮用决明茶，不仅有助于大便通畅，还能起到明目、降压、调脂等保健功能。需要注意的是，气虚严重及便溏者不宜使用本品。

本节编写人员：李晓东　刘　丽　吕瑜茹

第九节　木瓜

1. 基本特征

1.1　**木瓜**：为蔷薇科植物贴梗海棠 [*Chaenomeles speciosa*（Sweet）Nakai] 的干燥近成熟果实，别名贴梗海棠、铁脚梨、皱皮木瓜、宣木瓜。野生分布于华东、中南、西南等地区。喜温暖湿润气候，较耐寒，根系强大，对土壤要求不严，以砂质壤土最适，不耐干旱，不耐积水及盐碱地。主产于四川、重庆、湖北、陕西、湖南、安徽、浙江等地。

1.2　**化学成分**：果实含皂甙、苹果酸、酒石酸、柠檬酸、黄酮类、维生素C等。此外，尚含过氧化氢酶、过氧化物酶、酚氧化酶、氧化酶、蛋白质、五氧化二磷、三氧化铁、氯化钠等。目前从木瓜中提取得到一种生物碱——香木瓜碱。种子含氢氰酸。

1.3　**功能主治**：味酸，性温。归肝、脾经。具有消食、驱虫、清热、祛风等功效。主治胃痛、消化不良、肺热干咳、乳汁不通、湿疹、寄生虫病、手脚痉挛疼痛等病症。

1.4　植物学特性：落叶小乔木或灌木，最高可达 10m，树皮片状剥落，枝棕褐色，幼枝有淡黄色柔毛；叶互生，卵状椭圆形或长椭圆形，长 2.5 ~ 14cm，宽 1.5 ~ 4.5cm，叶缘具有刺芒状锐齿，齿尖有腺体，叶柄稍被柔毛并有腺体；花单生于叶腋，花萼 5 枚，血红色，内面及边缘被黄色柔毛，花瓣 5 枚，淡红色，花期 3 ~ 4 月；梨果长椭圆形，长 8 ~ 15cm，光滑，成熟时为黄色或深黄色，近木质，芳香，果期 9 ~ 10 月。

2. 栽培技术

2.1　繁殖方法

2.1.1　播种繁殖：在春季 3 月或秋季 11 月，取成熟木瓜种子冷水浸种 24 h 左右，捞取晾干用河沙或草木灰掺拌均匀，进行开沟条状撒播。行距 20cm，播种量每亩约 2kg，播种后覆盖一层细土，再盖一层稻草，淋一次透水保湿，40 ~ 50 天可出苗。

2.1.2　扦插繁殖：在春季枝条萌芽前，取一年生健壮枝条，截成长 15 ~ 20cm 的枝段，斜插在插床上，压实保湿至长出新根。

2.1.3　分株繁殖：木瓜植株根茎分生能力强，在春秋两季将其根茎部四周萌蘖的幼株从根苑处挖出带根移栽。

2.1.4　嫁接：为保持木瓜优良品种的特性，繁殖多采用芽接、劈接、枝接、嵌芽接等方法，且以芽接为主。芽接时采集优良品种的接穗（曹州木瓜、临沂木瓜等），于 8 月上旬至 9 月上旬进行，芽接未成活的可于翌年 3 ~ 4 月份利用嵌芽接、劈接等方法补接。嫁接成活后要及时解除绑扎，第二年春季萌芽时及时剪砧、抹芽，并做好病虫杂草防治和各项管理工作，以利苗木苗壮生长。

2.2　林地选择

造林地选择在背风向阳、中等肥力的缓坡低山区或丘陵地，也可以在平地或山脚、田旁、沟旁、路旁、庭院空隙地零星种植。但朝北多风的地块不宜栽植。因为木瓜在早春 2 ~ 3 月就开花，早春气温不稳定，木瓜容易受西北风危害，常常造成颗粒无收。

2.3　栽植

冬季落叶后至早春萌发前都可以栽植造林。造林前，要整地，按照株行距 2m×2m 挖 50cm 见方的定植穴，穴挖好后，每穴施入腐熟的厩肥、堆肥或灶灰混合饼肥、复合肥 5 ~ 10kg，再在上面盖上 10cm 厚的细土。栽植时，每穴植壮苗 1 株或小苗 2 株，分层填土压实，适当提苗，使根系舒展。栽好后，浇一次透水。

2.4　田间管理

2.4.1　修剪：木瓜萌芽成枝力较强，幼树生长较旺，结果后生长中庸，宜采用开心形或自由纺锤形整枝。修剪时主要应用轻剪长放和冬夏结合的方法。对主枝要及时拉枝开角，延长枝打头轻短截。夏剪主要疏除过密枝、重叠枝和病虫枝。主枝上的直立旺枝，如有空间可多次摘心，促发分枝。结果枝要及时更新复壮，对生长势已转弱的结果枝要适当回缩和短截促壮。

2.4.2 施肥：每株施厩肥 10～15kg，过磷酸钙 0.5～1.0kg，采用环状施肥。

2.4.3 除草：生长季节进行中耕除草。

2.5 病虫害防治

木瓜的主要病虫害有早期落叶病、白粉病、轮纹病、红蜘蛛、蚜虫、介壳虫、木瓜螟等。萌芽前全园喷一次5%的机油乳剂和500倍氧化乐果，可有效防治轮纹病、白粉病、红蜘蛛、蚜虫等；4月下旬至5月上旬喷施一次2 000倍灭扫利防治蚜虫、红蜘蛛；5月上旬至8月上旬每隔15～20天，间隔喷施50%多菌灵800倍液，70%甲基托布津1 000倍液等，可有效防治早期落叶病、轮纹病。

3. 留种技术

选择单株上的优质果采集种子。果实发育必须正常，果形端正，不能采畸形果，也不能采没有成熟的果。采果的最适时间是果实有三分之二以上变成黄色，采后放1～2天再取出种子。种子取出以后，堆沤4～6天，使包在种子外面的一层假种皮腐烂，洗干净后漂去不充实的种子，去除白色未成熟的种子，晾干即可以播种。

4. 采收与加工

木瓜采收最适期为7月中旬。此时，木瓜呈现青黄色，已经成熟，应该立即采摘。如果采摘过早，木瓜水分大，果肉薄而坚硬，味涩；如果采摘过迟，果肉松泡，品质差。木瓜采摘后，立即将其纵切成两半，直接晒干或者将鲜果放入沸水中煮5～10分钟，取出晒1～2天，至外皮出现皱纹时，再纵切成2～4瓣，晒干。

5. 贮藏与运输

木瓜干燥后装袋贮藏。药材批量运输时，不应与其它有毒、有害、易串味物品混装。运载容器应具有较好的通气性，以保持干燥，并应有防潮措施。

6. 开发与利用

6.1 健脾消食：木瓜中的木瓜蛋白酶，可将脂肪分解为脂肪酸；现代医学发现，木瓜中含有一种酵素，能消化蛋白质，有利于人体对食物进行消化和吸收，故有健脾消食之功。

6.2 抗疫杀虫：番木瓜碱和木瓜蛋白酶具有抗结核杆菌及寄生虫如绦虫、蛔虫、鞭虫、阿米巴原虫等作用，故可用于杀虫抗痨。

6.3 通乳抗癌：木瓜中的凝乳酶有通乳作用，番木瓜碱具有抗淋巴性白血病之功，故可用于通乳及治疗淋巴性白血病（血癌）。

6.4 补充营养，提高抗病能力：木瓜中含有大量水分、碳水化合物、蛋白质、脂肪、多种维生素及多种人体必需的氨基酸，可有效补充人体的养分，增强机体的抗病能力。

6.5 抗痉挛：木瓜果肉中含有的番木瓜碱，具有缓解痉挛、疼痛的作用，对排肠肌痉挛有明显的治疗作用。

6.6 观赏及食用：木瓜果实深黄色，放入室内能散放出诱人芳香，极具观赏价值。另木瓜果实剖开后，糖腌可食用，具有顺气、化痰之功效。

本节编写人员：李　洪　姚正浪

第十节　山楂

1. 基本特征

1.1 山楂：为蔷薇科植物山里红（*Crataegus pinnatifi d a* Bge. var. major N. E. Br.）或山楂（*Crataegus pinnatifi d a* Bge.）的干燥成熟果实。秋季果实成熟时采收，切片，干燥。叶片大，分裂较浅；植株生长茂盛。落叶稀半常绿灌木或小乔木，通常具刺，很少无刺；冬芽卵形或近圆形。单叶互生；有锯齿，深裂或浅裂，稀不裂，有叶柄与托叶。伞房花序或伞形花序，极少单生；萼筒钟状，萼片5片；花瓣5片。白色，极少数粉红色；雄蕊5~25枚；心皮1~5，大部分与花托合生；仅先端和腹面分离，子房下位至半下位，每室具2胚珠，其中1个常不发育。梨果，先端有宿存萼片；种子直立，扁子叶平凸。山楂与山里红均主产山东、河北、河南、辽宁、陕西、山西等省，多为栽培经济树木。

1.2 化学成分：山里红果实中含酒石酸，柠檬酸、山楂酸、黄酮类、内酯、糖类及苷类。野山楂果实中含柠檬酸、苹果酸、山楂酸、鞣质、皂苷、果糖、维生素C、蛋白质及脂肪等。

1.3 功能主治：酸、甘，微温。归脾、胃、肝经。消食健胃，行气散瘀。用于肉食积滞，胃脘胀满，泻痢腹痛，淤血经闭，产后淤阻，心腹刺痛，疝气疼痛；高血脂症。焦山楂消食导滞作用增强。用于肉食积滞，泻痢不爽。

1.4 生物学特性：山里红是蔷薇科落叶小乔木，高6～8m，是果树，也是观赏植物。叶互生，阔卵形或三角卵形，边缘羽状5～9裂，有锯齿，叶脉上有短柔毛。伞状花序有小花10～12朵，白色或淡红色，5月开花。8～10月结果，梨果近球形，直径约2cm，皮色深红，并有淡褐色斑点。

2. 栽培技术

2.1 品种的选择和挖穴

2.1.1 品种选择：南部较暖地区适宜栽植大金星、小金星、粉红肉等品种；中、北部较寒冷地区以抗寒性较强的铁楂为主。

2.1.2 挖穴：在定植前挖好栽植穴，穴的直径100～150cm，深80～100cm，栽植穴的上下大小要一致。挖时要把表土和心土分放，表土与农家肥混均填入坑内，当表土填到距地表20cm时将土踏实，以备栽植。土壤质地差的，除挖大穴外，用肥沃的山皮土或熟土填充，以改善土壤结构。

2.2 栽植时期

根据当地气候条件确定，除北部寒冷地区外，一般适宜秋栽，秋栽苗木经过一冬沉实，根系与土壤密接，根系伤口愈合早，并能较早地生出新果根，土壤解冻后便能吸收水分、养分供苗木生长。秋栽成活率高。

2.3 苗木整理

起苗时，要就地分级，并对苗木加以修整，将伤枝、根系加以修剪和整理。随起、随运、随栽，一般按70～80cm高度定干，而后栽植（剪口下20cm整形带内保留7～8个饱满芽），或栽后定干。

2.4 栽植方法

在事先修整好栽植坑的同时，即可把苗木置入坑内，填土后轻轻提苗，使根系自然舒展，边填土边踏实，待将整个坑填满后再踏一次。定植的深度，要求苗木根茎与地面相平。然后再以树干为中心修成一个大水盆状，立即浇足水，过3~4天后再补浇一次水。秋季栽植的，要在树干周围培一个大土堆，以利保墒、防寒和防止风吹摇动。到春季土壤解冻后扒开，修成水盆状，并补浇一次水。

2.5 管理

2.5.1 土壤管理：土壤深翻熟化是增产技术中的基本措施，进行深翻熟化，可以改良土壤，增加土壤的通透性，促进树体生长。①施肥：施基肥，结果后及时施基肥，以补充树体营养，基肥以有机肥为主，每亩开沟施有机肥3 000～4 000kg，加施尿素20kg，过磷酸钙50kg，草木灰500kg。追肥，一般一年追3次肥，在3月中旬树液开始流动时，每株追施尿素0.50～1kg，以补充树体生长所需的营养，为提高坐果率打好基础。谢花后每株施尿素0.50kg，以提高坐果率。7月末花芽分化前每株施尿素0.50kg，过磷酸钙1.50kg，草木灰5kg，以促进果实生长，提高果实品质。②浇水：一般一年浇4次水，春季有灌水条件的在追肥后浇一次水，以促进肥料的吸收利用。花后结合追肥浇水，以提高坐果率。在麦收后浇一次水，以促进花芽分化及果实的快速生长。冬季及时浇封冻水，以利树体安全越冬。

2.5.2 休眠期（落叶后至萌芽前）：①上冻前解冻后翻树盘，特别是要求早春翻树盘，对地下桃小食心虫及其他地下害虫有较好的防治效果。翻后修好水盆。②购置生产物料，维修引水排灌设备。③萌芽前进行冬季修剪，由于近年来山楂管理粗放，树势大部分衰弱，因此应有计划地进行更新复壮，恢复树势逐年改造，延长结果年限。在2~3年内疏除过多骨干枝或进行重回缩，树冠高大的应落头开心，引光入膛，利用骨干枝中后部角度好的徒长枝及发育枝培养新的结果枝组，回缩交叉枝，疏除过密的拥挤枝、冗长枝、并生枝、重叠枝及干枯的病虫枝，达到生长结果相对平衡的目的。④山楂优种接穗的采集应结合修剪进行，并注明产地、品种、采集时间及采集人，进行蜡封处理，每50~100条一捆，挂好标签，在冷凉处进行贮藏。

2.5.3 萌芽期（芽萌动至叶形成即4月上旬至5月下旬）：①对幼树园进行定植，补植缺株。②进行除萌蘖，对幼树进行拉枝整形，及刻伤定向发芽、发枝。③展叶后喷洒一次0.3%尿素，同时进行花前追肥并进行灌水。育苗地及半成苗要及时除萌蘖、追肥灌水、松土除草。④山地山楂园可利用水平沟坝、鱼鳞坑边缘种植绿源植物肥料，如草木樨、紫穗槐、三叶草或为防治病虫种植所需的植物源药剂原料，如烟草、大蒜、辣椒、洋葱、蓖麻等。

2.5.4 开花期（初花期至终花期，即5月中旬至5月下旬）：小年树花期喷洒一次50~60ppm"九二O"以提高坐果率。大年树在幼果期喷一次"九二O"，花期不喷，以提高单果重。

2.5.5 果实生长发育期（落果后至果实采收，6月中旬至10月上旬）：①嫁接树除萌、摘心、绑防风支棍。②雨季前维修水土保持工程，松土除草，压绿肥。③生理落果后追肥，以氮肥为主，喷尿素0.3%加磷酸二氢钾0.1%（7月一次，8月一次，以提高花芽分化质量和增加单果重）。④7月中旬开始芽接，同时解除春季嫁接口的绑缚物。⑤为增加单果重及花芽分化量，8月份应增施一次有机肥。⑥夏季修剪主要是抹除由隐芽萌发的过密新梢，应留新梢。留20~25cm摘心或短截，多数当年即能形成良好的结果母枝。⑦9月份，秋金星、伏山楂等早熟山楂采收，10月份晚熟山楂陆续采收。采收时应用手摘果，手摘果质量好且耐贮藏。

2.5.6　落叶期（采收后及落叶）：①采收后立即秋施基肥，以增加树体营养物质贮备，结合秋施积肥进行果园深翻，同时可施入一些蓖麻叶，以消灭部分地上害虫，同时也可以混入一些"阴阳灰"（即草木灰一份，石灰粉三份）每亩30kg可有效防治菌核病、白粉病、立枯病、炭疽病、根腐病。结合深翻施肥进行灌水。②秋季建园，按不同密度的株行距进行整地并进行栽植，灌水后封堆、防寒。山楂叶是很好的制药原料，清理果园落叶，回收后可以交到制药厂家提取山楂黄酮。寒冷地区幼树培土防寒、树干涂白。同时对育苗用种进行沙藏。

2.6　山楂病虫害

主要虫害有红蜘蛛、桃小食心虫、桃蛀螟，病害有轮纹病、白粉病。①防治红蜘蛛和桃蛀螟：在5月上旬至6月上旬，喷布2 500倍灭扫利。②防治桃小食心虫：在6月中旬树盘喷100～150倍对硫磷乳油，杀死越冬代食心虫幼虫，7月初和8月上中旬，树上喷施1 500倍对硫磷乳油，消灭食心虫的卵及侵入果的幼虫。③防治轮纹病：在谢花后1周喷80%多菌灵800倍液，以后在6月中旬、7月下旬、8月上中旬各喷1次杀菌剂。④对白粉病发病较重的山楂园，在发芽前喷一次5%石硫合剂，花蕾期、6月份各喷一次600倍50%可湿性多菌灵或50%可湿性托布津。

3. 采收与加工

山楂应适时采收，即果实变为红色、果点明显、果柄产生离层时采摘。落地果、虫果、成熟度高的果实不宜贮藏。山楂采后应放在阴凉处，散热一天后装袋，散热时果堆厚度不宜超过30cm，且不要过早扎口入库，否则会因受热出现生理褐斑。

3.1　山楂蜜饯：挑选大小均匀、无损伤的山楂果洗净后，投入70～80℃热水中微烫数分钟，捞起沥干，拣去果核、果柄等物，再取洁净的白糖加水配成浓度为65%的糖液。煮沸后边煮边滴入冷水，除去糖液表面的泡沫，并经过滤。40～50kg的山楂，需白糖55kg。将滤净的糖液煮沸（用量一般为山楂的一倍多些），然后倒入经过处理的山楂果，静置5分钟后，再用文火使糖液慢慢沸腾。由于果实中水分排出而使糖液稀释，这时可用勺子轻轻翻动，约10分钟后再用旺火让果实上下翻滚，约经4～5分钟后，果实已显得透明，糖液中也溶进了不少山楂果的红色色素，待浓度达到60%左右时即可停火。加入相当于成品重量0.1%的苯甲酸钠，继续轻微沸腾2～3分钟，再捞出摊放在瓷盘或木槽中冷却。在冷却当中，应稍轻翻动果实。以免粘贴在容器上造成破损。剩下糖液要经滤净再与山楂混合便成山楂蜜饯。

3.2 山楂果丹皮：将挑选洗净山楂果蒸煮，打浆，过筛拣核，以50kg山楂果加25kg白糖和适量水，在锅内进行搅拌，待成色、溶液均匀后，捞出倒在玻璃上制片，再进行烘干，待其像皮条一样卷好包装，即成果丹皮。

3.3 山楂糖金糕：将剔除杂质和坏果后的山楂洗净，倒入锅内用水蒸煮到八九成熟，待果开花时止，将其取出打浆进筛，拣去果核和杂质，再把山楂泥倒入盆内，以山楂4kg、白糖5kg、明矾50g、水3kg、桂花精少许，加在一起搅拌，直到白糖完全溶化为止，冷却即成。加工制成的山楂金糕，凝固良好，富有弹性，软硬适宜，呈粉红色，色泽均匀，酸甜适口。

3.4 山楂糖葫芦：将挑选好洗净的山核果去掉果核，用竹签连成串后待熬糖。一般用2kg白糖加1kg水，把糖熬成糖稀，再将成串山楂果沾上糖稀至发脆时为止。制糖葫芦山楂，要求果大粒圆、皮色鲜红；挂糖厚薄要均匀、金黄透明。

4. 贮藏与运输

4.1 贮藏：山楂贮藏的适宜条件温度要求−2~0℃，相对湿度90%~95%（贮藏温度2~4℃时，湿度要求85%~90%）。气调贮藏时，氧7%~15%，二氧化碳5%~10%。山楂产地贮藏应注意的问题：选用耐藏性较强的品种贮藏，一般来说，果形大、肉质松的品种（即果农所说的面楂类品种，如大金星、糯山楂等）耐藏性较差，而果形较小、肉质坚硬的品种（即果农所说的铁楂，如铁球、紫珍珠、朱砂红、硬头红等）较耐贮藏。

4.2 运输：药材山楂批量运输时，不应与其它有毒、有害、易串味物品混装。运载容器应具有较好的通气性，以保持干燥，并应有防潮措施。

5. 开发与利用

山里红在古代叫做"果子药"。山楂不仅有治疗消化不良的功效，而且还能使那些不易消化的食品容易被人体消化吸收。近年来，经过药理分析，发现它还具有增强心肌、降低血脂、促进胆固醇转化等功能，对医治冠心病、高血压、动脉硬化等有一定疗效。而用山楂核研制软膏，还能治愈各种皮肤病。因而全世界山楂的消费量比过去增加3倍以上。因味道太酸，较少生食。但它具有丰富的果胶和红色素，很适宜加工汁、露、糕、酱、蜜饯等。山楂还可做成糊膏、山楂糕、山楂片、山楂条，受到老人和儿童的欢迎。

本节编写人员：柯 健 马永升 毋建民

第十一节　瓜蒌

1. 基本特征

1.1　瓜蒌：属葫芦科、栝楼属草质多年生藤本植物，又名药瓜、栝楼蛋。果实入药称全栝楼、栝楼皮，种子入药称栝楼仁，块根入药称天花粉。块根肥大，圆柱形。瓜蒌生长在山坡、山麓的岩石旁或草丛中。喜阳，也耐半阴。适应性强，垂直分布可达海拔1 200m。耐寒，忌水涝。土壤选择不严，一般壤土都能适生。我国主要分布于山东、河南、山西、湖南、四川、河北、北京、天津、江苏、浙江、安徽、福建、广东、云南等，陕西亦有分布。

1.2　化学成分：栝楼仁含甙、皂甙、有机酸及其盐类（如草酸钙）、树胶、树脂、脂肪油及色素等。

1.3　功能主治：味甘、性寒，入肺、胃、大肠经。有润肺祛痰、利气宽胸作用。治疗咳嗽痰粘，胸闷作痛。

1.4　生物学特性：茎多分枝，卷须细长。单叶互生，具长柄。雌雄异株，花白色，雄花成总状花序；雌花单生于叶腋，果实近球形，成熟时金黄色。种子多数，扁长椭圆形。花期7月至8月，果熟期9月至10月。

2. 栽培技术

2.1　选地整地

以土层深厚，疏松肥沃，排水良好的砂壤土为宜，不宜在干旱低洼地种植。冬季将地深耙整平，按畦宽1.5～2m，畦高20cm，沟宽30cm，沟深30cm作畦，每亩施入农家肥5 000kg、氯化钾20kg等混合堆沤的有机肥。

2.2　繁殖方法

瓜蒌繁殖方法有种子繁殖、分根繁殖和压条繁殖三种。

2.2.1　种子繁殖：9～10月选橙黄色、短柄的成熟果实，剖开取出种子，洗净，晒干，第二年春天"清明"至"谷雨"期间，将种子用40～50℃温水浸泡一昼夜。取出晾干，然后与河沙混匀，在20～30℃的温度下催芽，种子裂口后以行距20cm、株距12cm的标准穴播。穴深4cm，每穴播种子1～2枚，种子裂口向下，覆土，浇水，保持苗床湿润。苗长到10cm时即可移栽，移栽的株行距为0.5m×2m。

2.2.2　分根繁殖：北方在"谷雨"前后，南方在"秋分"至"立冬"

期间，挖取 3~5 年生健壮的瓜蒌根，直径以 3cm 为宜。如以收获瓜蒌果实为目的，则挖根时注意多挖雌株的根，少挖雄株的根。然后，将种根切成 6~10cm 的小段，切口蘸上生根剂或草木灰，于室内通风干燥处晾放一天，待切口愈合后下种。在做好的畦内按株行距 0.5m×2m 的规格挖穴，将种根平放在穴内，覆土 3~4cm，压实，再培土 10~15cm，以利保墒。栽后 20 天，除去保墒土，一个月左右即可出苗。如遇天旱，可在离种根 10~15cm 处开沟浇水，但不能直接向根上浇水，以免烂根。栽时要注意雌雄株的搭配，一般要按 5:1~10:1 的比例搭配栽种。

2.2.3　压条繁殖：在夏季雨水充足气温高的季节，将生长健壮的茎蔓放在事先施足基肥的土地表面，在其节上压土，待根长出后即可切断茎蔓。长成新株。来年春季即可移栽。

2.3　田间管理

2.3.1　地膜覆盖：瓜蒌为喜温植物。有条件的地区可以进行地膜覆盖保温；幼苗出土要按时破膜放苗，以防高温灼伤幼苗。

2.3.2　中耕锄草：春、秋季各中耕除草一次，生长期随时锄草，以防杂草滋生，植株封行后停止。

2.3.3　追肥：一般每年追肥三次：移栽当年苗高 33~66cm 时，或以后每年枝叶开始生长时第一次追肥，在距植株 30~35cm 处，开沟环施腐熟的人尿、厩肥、饼肥，每亩施 1 000~2 000kg，随后盖土搂平，6月上中旬花期时第二次追肥，肥料种类、用量和施肥方法同第一次，第三次与越冬培土同时进行，每亩施堆肥或厩肥 2 000kg。

2.3.4　选留主茎：春季瓜蒌出苗时，只选 1~3 个健壮芽留作主茎，以便养分集中。

2.3.5　浇灌：瓜蒌喜潮湿而怕干旱。每次施肥后先浇水一次，以后根据墒情适时浇水。使土壤保持湿润。

2.3.6　搭架：当茎长 33cm 左右时，即需搭设棚架。瓜蒌上架生长后，应使茎蔓分布均匀，通风透光良好，减少病虫害的发生，还可方便人工授粉。

2.3.7　整枝疏芽：上架前每棵留 2~3 根粗壮的茎蔓，去掉其余的分枝和腋芽上架后要及早摘除分杈、腋芽，剪去瘦弱和过密的分枝，使茎蔓分布均匀，不重叠挤压。6月中下旬用手将果实悬吊于架下生长。

2.3.8　打顶保果：8月上旬应将所有的茎蔓去顶。去掉新长出的侧芽和花蕾，以利养分向已有果实集中。

2.3.9　越冬保护：在寒冷地区，上冻前在植株四周中耕，施入堆肥或厩肥，并从离地 1m 处剪断茎蔓，把留下的部分盘在地上，并把株间土壤覆盖其上，培土使成 33cm 高的小堆，以防冻害；南方瓜蒌能安全越冬，但冬季也应在追肥后培土，以利来年生长旺盛。

2.4 人工授粉

在瓜蒌行间或架子旁，按雌雄株 6:1 的比例配置雄株于花期进行人工授粉。

2.5 病虫害防治

2.5.1 病害

根结线虫病：为害根部，先期幼根变褐色、腐烂，后期主根局部或全株死亡。防治方法：早春深翻土地，曝晒土壤，杀死病源，整地时用 20% 甲基乙硫磷乳油进行土壤消毒，栽种前用 40% 甲基乙硫磷乳油浸渍种块。

根腐病：地下根感病后，主要为维管束变黄，最后整个根变褐色、腐烂。防治方法：与禾本科轮作，忌重茬，严禁与地黄、玄参、乌头等轮作；土壤用甲基托布津，种子用多菌灵消毒。

2.5.2 虫害主要有黑足守瓜虫，幼虫土生，取食瓜蒌根部。防治方法：人工捕捉；用 90% 敌百虫 1 000 倍液毒杀成虫或 2 000 倍液毒杀幼虫。

3. 采收加工

3.1 采收果实：秋季至初冬果实陆续成熟，当其表面有白粉并变成淡黄色时，分批采下，采时用剪，在距瓜蒌 15cm 处，连茎剪下，以便吊挂晾晒（或果实用火烘干），严防碰破以至津液外流，导致降低质量。根：雌株的根虽然也入药，但淀粉较少，故通常挖取雄株的块根移栽后第三年霜降前后采收，年限越长越好，但第六年仍不收获的，根内纤维素增多，粉质减少，品质下降。

3.2 加工：瓜蒌壳 未成熟瓜蒌采收后，可将果柄向上日晒夜露。1～2 天翻动一次，再将青皮向上，晒至橙黄色，剪去果柄。将果实洗净，从果蒂将果实对剖开，取出种子、瓜瓤，用纱布洗去残留种子。注意保留果肉。晒或以 50～70℃ 烘干，瓜蒌仁，果实外皮黄褐色、内皮肉白色，剥开果实再将瓜瓤、种子倒入缸内。待瓜瓤发酵腐烂取出。用麻布反复揉擦。清水淘去瓜瓤，晒或烘干。拣去杂质或瘪粒、大小均匀、饱满、味甘油足者为佳。全瓜蒌 采收后，堆放 2～3 天，再将蒌蒂编成辫挂起阴干，轻拿轻放，切勿挤压，避免霜冻，更不能曝晒，也不能烘干。因为曝晒、烘烤都影响色泽。或用纸包好鲜瓜蒌。悬挂通风处晾干，用时切碎。

4. 贮藏运输

4.1 贮藏：贮藏药材的仓库应通风、干燥、避光，必要时安装空调及除湿设备，并具有防鼠、虫、禽畜的措施。地面应整洁、无缝隙、易清洁。药材应存放在货架上，与墙壁保持足够距离，防止虫蛀、霉变、腐烂、泛油等现象发生，并定期检查。

4.2 运输：药材批量运输时，不应与其它有毒、有害、易串味物品混装。运载容器应具有较好的通气性，以保持干燥，并应有防潮措施。

5. 开发与利用

瓜蒌籽含不饱和脂肪酸、蛋白质、多种维生素以及钙、铁、锌、硒等 16 种微量元素。食用瓜蒌籽，对急性心肌缺血有明显的保护作用，对离体绒癌细胞的增殖和艾滋病病毒具有强烈的抑制作用，对糖尿病有一定的治疗作用，对高血压、高血脂、高胆固醇有辅助疗效，能提高肌体免疫功能，并有瘦身美容等多种功效，应用范围非常广泛。

本节编写人员：马永升　周海涛

第十二节　木通

1. 基本特征

1.1 木通：为木通科植物白木通或三叶木通，以木通的木质茎入药。落叶木质藤本。三出复叶；小叶卵圆形、宽卵圆形或长卵形，先端钝圆、微凹或具短尖，边缘浅裂或波状；叶柄长 6 ~ 8cm。花序总状，腋生，长约 8cm；花单性；雄花生于上部，雄蕊 6 枚；雌花花被片紫红色，具 6 个退化雄蕊，心皮分离。果实肉质，长卵形，成熟后沿腹缝线开裂。种子多数，卵形，黑色。花期 4 ~ 5 月，果熟期 8 月。白木通分布在我国的江苏、浙江、江西、广西、广东、湖南、湖北、山西、陕西、四川、贵州、云南等地。

1.2 化学成分：木通茎枝含木通甙（Akebin），木通甙水解得常春藤皂甙元（He d eragenin）、齐墩果酸（Oleanolic aci d）、葡萄糖与鼠李糖。

1.3 功能主治：味苦，性凉。入心、小肠、膀胱经。具有泻火行水，通利血脉之功效。治小便赤涩，淋浊，水肿，胸中烦热，喉痹咽痛，遍身拘痛，妇女经闭，乳汁不通等症。

1.4 生物学特性：木通喜肥趋湿，耐寒，惧高温，适宜中性或偏酸性（pH 值在 5.5 ~ 6.5 之间）的土壤中生长。种子在气温 8℃ 以上开始萌芽，8 ~ l2℃ 为发芽较适温度。气温在 8℃ 以上，播种后 40 ~ 50 天出苗，幼苗出土后能经受短时间霜冻。日平均气温在 l9.3 ~ 23℃ 内，植株生长速度随着温度升高而加快，日平均气温超过 28℃ 时，植株地上部分生长速度下降。立冬前后，三叶木通果实停止生长，霜降前后，木通茎藤停止生长，进入休眠。

2. 栽培技术

2.1 种苗繁育

2.1.1 选地与整地：选用山地或林地，进行木通播种育苗或穴播，选择朝东或朝南向阳坡，坡度 15° 左右，以沙质壤土为好。挖沟做畦，畦宽 1.5m，沟宽 40cm，沟深 60cm；用 70% 代森锰锌粉剂进行土壤消毒处理，少量河沙或煤渣改良土壤，施腐熟的猪粪、牛粪、马粪、饼肥与土混合后灌沟。

2.1.2 搭架攀缘：木通是缠绕性攀缘藤本植物。选用缓生性明显的小乔木树种做攀缘架，按 3m 行距，修剪活体攀缘物后间作三叶木通。人工攀缘支架可以用双排水泥柱（规格：10×10×250cm 或 10×15×270cm，两根水泥柱中有横条连接）或双排木材（直径 10~15cm），每隔 4~6m 设立一排。排柱埋入地下 50~70cm，每隔 50cm 高，拉一横向镀锌铁丝构成高单篱架。4 月底，用 50cm 长的小竹竿，引茎藤上第一道镀锌铁丝；5 月底，将茎藤绑在第二道铁丝上；7 月下旬，剪掉超过第二道铁丝上已经相互缠绕打结的小茎藤。搭架要根据地势分段搭设，并留好作业通道。

2.1.3 播种育苗：木通多用种子繁殖，也可以扦插繁殖。选种与种子处理：木通种子在 9 月底成熟，10 月上、中旬选择软熟或已经开口的果实采种。将采摘来的浆果及时水洗搓去果肉，用湿润河砂（种子:河砂 =1:4，湿度以手捏成团、松手能散为度），在 10 月至翌年 1 月室温条件下储藏 30~35 天，让种子完成形态后熟作用和层积发芽。待种胚突破种皮能见种芽后，择晴天播种。播种：木通播种以 12 月底或次年 1 月上、中旬为宜，过早易遭受鼠害，过迟生长不良。沿开沟撩壕沟的两边条播或穴播，播种要均匀，保持株距 5cm 左右，盖灶灰 3cm 厚，最后盖草保湿，出苗时撤除。直播栽培播种量：种子每亩 2~3kg，苗圃育苗播种量：种子每亩 60kg。

2.1.4 苗地管理：幼苗出土后，要及时撤除盖头草，并除草、间苗。第一片真叶全展后，按株距 6cm 定苗。

2.1.5 移栽：按株行距 1.0m×1.2m，在做好的畦上挖穴栽植。

2.2 田间管理

2.2.1 水分管理：播种后保持土壤湿润，幼苗生长期应注意排水。

2.2.2 搭架：苗高 30cm 以上应搭架扶蔓。采取人工搭架时，可将各种树枝搭成篱笆支架，可利用小乔木或灌木，如蔓荆子、山毛豆等。

2.2.3 施肥：生长期每年施农家肥 2~3 次。

2.3 病虫害防治

2.3.1　病害：木通在生长期病害很少，研究也很少。

2.3.2　虫害

2.3.2.1　马兜铃凤蝶：幼虫在 7～9 月咬食叶片和茎。

防治方法：（1）人工捕杀；（2）发生期用 90％ 的敌百虫 500～800 倍液喷洒。

2.3.2.2　蚜虫：为害叶片。防治方法：用 40％ 乐果乳剂 2 000 倍液喷洒。

3. 留种技术

选粒大、饱满、无病虫害的种子留种。

4. 采收加工

秋冬两季割取基部，去掉头尾和幼枝，刮去外表木质粗皮，晒干。干燥过程中，将藤茎理直，至七八成干时，按直径粗细分档扎捆，再继续干燥即成。

5. 贮藏运输

5.1　贮藏：贮藏药材的仓库应通风、干燥、避光，必要时安装空调及除湿设备，并具有防鼠、虫、禽畜的措施。地面应整洁、无缝隙、易清洁。药材应存放在货架上，与墙壁保持足够距离，防止虫蛀、霉变、腐烂等现象发生，并定期检查。

5.2　运输：药材批量运输时，不应与其它有毒、有害、易串味物品混装。运载容器应具有较好的通气性，以保持干燥，并应有防潮措施。

6. 开发与利用

据统计在我国民间单验方中，用木通科木通配方的民间单验方有 122 个，治疗 48 种疾病；以木通入药的中成药有 53 种，为我国常用中药材。三叶木通广泛分布在长江流域的大部分地区及河南、河北、山西等省，以武陵山区、秦巴山区分布比较集中。《中国药典》2005 年版一部正式恢复木通科木通替代关木通使用，使三叶木通的需求量急剧增加。为了保证木通药材的药源供应，国家"十五"重大科技专项"创新药物和中药现代化"，把"三叶木通人工繁育研究"列入濒危繁育研究课题，中药的安全性已经成为制约中药出口的瓶颈。川木通和关木通在《中国药典》2000 版中同为木通用，在市场的流通量仅次于关木通。但因关木通含马兜铃酸（引起慢性肾中毒的主要物质之一），所以目前国际上已经禁用含马兜铃酸的中草药（包括关木通）。

本节编写人员：马永升　杨晓太　江翠兰

第六章　其他类

第一节　五倍子

1. 基本特征

1.1　五倍子：别名倍子、木附子、百蛇、文蛤等。是倍蚜科昆虫角倍蚜〔（*Melaphis chinensis*（Bell)）〕或倍蛋蚜（*Melaphis paitan Tsaiat* Tang）寄生于漆树科（Anaear d iaceae）漆树属植物盐肤木、青麸杨、红麸杨等树上形成的虫瘿。盐肤木类树木，古称倍树。主要有 5 种，所以生长在倍木上的虫瘿便称为五倍子。盐肤木、五倍子蚜和细枝赤齿苔藓类三个基本要素同时存在，才能结出五倍子。盐肤木是倍蚜虫的夏寄主，细枝赤齿苔藓为中间冬寄主。五倍子主产于四川、云南、陕西、湖北、广西、湖南、河南、福建、山西等地。

1.2　化学成分：含五倍子鞣质 60%～70%，医学上称五倍子鞣酸，另含没食子酸 2%～4%，及脂肪、树脂和蜡质等。

1.3　功能与主治：敛肺、涩肠、止血、解毒。治肺虚久咳、久痢、久泻、脱肛、自汗、盗汗、遗精、便血、衄血、崩漏、外伤出血、肿毒、疮疖、睫毛倒卷。现代临床用于治疗糖尿病，鞘膜积液和痔疮等症。

1.4　植物特性：本种的寄主植物为盐肤木（又名五倍子树），为落叶灌木或小乔木，高 200～1 000cm。树皮灰褐色，有赤褐色斑点。小枝黄褐色，有无数的皮孔及三角形叶痕。小枝、叶轴和花序密被小柔毛。奇数羽状复叶互生；总叶柄基部膨大，叶柄有狭翅，有小叶 7～13 片；小叶互生，无柄，椭圆形，先端短渐尖，基部圆或楔形，边缘有钝锯齿；叶面略被毛，叶背密被短柔毛。树枝或叶轴、叶柄上常有小虫瘿。圆锥花序顶生，开白色小花。核果扁球形，有毛，熟时成微紫红色或橙红色，外被白粉，有咸味。花期 6～7 月，果实成熟期 7～8 月。从盐肤木上寄生形成的五倍子虫瘿称角倍。其性状呈不规则的囊状，有若干瘤突起或角状分枝，表面黄棕色至发棕色，有灰白色软滑的绒毛，破碎后，则见中心为空洞，有黑褐色五倍子蚜虫的尸体及白色的外皮和粉状的排泄物。破折面角质样，质坚脆，气特异，味涩而收敛性。

2. 栽培技术

2.1 选地

盐肤木喜温暖气候，不耐严寒。对土壤要求不严，沙质壤土和粘壤土均可栽培。

2.2 繁殖方法

2.2.1 种子的处理：盐肤木以种子繁殖，播种前先用温水加草木灰调成糊状，搓洗盐肤木种子。然后用10%的石灰水将种子浸泡3~5天后摊放在簸箕上，盖上草帘，每天淋水一次，待种子萌芽即可播种。

2.2.2 播种：一般采用高畦，于春秋季开沟条播，覆土0.5~0.6cm。每亩播种12kg左右。播种后要盖上稻草，洒上清粪水，直至湿透苗床。

2.2.3 苗期管理：幼苗出土前，要经常浇水，使苗床保持湿润，15天左右出苗。在幼苗大量出土后，于阴天揭去覆盖物。苗出齐后，应当间苗，中耕除草和施肥。

2.2.4 苗木的定植：培育小苗长高到25cm左右时即可于春季雨天或秋季移栽，株行距为1~2m。用株高在1~2m的大苗连片栽植当年就可收益。

3. 田间管理

为了保证盐肤木幼苗的生长，定植后的前两年要对树盘周围除草，可结合除草给每株施入0.1kg复合肥，若条件许可，也可结合冬季深翻改土施入适量的农家肥，以提高土壤肥力。

3.1 提灯藓的培养

提灯藓是五倍子的冬寄主，多分布在阴暗潮湿的路边沟旁。人工培植地应选择地下水源充足的地方，方向以背阳面为好。春季将采集的提灯藓植入整理好的地里。栽后要加强管理，保持地里潮湿，大旱需早晚浇水，并经常清理覆盖面的落叶和杂物。

3.2 五倍子的培养

自然生长五倍子产量不足时，要人工引种培育蚜虫。在10~11月五倍子成熟而未破裂前，将作种用的五倍子采回放在相对湿度90%的环境下保存，待五倍子自然爆裂后，把秋迁蚜收集起来，放在事先培育成活的提灯藓上越冬。对刚捕入的应盖纱布蒙住，以免蚜虫飞走，20天后即可揭去。如发现藓叶焦尖干黄，可适当加盖稻草等物，以保蚜虫安全越冬。翌年2月中、下旬倍蚜即飞迁上树结倍。

3.3 采倍留种：

过早采摘倍子，会降低五倍子的产量和质量，应把握有5%的倍子爆裂时

第一部分 植物药

采收。采倍时每株留 1~2 个大倍作虫种，让其自然爆裂，以扩大虫源，特别是"七月倍"大量的倍蚜飞到齿藓上越冬，可促次年多结倍。若树大则可适当多留，这也是让五倍子连年增产的有效措施。留的越多，虫口密度越大，来年五倍子产量也就明显增多。

3.4 病虫害的防治

根腐病是五倍子树的主要病害，一旦发现烂根树株，应及时连根挖起烧掉，并在地面喷施 25% 多菌灵 500 倍液消毒。

蚂蚁是倍蚜虫的天敌，春迁蚜上树和秋迁蚜上藓后应注意观察，发现蚂蚁应及时消灭，可选用敌百虫与肉渣拌成毒饵，放在倍树与藓圃之间的地面上诱杀；当倍蚜进叶形成麦粒大虫瘿时，将上端无瘿嫩梢修剪掉，能有效防止蚜虫等虫害；对于其他害虫，只能人工捕杀，不能喷洒农药。

4. 采收与加工

4.1 采收：适时采收是提高五倍子产量和质量的关键。采摘早，虫瘿未成熟；采摘迟，五倍子虫破壳而出，造成损失。过早、过迟采摘均会使其鞣酸含量减少，影响质量。从时间上看，"五月倍"在"夏至"后 10 天左右采摘为宜，"七月倍"可在"寒露"前几天采摘。从颜色上看，在阳光下看鲜红色或微红色为宜。采摘时切记每株树要保留 1~2 个大倍作虫种，以保证后期五倍子的产量。

4.2 加工：采下的鲜五倍子要尽快加工，否则会腐烂变质。可将鲜五倍子倒入沸腾的水中，边煮边搅拌，3~5 分钟，五倍子表面由黄褐色变为灰色时捞出，滤干水分，晒干。

5. 开发利用

五倍子用途广，资源少，除传统药用外，现代医学还合成了杀菌剂、兴奋剂、磺胺增效剂、避孕剂等药剂。并广泛用于石油、机械、航空、化工、轻工、国防等工业，如金属防腐剂，化纤织品中的染色剂，食品中的防腐剂、保鲜剂，多种高感光材料的显影剂、稳定剂，火箭燃料中的助燃剂和稳定剂，头发染色剂，生物标本固定剂等。五倍子还大量出口，目前已成为我国重要出口创汇商品之一，供不应求，国际市场每年需要数千万千克，而我国每年只生产 400 万千克，很难满足需要。国家医药管理局已把五倍子列为近几年内重点发展 63 种紧缺中药材之一，应把握时机，积极发展。

表 1-20　五倍子生产管理农时安排表

时　间	生　产　工　作　内　容
11 月至翌年 2 月	1. 深翻改土，施基肥 2. 秋迁蚜的越冬管理
3~5 月	1. 播种育苗 2. 病虫防治
6~8 月	1. 五月倍采收及留种、加工 2. 病虫防治
9~10 月	1. 七月倍采收、留种及加工 2. 培育秋迁蚜 3. 病虫防治

本节编写人员：赵　强　李孟生

第二部分 动物药

我国土地辽阔，地形复杂，气候多样，因之有许多药物种类居世界首位，或为中国所独有的珍稀动物物种。加之我国医学所应用的药材，大多为取之于动、植、矿的天然药物，所以我国的药用动物种类繁多，资源丰富。按入药的部位来划分，可有：①全身入药的，如全蝎、蜈蚣、海马、地龙、白花蛇等。②部分的组织器官入药的，如虎骨、鸡内金、海狗肾、乌贼骨等。③分泌物、衍生物入药的，如麝香、羚羊角、蜂王浆、蟾酥等。④排泄物入药的，如五灵脂、望月砂等。⑤生理的、病理的产物入药的，如紫河车（人的胎盘）、蛇蜕为生理的产物；牛黄、马宝为病理的产物等。按药用动物的物种来划分，如前所述，我国已知可作药用的动物已达900余种，跨越了动物界中的8个门（按近代对动物界的分类可达11门）。从低等的海绵动物到高等的脊椎动物都有。从分布来看，从东到西，自北向南；从高山到平原；从陆地到海洋，均有分布。特别是我国海岸线长，海洋药用动物无论从种类到产量，都有很丰富的资源。而且像金丝猴、大鲵、黑颈鹤、华南虎等，不仅属于国家珍稀动物，并且也有很高的药用价值。下面，我们就略阳特有的乌鸡、大鲵、林麝三种主要动物品种从种养技术方面作一介绍。

第一节 乌鸡

1. 略阳乌鸡简介

略阳乌鸡是略阳人民长期选育和精心饲养下形成的地方肉用型鸡种。据汉中市出土文物陶鸡资料表明和《汉中府志》记载，距今已有1 900余年的养殖历史，是全国四大乌鸡品种（郧阳鸡、江山鸡、泰和鸡、略阳鸡）之一。略阳乌鸡主产于略阳县境内的黑河流域，分布于全县21个乡镇。1982年和2009年先后被陕西省畜禽遗传资源委员会确定为全省唯一的家禽保护品种，2008年又获得国家质监总局地理标志产品保护。

1.1 **主要特点**：该鸡具有耐粗饲，生长快，体格大，"六端乌"（乌皮、乌腿、乌趾、乌啄、乌舌、乌冠）的特征，成年鸡体形近似正方形。150～180日龄，公鸡体重不低于1.75kg，母鸡不低于1.43kg，屠宰率分别为

88.6%和87.4%。成年公鸡体重不低于2.8kg，母鸡不低于2.48kg，屠宰率分别为89.6%和93.8%。屠体感官呈乌色，肌肉呈青紫色，胸腹膜、肠系膜、盲肠呈黑色，骨膜呈乌色。

1.2 营养成分：蛋白质含量达25%，富含人体所需的18种氨基酸和丰富的微量元素。如钙、磷、铁、锌等，蛋白质中的缬氨酸、丝氨酸、脯氨酸等含量显著高于其他乌鸡品种。

1.3 药用功能：乌鸡是一种药用珍禽，具有重要的滋补功能。乌母鸡加十全大补汤可治妇女赤白带下、月经不调、闭经及妇科杂病；加入何首乌、熟地、女贞子、阿胶等有使人白发变黑的作用；农村常用乌母鸡加黄芪、当归、山药、黄精、玉竹、三七、石斛等治五劳七伤、妇女月经不调等病；乌鸡加糯米、蜂蜜、党参或人参、黄芪、当归蒸调数次，可治虚痨病。

2. 饲养环境条件要求

2.1 场地选择：饲养场地要求地势坡度不大，干燥、排水、通风、光照良好的庭院、果园、山坡地、疏林地、草地，水源充足卫生，环境安静。饲养场地周围3 km以内无大型化工厂、矿厂等污染源，距其他畜牧厂至少1km以上。

2.2 鸡舍建筑：鸡舍建筑随鸡群多少，饲养方式而不同。一般农户因饲养规模小，通常在住房周围修建边高1.0~1.2m，宽1m左右，长5m左右的鸡舍，舍内距地面0.3~0.4m处横加数根木棒，每间鸡舍可容纳30~50只鸡，地面经常撒上草木灰消毒。专业养殖场（户）一般修建高3m左右，宽4m左右，长5m左右的鸡舍，在鸡舍内距地面不低于0.3m搭建栖息架，每间可养100~120只鸡。同时，应具有通风、防潮、防鼠虫害条件。舍前需搭盖遮阳挡阴（雨）棚或具有遮阳挡阴（雨）的天然场所。

3. 育雏期饲养管理（0~6周龄）

3.1 雏鸡来源：种鸡应来源于略阳县辖行政区域具有《种畜禽生产经营许可证》的种鸡场（户），且应符合略阳乌鸡雏鸡外貌特征。

3.2 温度：0~3日龄温度要求达到36~38℃，以后每周降2℃左右，直至与20℃左右的自然室温相同时停止人工给温。

3.3 湿度：室内相对湿度应控制在50%~60%为最佳，地面保持干燥清洁。

3.4 光照：以自然光照为主，人工灯光补充为辅。0~3周龄采用24h光照，三周后每天光照18h，以后每周减少半小时，逐步接近自然光照，光照强度每平方米4W。

3.5 密度：1~4周龄少于40只/m^2，5~6周龄少于25只/m^2。

3.6 饮水：雏鸡饮水要保持清洁、充足。

3.7 喂料：饮水后2h即可开食。开食料选用蒸熟的黄色玉米颗粒或黄色小米粒，2天以后用肉小鸡颗粒料拌湿生喂，每天饲喂4~5次。

3.8 育雏时间：在育雏室内育雏时间，一般为冬季50日龄左右，春、秋季40日龄左右，夏季30日龄左右即可转入放养。

4. 育成期饲养管理（7周龄至出栏）

4.1 饲养方式：放养与舍饲相结合。每群规模为150~200只为宜，放养密度应少于200只/亩。专业养殖场（户）可采用舍内地面平养，密度为7~12周龄少于12只/m^2，13周龄以后少于8只/m^2，全期放养不少于80天。

4.2 饮水：略阳县境内的泉水、溪水、河水、地下水，保持饮水充足，无污染。

4.3 饲料：以天然饲料为主，辅以配合饲料。天然饲料：玉米、小麦、稻谷及其他杂粮、野草、牧草、虫子等；配合饲料：粗蛋白16%~18%，代谢能11.3~11.7兆焦/kg。

4.4 饲养方法：白天散养，让其自由采食野草、虫子等天然饲料，早晚（早上放养前，晚上牧归时）补充喂少量略阳当地产原粮（玉米、小麦、稻谷及其杂粮）和青绿多汁饲料。饲料以当地原粮与配合饲料相结合，每日饲喂3~4次。

4.5 出栏时间：150~180日龄，公鸡体重不低于1.75kg，母鸡不低于1.43kg时内质鲜嫩，为适时上市期。

5. 种鸡饲养管理

5.1 种鸡的选择与分群：种用略阳乌鸡体重应符合略阳乌鸡150日龄平均体重，淘汰过大过小个体。农户散养情况下，150日龄公鸡体重1.75kg，母鸡体重1.43kg。在全舍饲养条件下，150日龄公鸡体重2.4kg，母鸡体重1.68kg左右。按公母比例1:8~1:10分群养殖。

5.1.1 饲养密度：以每平方米养殖5只为宜。

5.2 种鸡管理：种乌鸡公鸡在20周龄开啼，母鸡在34周龄开产。这一时期是略阳乌鸡生长和发育的关键时期，此期可用光照刺激以促进性成熟，饲料也要从生长鸡料变为种鸡料，同时，结合生长速度合理限饲，保持公母鸡种用体况。

5.3 饲养方法：种乌鸡适合笼养和散养，笼养生产成本低，饲料利用率高，便于饲养管理和消毒防疫，一般采用三层全阶梯式笼养。土地广阔、劳动力富余的地区也可以采用半舍饲半放牧方式饲养。白天鸡到舍外采集青草、昆虫，早晚在舍内休息、补饲、饮水、产蛋，这种方式设备虽然投入低，但饲养量有限，且受季节限制。

5.4　饲喂与饮水：产蛋鸡见蛋（5%产蛋率）后应由育成料向产蛋料过度。应特别注意不能饲喂霉变饲料，每天饲喂2～3次，第二次添料不宜有剩料。蛋鸡饮水量较大，一般是采食量的2～2.5倍，饮水不足会造成产蛋率急剧下降。种乌鸡在产蛋及熄灯之前各有一次饮水高峰，应注意供足。

5.5　光照：种乌鸡产蛋前期每天增加5～10分钟光照。直至增加至16h稳定不变。光照强度应在10 lx以上。

5.6　温度与湿度：以湿度适宜、地面干燥、空气新鲜和保持种鸡的健康和高产为基本要求。产蛋鸡舍的适宜温度是13～23℃。夏季应加强通气降温，冬天应防寒保暖。

5.7 收集种蛋：每天应定时捡蛋四次，捡蛋时应使用蛋托收集鸡蛋，轻拿轻放，防止苍蝇及粪便污染，并及时储存在种蛋库房。

6. 疫病防治措施

6.1　免疫预防：按预防免疫程序定期接种马立克氏、鸡新城疫、鸡痘、法氏囊、禽流感、禽霍乱等疫（菌）苗。其他疾病因病设防。

6.2　药物预防：2～10日龄用药物、饮水防治雏鸡白痢；10日龄后用克球粉等药物防治球虫病；2周龄用大蒜预防消化道疾病。在饲料中拌入酵母粉或维生素以助消化，提高抗病能力。

6.3　疾病治疗：随时观察鸡群状态，对患病鸡只，应及早发现、早隔离、早诊断、早治疗，并使用国家规定的安全、高效、低残留的兽药。

6.4　保持卫生：应保持鸡舍清洁干燥卫生，定期进行消毒，定期清理粪便，对病死鸡进行焚烧深埋处理，对鸡粪等废弃物进行堆积发酵处理。

7. 禁用物质

7.1　禁止使用国家兽药、饲料添加剂管理法规中禁止使用的兽药、饲料添加剂，有停用期的应严格执行停用期规定。

7.2　禁止使用含有激素、霉菌及被有毒、有害物质污染的饲料及饮水。

本节编写人员：胡庆荣　毋建民　赵秀兰　王芝琴

第二部分 动物药

第二节 大鲵

1. 概述

动物界→脊索动物门→脊椎动物亚门→两栖纲→有尾目→隐鳃鲵亚目→隐鳃鲵科→大鲵属→大鲵。俗名：娃娃鱼，人鱼，孩儿鱼，狗鱼，鳕鱼，脚鱼，啼鱼，腊狗。属国家二级重点保护动物，濒危品种。

1.1 分布：中国大鲵除新疆、吉林、辽宁、台湾未见报道外，其余省区均有分布，主要产于长江、黄河及珠江上游支流的山涧溪流中。中国大鲵原产地自然分布主要集中在我国的四大区域：一是湖南张家界、湘西自治州；二是湖北房县神农架；三是陕西汉中；四是贵州遵义和四川宜宾、文兴。江西省靖安县是"中国娃娃鱼之乡"，中国首座大鲵生态园在该县建立，是国家农业部生态建设项目。

1.2 形态特征

中国大鲵是现存有尾目中最大的一种，身体全长可达 1~1.5m，体重可达百斤。头部扁平、钝圆，口大，眼不发达，无眼睑。身体前部扁平，至尾部逐渐转为侧扁。体两侧有明显的肤褶，四肢短扁，指、趾前五后四，具微蹼。尾圆形，尾上下有鳍状物。体表光滑，布满黏液。身体背面为黑色和棕红色相杂，腹面颜色浅淡。

1.3 生活习性

大鲵栖息于山区的溪流之中，在水质清澈、含沙量不大，水流湍急，并且要有回流水的洞穴中生活。它的牙齿不能咀嚼，只是张口将食物囫囵吞下，然后在胃中慢慢消化。具有很强的耐饥本领，喜食鱼、蟹、虾、蛙和蛇等水生动物。

2. 人工养殖

2.1 大鲵养殖池的设计建造

自然界大鲵生活在海拔 300~800m 的山区溪流中，有喜阴怕风、喜静怕惊、喜洁怕脏的特点，人工建造大鲵养殖池最好应仿照大鲵自然界的生活状况等来进行。

2.1.1 养殖场址的选择要求

2.1.1.1 水资源要求

根据多年采水样分析结果表明，大鲵养殖对水的总体要求是：水源充足，无毒无害，符合渔业用水标准。具体在水源上，以山区溪流水、水库水、地下水等清、凉、活水为好，能做到排灌自如；在水温上，应严格控制在 0 ~ 28℃以内，以 10 ~ 22℃为好；在水质上，要求含氧丰富，在 3.5mg/L 以上，pH 值在 6.5 ~ 7.5。水中的总硬度和总碱度及氯化物、硫酸盐、硅酸盐、氨态氮等都不能超过渔业用水标准。

2.1.1.2 环境要求

养殖池四周要求环境安静、阴凉、空气清新，以四周群山环绕、树木茂盛、人烟稀少、环境相对独立为好，另外，要求交通方便，当地鱼虾蟹或动物内脏等饵料资源丰富。

2.1.2 养殖场的设计建造

大鲵生长有明显的阶段性，并有变态过程，人工养殖大鲵其养殖池须分阶段设计建造。其养殖池面积应视大鲵规格大小而定，稚鲵池（蝌蚪阶段 1 龄以内）0.5 ~ 1m²，幼鲵池（幼鲵阶段 1 ~ 2 龄）1 ~ 2m²，成鲵池（成鲵阶段 2 ~ 4 龄）2 ~ 4m²，亲鲵池（4 龄以上）5m² 左右。大鲵各阶段养殖池，其形状以长方形或椭圆形为佳，长宽比为 3:2，其高度要求在所养殖大鲵其全长的 2 ~ 3 倍，养殖场池四周及底部应光滑，顶部建防逃设施或加盖防逃网，在池内可设计多个洞穴，便于大鲵隐蔽躲藏，各养殖池应建造独立的排灌设施，做到水位能有效调节，水进出自如，排污方便。整个养殖场应建立完善的大鲵防逃、防偷、防害设施。

2.2 大鲵苗种放养及种苗鉴定

2.2.1 养殖池的消毒

新建的养殖池，特别是水泥池，必须浸泡二个月以上，待其碱性消失后方可放养种苗。对于原有养殖池要进行消毒，消毒药物一般用 1ppm 的漂白粉或 0.5ppm 的 90% 晶体敌百虫杀灭细菌或寄生虫等有害生物，然后用清水冲洗后，注入新水方可放养苗种。

2.2.2 鲵种消毒

为防止鲵种将病原微生物带入养殖池内，应将所有放养的鲵种用呋喃类药物每立方米水体 0.2g 或亚甲基 0.5g 兑水浸泡 5 分钟，然后将药水和鲵种一同轻轻放入养殖池内。

2.2.3 种苗鉴定

大鲵苗体质优劣的鉴定：大鲵苗种体质的优劣直接关系到饲养的成功与否。优质的大鲵苗种应该是机体健壮、肌肉肥厚、体表无伤痕和寄生虫，未变态前外鳃完整无病变。反之，则为劣质鲵苗。

2.2.4 放养密度

大鲵养殖池其放养密度视养殖大鲵规格和养殖场水源、水体、饵料等因

第二部分 动物药

素而定。一般情况下，苗种阶段考虑大鲵其活动范围较小，摄食能力较弱，放养密度可适当偏大，便于集中管理饲养。在成鲵阶段考虑大鲵活动范围大，摄食能力强，加之互相有攻击性，其放养密度应小。我们多年的养殖实践认为，苗种阶段其放养密度为 $60 \sim 100$ 尾/m^2，成鲵阶段 $5 \sim 20$ 尾/m^2。放养时，要求大小规格尽量保证整齐，个体之间不宜相差 0.5 倍以上。

3. 养殖管理

3.1 饵料投喂

大鲵饵料以鲜活的鱼虾蟹蛙及动物内脏为好，其饵料投喂与鱼类养殖饵料投喂一样，应做到"四定"即"定时、定位、定质、定量"。定时，根据大鲵活动状况，投喂多在傍晚进行；定位，饵料投放位置应在大鲵洞穴附近，便于懒惰的大鲵取食；定质，大鲵对饵料质量要求较严，要求鲜活，并且对饵料的品种不能变化太大，避免大鲵拒食；定量，大鲵贪食，喂食量应由少到多，循序渐进，一般按体重的 $10\% \sim 15\%$ 进行投喂，具体投喂时还应根据水温、天气状况、大鲵个体等情况进行适当调整。另外，在大鲵饵料投喂吃食时，应尽量保持大鲵不受惊吓，避免其吐食。

3.2 调节水质

养殖大鲵应经常保持大鲵池内水质清爽无污染，水体透明度大，含氧量高，pH 值在 $6.8 \sim 7.8$ 间。在实际养殖过程中，要及时清除残饵和排泄物，定期用生石灰调节水质，长期保持池水流动。

3.3 调节水温和光照

大鲵对水体温度要求较严，超出其忍受力会造成大鲵冬眠或夏眠，在炎热的夏季和寒冷的冬季，必须采取降温或增温措施，确保大鲵有一个适宜的水温等生长环境。另外，大鲵畏光，养殖场应采取措施避免日光强射，夜晚巡查时，不能用强光对射。

3.4 防逃防偷

大鲵逃跑能力特强，其陆上或水中运动较为敏捷，并能爬高顶重，稍有不慎便会逃逸，必须时刻注意防逃，尤其在下暴雨时要注意。养殖池和整个养殖场所有进出水口和陆上通道口都要装防逃设施。大鲵其经济价值较高，在养殖过程中要经常注意防止被不法分子偷盗。

3.5 饲喂

养殖池设饵料台，台面高出水面少许。投喂饵料，以天然饵料为好，主要有浮游生物类、虫类、肉类及鱼类、贝类等。每天早晚各投饵一次，时间为早晨 7:30 时前及晚上 22:30 前为好。在投饵料时应先清理掉上次的残饵。投喂量为体重的 $5\% \sim 10\%$。当水温在 $16 \sim 23℃$ 时应加大投饵量，次数及时间可保持不变。

3.6　日常管理

大鲵的日常管理简单，但很重要。投饵时保持三定：定时、定点、定量。了解大鲵的生活习性很重要，大鲵喜静怕吵，喜清水怕浑水，喜阴暗怕强光，养殖中要尽量照顾它的这些习性。另外，定时对鲵体及养殖池消毒防病，注意水温变化，夏季控制水温不超过26℃，以防"夏眠"，冬季防止水温低于0℃。

4.　病害防治

大鲵在人工养殖环境中，由于环境、饵料、密度等影响，人工养殖大鲵比野外大鲵发病率、死亡率高出几十倍以上，要提高养殖大鲵成活率必须在加强日常管理的前提下，注重预防为主，才能保证大鲵养殖成功，养出成效。大鲵养殖一般引进10cm以上的幼鲵，每平方米水面可放鲵20条左右。种苗放养前养殖地用硫酸铜2mg/L升浸泡5h消毒，鲵体用氯化钠5%药浴10分钟。事先在池内用麻石搭建洞穴，放置水草以供大鲵躲藏。

4.1　大鲵烂尾病症状

大鲵患此病初期，尾柄基部至尾部末端常出现红色小点或红色斑点状，周围组织充血发炎，表皮略呈灰白色，当病期过长，形成疮样病灶，病灶处常黏附大量病原菌及杂物，严重时病灶部位出现肌肉坏死，尾部骨骼外露，病鲵食欲减退或停止进食，活动能力明显减弱，尾部摆动无力，不久便会死亡。

4.2　预防方法

4.2.1　营造舒适的环境条件

在修建养鲵场时应考虑到光照、排灌水管、饵料台、栖息陆地等设施。由于大鲵具有喜独居怕光照的特性，池内可用砖头砌成多个人工洞道，洞口直径12~20cm，洞内较宽敞，洞壁尽可能做得光滑，养鲵池建成后不能立即放养鲵种，因为新水泥池有较强的碱性，而大鲵适宜的pH值为6~7。

可将新建成的水泥池注满水，连续浸泡2~3天，再放干，并重复数次，使池水pH值接近中性及池壁、洞壁粘上一层光滑的附着物时，再投放鲵种。

4.2.2　消毒处理

鲵种放养前应用1%浓度的龙胆紫药水做消毒处理，其方法是药与水的比为1:100兑好后，将鲵种浸洗20分钟，龙胆紫药水对大鲵皮肤刺激小，可有效地防止真菌和细菌的体表感染。

4.2.3　控制水质与水温

养鲵池水质要保持清爽，无污染，尽可能地应用溪水或清泉水。并做到定期更换池水，条件允许时，养鲵池可保持有常年流水。大鲵适宜生长水温为14~28℃，炎热夏季，更换池水显得更为重要。

4.2.4　放养个体规格整齐

现阶段的鲵种来源，均由人工繁殖，个体规格基本一致，但经过一段时间的饲养，个体大小差别越来越明显。这时应进行筛选，分级分池饲养，可避免以大欺少，以强欺弱的现象发生。

4.2.5　投喂优质饵料

大鲵饵料应富含蛋白质及微量元素等营养成分，如鲜活水鱼虾、动物内脏、动物血液、下脚料等是大鲵的好饵料。投喂饵料时坚持"定时、定位、定质、定量"的科学投喂方法，切忌将动物内脏、血块、下脚料等直接投入水中，否则，易造成对水体的污染，既要防止饵料浪费，又要防止部分个体吃不到或吃不好。

4.3　治疗方法

4.3.1　当发现大鲵患烂尾病时，应及时将病鲵隔离饲养，如不分开饲养而后患无穷，有可能殃及整个养鲵场。一是病原体在池水中不断扩散，感染其他个体；二是健康个体随时都可吸吮病鲵患处的血液，致使病鲵病情愈加严重，并将病原体传染给健康个体。

4.3.2　用强氯精 0.3～0.4ppm 浓度或二氧化氯 0.2～0.3ppm 浓度全池泼洒（包括栖息陆地、饵料台等）每天一次，连用 3～4 天为一疗程。

4.3.3　对病情较重的大鲵，先用 15～25ppm 浓度高锰酸钾或 0.3～0.5ppm 孔雀石绿溶液浸洗病鲵 15～20 分钟，并彻底清洗创伤表面的附着物，随后用消治龙软膏或硫黄软膏等消炎药物涂敷患处，每天一次，4～7 天可治愈。

4.3.4　用氯霉素 2～3g + 卡那原粉 2g + Vc 2g + Ve 2g + Vb 2g（每千克体重用药量），将上述药物均匀拌入饵料中投喂，连用 3～4 天。

5. 大鲵的药用、食用价值

大鲵的肉可以有效治疗贫血、霍乱、痢疾、发冷、血经，同时具有补肾益气，增强人体免疫功能，防癌健体等特殊作用。皮粉拌桐油可治疗烧伤、烫伤，尤其是对面部烧、烫伤的治疗不留疤痕，更显神奇无比，可谓伤科的灵丹妙药，其胆汁可解热明目，胃可治小孩消化不良，皮肤分泌液可预防麻风病。肉质洁白鲜嫩，肥而不腻，营养丰富，是高级滋补保健珍品，被誉为水中"活人参"，食用能增进食欲，强壮体质。据分析大鲵肉蛋白质含 17 种氨基酸，其中 8 种为人体必需的氨基酸。人体必需的氨基酸是 39.69%，大于牛肉 31.15%，大于鹿肉 32.98%。如若将其深加工成口服液、小包装的方便食品或药用营养保健品，前景十分看好。

本节整理人员：柯　健　李孟生　李晓生

第三节　林麝

1. 概述

林麝，又叫香獐、香子，属哺乳纲，偶蹄目，鹿科。动物学家根据其体型大小及毛色分三种：麝、马麝及林麝。麝香主含麝香酮，性温味辛，具有开窍醒神，活血通经，消肿止痛功效，麝香是我国传统的名贵药材和高级香料。林麝属于国家二级保护动物，人工养殖须经林业主管部门批准。

1.1　形体特征

林麝是麝属中体型最小的一种。雌雄均无角；耳长直立，端部稍圆。雄麝上犬齿发达，向后下方弯曲，伸出唇外；腹部生殖器前有麝香囊，尾粗短，尾脂腺发达。四肢细长，后肢长于前肢。体毛粗硬色深，呈橄榄褐色，并染以橘红色。下颌、喉部、颈下以至前胸间为界限分明的白色或橘黄色区。臀部毛色近黑色，成体不具斑点。

1.2　生活习性

林麝生活在针叶林、针阔混交林区，性情胆怯，过独居生活；嗅觉灵敏，行动轻快敏捷；随气候和饲料的变化垂直迁移。食物多以灌木嫩枝叶为主。发情交配多在 11～12 月份，在此期间，雌雄合群，雄性间发生激烈的争偶殴斗。孕期 6 个月，每胎 1～3 仔。雄麝所产麝香是名贵的中药材和高级香料，市场价格昂贵。

2. 人工养殖方式

2.1　半散放式饲养：力求保持林麝生活、栖息的自然生态环境，用铁丝网或篱笆封围山体与自然植被。

2.2　圈养：用大圈分群饲养断奶后的雌麝或断奶至 1 岁的育成麝，并设公用运动场；用小圈养哺乳期、怀孕后期雌麝和断奶前仔麝，种雄麝小圈养 1 头，小圈外设运动场，小圈运动场和大圈公用运动场均植树，创造良好的环境。

2.3　棚养：把大棚舍隔成若干小室，并设公用运动场。

2.4　笼养：利用铁笼或木笼，1 笼养 1 头的饲养方式，多用于常年生产性雄麝的饲养，以采用木笼为好。

3. 种麝来源

3.1 由专业种麝场提供

3.2 野外捕捉：麝为国家二类保护动物，必须在当地林业部门办理合法手续，有计划、合法地进行活捕和养殖。

3.3 串换种公麝：专业麝场之间定期交换种雄麝。

4. 常用饲料

林麝食性很广，凡牛、羊能吃的饲草、饲料，麝都可以吃。对秦巴山区的初步调查，林麝可吃的植物达 100 种以上。林麝的基本饲料可分为以下 3 大类：①植物类饲料：粗饲料有树叶类、青草、干草、菜叶类等；多汁饲料有南瓜、萝卜、红薯、野果、瓜皮等；精饲料有常用的大豆、玉米、小麦、大麦、麸皮、油饼、燕麦等。②动物类饲料：牛奶、羊奶、奶粉、蛋黄粉、血粉、骨肉粉、鱼肝油、鱼粉等。③矿物类饲料：食盐、磷酸氢钙、骨粉、墨鱼骨粉、微量元素（有铜、铁、锌、碘、钴、锰、碘等），也可用微量元素添加剂补充。

5. 饲养管理技术

5.1 饲料调制：饲喂前，精料应粉碎，按饲料配方混匀，青料切短，块根、瓜类洗净切碎，豆类与豆饼类应适当加热处理（110℃、3 分钟），干粗饲料除去杂质。

5.2 饲喂方式：数种青粗饲料自由采食或者定量投喂，混合精料喂前按 1:1 加水混匀后（手握成团，松开后不散开为适度）分次放入食槽中喂给。一般大圈食槽、水槽均设置于运动场中央，且设棚防雨；小圈食、水槽可设置在运动场一侧；笼养的食、水槽设于麝的前方，方便采食与饮水。每日喂 2 ~ 3 次。根据林麝有夜间与拂晓活动、采食的习性，精料宜早、晚投喂。

5.3 饮水：供给充足、新鲜的清洁的饮水。

5.4 更换饲料：应分期、逐渐进行，不可突然更换或增减。

5.5 分群饲养：根据林麝的年龄和性别，不同生长与生理时期，不同生产要求分群饲养管理。1 岁以上的雄麝，配种结束的雄麝，生产麝香的雄麝，怀孕后期的雌麝均应关入笼舍或单圈独养，哺乳母麝只能母仔同一单圈饲养，配种期公、母麝可按一定配比关入大圈合群饲养，断奶后及怀孕前期的母麝，断奶后至 1 岁内的育成麝，可在大圈内合群饲养。

5.6 保持圈舍及食、水槽卫生：粪便可间隔 1 ~ 2 天清扫一次，吃剩的青绿饲料和混合精料必须每天早晨彻底清除，并清洗饮水槽，保持饲料、饮水的清洁卫生。

5.7　保持环境安静：尽可能减少参观、噪声、喧闹等不良刺激，以保持场内安全。饲养人员要禁止穿红、白等刺激性、颜色鲜艳的衣物，宜穿深绿或暗色工作服。饲养员若遇麝配种、分娩、哺乳，应立即避开，以防空怀、难产和拒绝哺乳等问题发生。

5.8　避免应激：雄麝泌香期间应避免捕捉及强烈刺激而引起剧烈跳跃活动，防止香液泄漏。

6. 繁殖技术

目前林麝的小型养殖场或农户庭院养殖多采用自然交配。

6.1　种麝的选择：种公麝应选择父母与祖先高产，体质健壮，行动敏捷，无遗传病与生理缺陷、产香量高、性欲旺盛的作种用。种母麝要求体态匀称，体况中等，产仔多，泌乳量高，母性强的作种用。

6.2　配种年龄与发情配种季节：林麝属于季节性发情动物，发情期为 10 月至翌年 2 月，整个发情期可出现 3～5 个性周期（平均 22 天），种公麝以 3.5～8.5 岁，种母麝以 2.5～8.5 岁配种繁殖为宜。一年繁殖一次，每胎产 1～3 仔。

6.3　配种方式：①单公群母配种法：即 1 头种公麝与年龄相近的 4～6 头母麝配种。②双公群母配种法：即第 1 头种公麝配种 2 周后，拨出关入单圈，再按配种计划将另 1 头种公麝放入此群配种至结束。

6.4　妊娠与分娩：母麝妊娠（怀孕）期平均为 183 天（175～192 天），5～7 月产仔。妊娠初期表现离群，喜卧。采食量增加，被毛光亮；孕后 3 个月体态丰满，腹围增大；孕后 5 个月腹部下垂、乳房增大、腹窝可见胎动。母麝产前应清扫与消毒产房，备好柔软、清洁的垫草要用自然紫外光消毒，火焰消毒产仔箱。分娩多在早晨或夜间，临产前有起卧不安腹窝阵缩，羊水流出等表现，整个产程约 1.5h，正常分娩一般不需人工助产。

6.5　仔麝的培育：分娩结束后，仔麝会立即到母麝腹下吸吮初乳，然后母仔静卧休息，此时可在哺乳间隙称量仔麝的初生重及记录母麝产仔数。母麝常在夜间 21 时和下午 15 时左右哺乳，一般每日 3 次，每次约 10 分钟。一般产 2～3 仔者若出现仔麝四处游走，则示为母麝无乳或拒哺，应及时将仔麝抱给同期产单仔的母麝代哺，或用以备的羊、牛的奶进行人工哺乳。仔麝多在 15 日龄后随母麝逐渐开始采食，并开始有小粒状粪便排出，此时应开始补充新鲜、青嫩的饲料或菜叶，一般 30 日龄后仔麝即可正常采食。哺乳期为 60～100 天，应根据仔麝独立采食情况和生长发育情况及时断乳。断乳时，母、仔分离后 1～2 天时要观察仔麝，若仔麝能正常、独立采食则表示断乳成功，此为一次性断乳；若母、仔分离后仔麝不采食、采食少或发出嘶叫声，

第二部分　动物药

则可将其母麝再次关入，母仔合养，待仔麝采食正常后再分开，可反复几次，直至断乳完成，此为逐步断乳。断乳后的仔麝可继续留在原来的单圈喂养；断乳后的母麝可放入大圈群养，恢复体况，待下次配种。

6.6 人工取香技术

6.6.1 取香时间：一般宜选在秋季，此时天气凉爽，麝香成熟率高。雄麝从1~18岁均有泌香功能。

6.6.2 取香工具：取香勺多由不锈钢、银质或牛角制成。盛香盘可用小手术盘替代。医用剪刀、镊子。还有酒精（75%）、碘酒、红霉素油膏或其他消炎药膏等。

6.6.3 取香方法：取香宜在喂食前或喂食2h后进行。取香时先由一人抓住四肢坐于矮凳上，将麝保定于自己双腿上，使腹部向外，便于取香；另一人固定头部，以防犬齿伤人。待麝安静平稳后，剪掉香囊口周围的毛，再先后用酒精和碘酒消毒，然后取香者用左手固定香囊口和香囊体，并使囊口张开，右手将取香勺缓缓送入香囊内，深度保持2.5cm以内，轻轻挖取，徐徐抽出，使麝香顺口流入盛香盘中，然后再小心转动取香勺方向挖取麝香，直至取完。取香过程中若遇麝挣扎乱动，可顺势将勺取出，暂停取香，待麝安静后继续。麝香全部取完后，用消炎药膏涂于香囊口，防止感染；再把麝送回原笼圈，以适口性好的饲料调养。

6.6.4 鲜麝香保存：初取的鲜香（含水分50%~60%）应拣出被毛等杂质，称重记录后放入干燥器或38℃恒温箱中干燥，也可用洁净草纸包好后自然风干，干燥后（失去40%~50%的水分）再称重，装入有色瓶中密封保存。

6.6.5 成品麝香保存：人工活体取香多为净香仁（麝香仁），鲜香呈黑褐色软膏状，干燥后呈棕黄色或紫红色粉末，香气浓厚、味微苦辛、无杂质与霉变为优质品，可上市出售。

本节编写人员：马永升　付玉平　郭建明

第三部分　矿物药

　　矿物药按资源普查，可用资源种类共有80种。矿物药包括原矿物药、矿物制品药及矿物药制剂。矿物药的分类是根据矿物药的来源不同、加工方法及所用原料性质不同等，将矿物药分为三类的。

　　1. 原矿物药：指从自然界采集后，基本保持原有性状作为药用者。按中药分类规律，其中包括矿物（如石膏、滑石、雄黄）、动物化石（如龙骨、石燕）以及有机物为主的矿物（如琥珀）。

　　2. 矿物制品药：指主要以矿物为原料经加工制成的单味药，多配制应用（如白矾、胆矾）。

　　3. 矿物药制剂：指以多味原矿物药或矿物制品药为原料加工制成的制剂。中药制剂里的"丹药"即属这类药（如小灵丹、轻粉）。矿物制品药与矿物药制剂虽均属加工制品，但前者多是以单一矿物为原料加工制成，以配合应用为主而很少单独应用，后者多半以多味原矿物药或矿物制品药为原料加工制成，以单独应用为主而很少配合应用。采用这种分类方法一则是中药历代就有这种分类的趋向，二则是为便于今后进一步分别研究；加快矿物药发展的步伐。如原矿物药性质、产出主要与地质学科联系密切，矿物制品药有的与化工部门产品是同出一源（如铅丹），而矿物药制剂主要属于无机化学领域。

　　略阳县虽属于矿产资源大县，但矿物药可用资源种类较少，主要有滑石、硫黄等，可用的矿物药无论是从数量和从量方面来说都不是很多，这里就不一一列举。

附录1 陕西省人民政府
关于加快陕南中药产业发展的意见

（陕政发［2003］28 号 2003 年 8 月 10 日）

各设市人民政府，省人民政府各工作部门、各直属机构：

为全面振兴陕南经济，充分发挥陕南（包括汉中市、安康市、商洛市和宝鸡市的凤县、太白县）秦巴山区得天独厚的中药材资源优势，推动全省经济实现跨越式发展，早日建成西部经济强省，现就加快陕南中药产业发展提出如下安排意见：

一、加快陕南中药产业发展的战略意义

1. 中药的国际化、现代化为陕南中药产业崛起提供了新的历史机遇。随着科技发展和社会进步，以天然资源为原料生产的药物作为世界医药重要组成部分，国际认知度不断提高。生物医药、天然药物和中药产业已经成为 21 世纪最具发展空间的战略性产业。中医药已传入世界 120 多个国家和地区，并被许多国家列入医疗保险体系。我国加入 WTO，更为中医药走向世界开辟了广阔的市场。为了推动中药现代化，国家相继出台了《中药现代化科技产业行动计划》和《中药现代化发展纲要》。新一轮中药产业发展热潮正在全国兴起，国内一些中药资源大省纷纷加快中药产业化步伐，抢占国内外中药市场的制高点。

2. 得天独厚的自然条件和丰富多样的生物资源奠定了陕南发展中药产业的良好基础。秦岭是我国自然地理南北分界线，秦巴山区地处南北方植物的交汇带。陕南开发中药资源具有国内其他地区难以比拟的先天优势。其特殊的自然条件和良好的生态环境，使陕南成为我国的"天然药库"、"生物资源基因库"和"中药材之乡"。现有各类中药材资源 3 000 多种，其中《中国药典》收列的主要品种达 580 多种，常年收购经营的中药材 400 多种。丹参、山茱萸、绞股蓝、黄姜、秦艽、葛根、天麻、杜仲、猪苓、西洋参、柴胡等30 多种中药材的种植面积、产量、品质在国内占有重要位置，部分品种在全国处于领先地位。

3. 做大做强陕南中药产业具有重要的经济社会意义。一是有利于构建具有陕南特色的支柱产业，富民强县，促进陕南经济快速发展。二是有利于改

善陕南秦巴山区生态环境，带来很好的生态效益和社会效益，对汉江、丹江的水源涵养、水质优化，确保南水北调中线工程顺利实施和可持续发展具有重要的现实意义。三是对全省中药的现代化乃至整个医药行业和医疗卫生事业的发展产生带动作用。四是做大做强陕南中药产业，带动相关产业上规模、上水平，将为全省产业结构的战略性调整、区域经济的协调发展起到重要促进作用。

二、陕南中药产业发展的指导思想、基本原则和发展目标

1. 今后5~10年或更长一段时间，陕南中药产业发展的指导思想是：以"三个代表"重要思想为指导，紧紧抓住全球天然药业兴起和国内中药现代化的历史机遇，利用陕南中药资源和生态环境两大优势，面向国内外市场，整合中药产业资源，将陕南中药产业做大做强；依托现代技术，以市场为导向，以企业为主体，以产品为核心，努力形成几个知名品牌，扩大市场份额，加快构建中药药源生产体系、中药新药研发体系、中药加工生产体系和中药市场营销体系，实现中药材种植基地化、规范化，制药企业现代化、药品生产标准化、中药产品品牌化和医药市场国际化；通过中药产业的快速发展，使之成为陕南经济的重要支柱和新的增长极，带动陕南经济全面振兴，为全省经济实现跨越式发展、早日建成西部经济强省、全面建设小康社会做出贡献。

2. 加快陕南中药产业发展要坚持的基本原则：一是因地制宜原则。根据中药材种植生产具有较强地域性的特点，因地制宜地进行中药种植、加工的合理规划和布局，发挥资源、产品、技术和市场等方面的区域比较优势。二是技术创新原则。运用先进技术、先进设备与先进工艺研究开发新药品、新剂型，用高新技术改造传统工艺，促进产品更新换代。三是市场导向原则。以市场为导向，以效益为中心，适时调整产业结构和产品结构，争创精品名牌，大力拓展市场。四是规范化生产经营原则。严格执行国家《药品管理法》，认真实施中药材生产质量管理规范（GAP）、药品生产质量管理规范（GMP）和药品经营质量管理规范（GSP），加快认证步伐，形成从药材种植到药品进入市场畅通无阻的绿色通道。五是开放式开发原则。坚持"公司＋基地＋农户"、"公司＋科研＋基地"等多种产业化发展模式，把区域内外各自为战的无序竞争和生产力整合起来，促进中药产业规模化发展、产业化经营。六是可持续发展原则，加强对濒危和紧缺中药材资源的保护和野生品种的人工栽培研究，做到中药资源的永续利用。在积极开发和利用资源的同时，促进生态环境的进一步优化。

3. 发展目标。按照省委提出的全面建设小康社会"三步走"规划建议要求，陕南中药产业发展拟分三个阶段进行：

第一阶段：起步阶段（2003 年至 2006 年）为做大做强陕南中药产业全面打好基础。加快中药材种植、加工、研发和营销的规范化、标准化步伐，使陕南成为全国中药资源开发的热点地区，巩固提升陕西的中药材种植大省地位。2006 年，中药产业增加值预期达到 50 亿元，占陕南 GDP 比重为 10%。

　　第二阶段：快速发展阶段（2007 年至 2010 年）中药产业化、现代化进程加快，产业规模迅速扩大，在国内、国际市场竞争实力明显增强。使陕南成为国家重点中药材种子繁育基地、药源基地和中药材加工基地，陕西成为全国的中药强省。2010 年，中药产业增加值预期达到 100 亿元，占陕南 GDP 比重为 15%。

　　第三阶段：稳步提高阶段（2011～2020 年）基本完成中药产业的现代化、国际化进程，使陕南的中药优势资源得到充分、科学、合理的开发，建成中国西部药谷。以中药产业、食品加工业和旅游业为主导的绿色产业带达到相当规模，带动陕南经济全面振兴。2020 年，中药产业增加值预期达到 300 亿元，占陕南 GDP 比重为 20% 左右。

三、陕南中药产业发展的重点领域和主要任务

　　1. 建设一批中药材生产基地，为中药产业发展提供稳定的中药材资源。按照中药材种植（养殖）标准规范，抓好丹参、山茱萸、绞股蓝、黄姜、秦艽 5 个国家级种植示范基地建设，使其尽快取得 GAP 国家认证，发挥其在药源基地建设中的辐射带动作用。选择天麻、猪苓、党参、杜仲、葛根、西洋参、黄芩、柴胡、附子、红豆杉等 10 个品种，建设省级规范化种植示范基地，2010 年争取取得 GAP 国家认证。在建好国家和省级规范化种植基地的同时，积极发展市场需求量大、产地地道、历史悠久的连翘、金银花、桔梗、银杏、元胡、全蝎、林麝等中药材大面积推广种植养殖，扩大市场占有率，形成竞争优势。

　　2. 构建具有区域特色的中药加工生产体系，壮大中药产业的主体实力。根据陕南中药材资源特点和市场发展潜力，合理布局中药加工产业链条。近期以中药饮片、原料药提取为主，部分品种深加工为辅。重点构建黄姜、绞股蓝、葛根等品种的产业链和杜仲、天麻、山茱萸、西洋参、盘龙七等五大中成药系列产品。对其他产业链条延伸和系列化产品生产条件还不成熟的中药材从中间提取物、饮片或中药制剂产品起步，积极创造条件，与区内外企业共同进行系列化开发，逐步延长产业链，提高加工附加值。以品种为核心，以资产为纽带，以现有中医药骨干企业为基础，结合 GMP 改造和企业改组改制，加快培育一批生产规模大、技术水平高、市场竞争力强的医药企业集团和专业化的"小巨人"，建立起各具特色、大中小企业合理布局、充满活力的

现代中药加工企业体系。在大力发展中药材加工生产的同时，不断提高中药材资源综合开发利用能力和水平，积极发展非药用的食品、保健品、化妆品、化工原料、肥料、饲料等相关产业，并逐步扩大生产规模，提高产品水平。

3. 加快中药研发体系建设，不断增强技术创新能力。在政府的宏观指导下，以制药企业为主体，集合高等院校、科研机构等多方面力量，通过整体布局、资源整合、机制创新，建立专业门类齐全、技术装备先进、人才结构合理、创新能力较强、管理科学规范的中药研发创新体系。面向国际国内市场，构建共性创新平台，建立省中药重点实验室、省中药现代制剂工程技术中心、省中药指纹图谱和质量标准研究中心、省中药制药质量控制技术研究中心和省中药药用成分分离工程技术中心，使其成为陕南和全省中药现代化技术研究的核心。整合人才、知识技术、信息、资金等资源要素，提升中药产业的技术创新能力。力争在三至五年内研发一批具有自主知识产权、疗效确切、质量可控、使用安全的中药新产品和关键技术。

4. 加强陕南中药现代销售体系和社会化服务体系建设，促进"秦巴药业"品牌走向世界。运用电子信息技术，构建物流信息平台、物流配送中心和电子商务网络。通过互联网上交易中心和销售网络平台，为陕南中药材及中药产品销售提供供求信息和交易服务。联合企业进行"秦巴药业"系列产品的品牌宣传，支持各类生产经营企业在国内外设立"秦巴药业"系列产品连锁店。各类中介服务组织和机构，要以投资主体多元化、服务对象社会化、运作机制市场化、服务方式多样化为主要形式，为中药生产经营企业提供新药研发与报批、投融资、市场信息、政策法规、成果转让、发展咨询、创业指导等市场化、规范化的中介服务。各级教育、科技、农业、林业等部门及中药行业协会、研究会，要在人才培训、技术推广、信息服务、市场秩序等方面为陕南中药产业发展搭建良好的服务平台，提供高质量的社会化服务。

四、加快陕南中药产业发展的保障措施

1. 加快体制创新，扩大开放，营造良好的发展环境。面对经济全球化和我国加入 WTO 新形势，各级政府要有加快发展的紧迫感和使命感。按照支持体系健全、企业待遇公平、优惠政策透明、办事简捷高效、保障条件完备，按照市场经济规律和世界贸易组织运作规则的要求，清理和制定促进中药产业发展的有关政策，为中药产业的发展创造各种有利条件；要进一步扩大对外开放，通过实施项目带动战略，加大招商引资工作力度，引进资金、技术、人才和管理经验，促进陕南中医药企业生产上规模，技术上档次，经营管理上水平；各级新闻媒体要大力宣传报道陕南中药产业发展情况，宣传陕南药材和中药名牌产品。陕南 3 市可联合举办"中国秦岭陕南中药药源建设暨投资贸易洽谈会"，进一步增强"秦巴药业"在国内、国际市场的影响力。

2. 加强政府对陕南中药产业发展的宏观调控和综合协调服务工作。省政府成立由主要领导同志任组长，省计委、经贸委、省科技厅、财政厅、农业厅、林业厅、教育厅、卫生厅、省扶贫办、省药品监督管理局、地税局、省医药总公司、陕南3市及宝鸡市主管领导同志为成员的陕南中药产业发展领导小组，研究解决陕南中药产业发展中的重大问题。领导小组下设办公室（设在省计委），负责陕南中药产业发展的具体规划、组织和协调工作。同时设立陕南中药产业发展专家顾问组，为陕南中药产业发展提供决策咨询服务。陕南各级政府要结合本地实际，把发展中药产业作为一把手工程和富民强市的大事来抓，健全机构，集中精力，落实责任，切实加强领导。省政府有关部门，要各司其职，制定配套措施，提高办事效率，增强服务意识。

3. 加大对陕南中药产业的引导扶持力度。由省计委、经贸委、省财政厅各拿出1 000万元，省医药总公司2 000万元，共5 000万元，设立陕南中药产业发展专项资金。资金主要用于中药产业信息网络平台建设、中药质检中心、中药工程研究中心等基础设施建设，医药企业技术改造贷款贴息，中药材种植GAP认证、SOP规范化操作规程、医药企业GMP认证、中药产品出口的国际认证、工程技术人员和高级管理人员培训等。专项资金按项目列入计划，分年度安排。陕南3市和宝鸡市政府也要设立相应的配套资金，支持陕南中药产业的发展。

4. 省政府有关部门也要集中资金，加大对陕南中药产业的支持力度。省计委、经贸委要在产业化示范工程、技改项目上给予支持；省科技厅要在实施自然科学计划、科技攻关计划中对陕南中药新药研发、基础研究、工程技术中心等建设项目给予优先安排；省扶贫开发办、林业厅、农业厅、水保局要将陕南中药产业发展与扶贫开发、退耕还林、小流域治理、农业综合开发和生态环境建设结合起来，在计划安排、项目设置、资金投入等方面，对陕南中药产业给予重点支持。

5. 吸引更多的省内、省外、境外和民间资金投入陕南中药产业发展领域。鼓励金融机构扩大科技贷款规模，对中药高新技术成果商品化、产业化给予重点支持；鼓励和引导企业增加技术研发投入，凡投入占销售收入的比例达5%以上者，对相应项目给予配套资金支持；政府积极支持和帮助企业发行债券或股票在国内外上市；积极培育和引导风险资本市场的建立，拓宽医药科技创新的融资渠道；具有自主知识产权的新药生产和重大产业化项目，批准后可享受高新技术企业相关政策和政府支持。

6. 制定切实可行的扶持陕南中药产业发展的各项优惠政策。对于从事中药材种植生产的单位和个人，按照5%的税率征收农业特产税，促进中药材的规范化种植。对于外商外地投资或合资兴办的医药加工企业，按照国家的有关规定，享受西部开发、新技术开发费加计扣除、国产设备投资抵免所得税以及土地使用等税费减免政策；对于新办的生产性外商投资企业，经营期在10年以上的，从企业获利年度起，实行"两免三减半"的税收优惠政策。允许单位和个人在退耕还林地种植中药材，并且享受退耕还林补助政策。

7. 加快陕南中药产业基地建设。要创造优良的投资环境，以优质的服务管理引商、引资、引智，主动接纳"一线两带"的技术辐射，实行企业化管理、市场化运作、产业化经营；要从实际出发，统一规划，相对集中，稳步推进，使其成为机制创新、技术创新、成果转化的综合示范平台，带动陕南中药产业基地建设快速发展。

发布部门：陕西省政府

发布日期：2003 年 8 月 10 日

实施日期：2003 年 8 月 10 日（地方法规）

附录2 陕西省食品药品监督管理局

关于印发《贯彻落实省委、省政府＜关于陕南突破发展的若干
意见＞的实施方案》的通知

2007 年 01 月 16 日

各市（区）食品药品监督管理局、省局机关各处室、直属单位：

为了进一步推动陕南中药产业发展，我局制定了贯彻落实省委、省政府《关于陕南突破发展的若干意见》的实施方案，现印发给你们，请遵照执行。

二〇〇七年一月五日

陕西省食品药品监督管理局

关于贯彻落实省委、省政府《关于陕南突破发展的若干意见》
的实施方案

省委、省政府《关于陕南突破发展的若干意见》，制定了陕南实现突破性发展的总体思路、目标任务和具体措施，提出了重点发展中药等四大绿色产业的主攻方向，为陕南地区实现突破性发展指明了方向。为全面贯彻落实省委、省政府《意见》精神，抓住机遇，加快陕南中药发展，我局在总结以往工作经验的基础上，特制定食品药品监管部门推动陕南中药产业突破性发展的实施方案。

一、指导思想

以科学发展观为指导，认真贯彻省委、省政府关于陕南突破发展的战略部署，坚持以市场为导向，实施名牌战略；坚持科学规划，形成各具特色的产业集群；坚持技术创新，大力开发创新药、专利药；坚持实施规范化、标准化，提升中药种植、研发、加工和营销水平，在一批项目的有力带动下，努力使陕南中药产业在三个层次（农户、县域、市域）、五个方面（种植、加工、提取、研发、销售）实现新的突破，构建陕南中药药源生产、中药加工、中药新药研发和中药市场营销四大体系，全面提升我省中药现代化水平，为陕南突破发展做出贡献。

附录

二、具体任务

（一）以实施 GAP 为方向，实现中药材规范化规模化种植的突破，构建陕南中药药源生产体系。

1. 陕南三市食品药品监管局以及省局中药办，要积极协助陕南三市制定规划，合理布局，使中药材种植向优势明显的区域集中，逐步做到规范化、区域化、规模化。重点支持绞股蓝、黄姜、天麻、葛根、杜仲、丹参、西洋参、山茱萸、淫羊藿、五味子、盘龙七等优势药材生产体系建设，以及引进品种西洋百合、水飞蓟、玫瑰花、红豆杉等的发展。

2. 按照实施 GAP，抓龙头、带基地的思路，积极引导有条件的企业在陕南建立中药材基地，发挥龙头示范效应，逐步改变自种自销的传统模式。按照"公司＋基地＋农户"、"公司＋科研＋基地"等模式，实现订单药业，加强技术和业务指导，解决技术规范和承受市场风险的问题。重点支持盘龙、天士力、汉王、汉江、安康正大、安康北医大、步长、东科麦迪森、西安正大、千禾药业等一批优秀企业在陕南的 GAP 基地建设，以及柞水、山阳、略阳、平利等一批重点县 GAP 基地建设，并逐步引入更多的省内外企业在陕南投资 GAP 基地建设。

3. 重点支持西北农林科技大学、陕西师范大学 GAP 科研基地建设，加强中药材 GAP 研究，做好跟踪服务和指导，提高中药材生产质量，使我省中药材规范化、标准化种植继续保持全国领先水平。

（二）扶持壮大龙头制药企业，实施项目带动战略，实现中药和保健食品加工能力的突破，构建陕南中药加工生产体系。

1. 坚持体制机制创新，完善现代企业制度，激活发展内在动力，重点支持商洛盘龙、香菊、天士力，汉中汉王、汉江、安康正大、北医大等企业做大做强，积极推进陕西省医药控股公司、步长、东科麦迪森、西安正大、碑林、大唐等企业投入陕南中药产业的发展，逐步构建完善的中药加工生产体系。

2. 实施一批对陕南中药产业发展具有战略意义的带动项目，提升我省企业整体素质和市场竞争力。重点支持以下项目：

（1）安康生物医药产业园；柞水盘龙生态产业园建设项目；

（2）天士力集团在陕南的系列建设项目；

（3）陕西省医药控股公司在陕南的系列建设项目；

（4）步长集团在陕南的系列建设项目；

（5）东科麦迪森在陕南的系列建设项目；

（6）盘龙集团在陕南的系列建设项目；

（7）九州科技集团在陕南的系列建设项目。

3. 加强外引内联，积极促进陕西医药控股公司、东盛、步长等龙头制药企业与陕南结对子，发挥关中优势带动陕南突破发展；大力促进与浙江、广东、江苏等省的交流与合作，使陕南的资源优势与发达地区的研发、生产、营销优势相结合，走"天士力的成功模式"；继续加强与日本津村、香港和记黄埔等海外知名企业的联系，采用合作建设药源基地、提供优质初加工原料以及引进资金、技术、贴牌生产等方式，实现互惠双赢。

（三）大力发展中药饮片、中药提取产业及系列产品，延长产业链条，实现中药加工领域的突破。以中药提取物为原料的功能食品、保健品、化妆品和绿色农药、饲料、肥料等的开发越来越受到人们的重视。这类产品市场前景广阔、出口潜力大、行业限制小。近年来，我省中药饮片和中药提取加工业以 23% 以上的速度增长，成为全省医药经济的新亮点。

1. 加强中药提取关键技术研究，大力推广应用新技术新工艺，提高产品纯度和精度，开发高附加值系列产品，扩大市场占有率。重点支持陕西赛德高科提取水飞蓟素、白藜芦醇、芒草酸等系列项目；陕西天士力 500 吨洋蓟素提取建设项目；陕西嘉禾中药材提取系列项目；支持西安皓天从中药材、烟叶中提取辅酶 Q10 研究；陕西九州科技的系列研发项目。

2. 在规范化上下工夫。加快中药饮片、中药提取企业 GMP 认证步伐，力争在 2007 年底有 30 家中药饮片和中药提取企业通过 GMP 认证。

3. 把中药材加工、提取和绿色产业结合起来，拓宽中药材应用领域，形成药业与非药业互补发展的格局。

（四）整合研发资源，实现新药研发突破，构建陕南中药新药研发体系。

1. 以西北农林科技大学、陕西师范大学为依托，加强种苗培育、种质鉴定、田间管理等研究。

2. 以北京大学安康药物研究院、陕西省新药研究中心和九州生物医药科技有限公司为基础，建设陕南中药研发中心，重点做好三大产业链条、六大中成药系列产品的深度研究和二次开发。三大产业链条是：黄姜产业链—水解物、皂素、双烯、黄体酮、激素以及黄姜淀粉、纤维等；绞股蓝产业链—绞股蓝总苷、股蓝泼尼松片、绞股蓝冠脉康、绞股蓝地塞米松以及绞股蓝茶、绞股蓝化妆品、绞股蓝卷烟等；葛根产业链—葛根素、葛根素片剂、葛根素针剂、葛根黄体酮以及葛根粉、葛根纤维等。六大中成药系列产品：杜仲系列产品、天麻系列产品、西洋参系列产品、山茱萸系列产品、丹参系列产品、盘龙七系列产品。对上述已有产品进行标准提高、剂型改造、完善功能主治等，加大二次开发力度，同时进行深度综合性研究，努力开发创新药物、功能食品、保健品等系列新产品。

3. 以九州生物医药科技园为重点，打造一个开放式、多功能（集安全评价、研发、中试、孵化为一体）的现代中药研发创新平台，争取实现我省药物非临床研究质量管理规范（GLP）认证零的突破。

4. 提高陕南三市药检所中药材、中成药质量检测、鉴定水平，保证中药材、中成药质量。重点是增加仪器、设备的投入和做好人才培养。要积极配备高效液相色谱仪、气相色谱仪、原子吸收仪等现代仪器设备，同时要加强现有技术人员的专业培训。

（五）加强现代医药营销网络建设，在实施名牌战略上实现突破，构建陕南中药市场营销体系。

1. 以企业为依托，加快万寿路中药材专业市场搬迁改建步伐，积极支持西部中药材物流配送中心建设，建立陕西中药饮片销售中心，改变中药饮片传统销售方式，在陕南培育一批现代物流企业，形成中药营销网络，使陕南成为地道中药材的重要产地，为实施名牌战略打下基础。

2. 建设陕南中药信息平台，发展中药信息市场，建立网上交易中心，帮助企业及从业人员把握市场形势、掌握产业政策、提高技术水平、实现资源共享。

3. 实施走出去战略。韩国、日本和东南亚是陕南中药走出去的最佳国际市场。要对各国药材质量标准进行分析研究，有针对性地制定我省中药材标准，控制农药残留、重金属超标等问题。要加大宣传力度，大力营造陕南绿色药业、环保药业的浓厚氛围，打造陕南药业的名牌概念，以国际国内中药市场为导向，积极推动中药材的出口。

三、保障措施

按照省委、省政府的统一部署，加强组织领导，积极配合有关部门的实施工作，并努力做好以下保障工作：

（一）当好陕南现代中药产业发展的参谋助手。要深入调研，为陕南三市和有关部门制定规划及政策措施，提供专业支持，并实施早期介入，做好重点企业、重点品种（项目）跟踪服务工作，对重点建设项目实行全程跟踪服务，并将跟踪服务指标分解落实到位。

（二）营造优良的发展环境。按照建立服务型政府的要求，转变观念，改进工作，强化服务，清理和修订不利于医药产业发展的政策规定，开辟促进医药产业发展的"绿色通道"，实施管理法制化、规范化，加快省级药品申报及检验速度，建立与国际接轨的质量、标准及环保体系。

（三）积极推进 GAP 实施工作。对已认证企业要加强跟踪检查，防止认证后管理回潮；对已申报企业要积极做工作，争取早日认证；对未申报企业，要加大监管力度，严格按 GAP 要求进行规范，使更多的品种通过认证。

（四）加快标准和规范的制定。力争在 2008 年国家对中药材、中药饮片实施批准文号管理前，完成 600 个品种中药饮片炮制规范和 97 个品种中药材标准制定工作，为我省中药材、中药饮片开拓和占领市场奠定基础。

（五）加大整顿和规范药品市场秩序力度。严厉打击制售假冒伪劣药品违法犯罪活动，加强知识产权保护，为企业发展创造公开、公平、公正的市场环境。

（六）加强技术支撑体系建设。提高三市药检所技术装备水平和检验检测能力，为陕南中药发展提供优质服务。

附录

附录3 中药材生产质量管理规范（试行）

（国家药品监督管理局局令第 32 号　2002 年 06 月 01 日）

第一章　总　则

第一条　为规范中药材生产，保证中药材质量，促进中药标准化、现代化，制订本规范。

第二条　本规范是中药材生产和质量管理的基本准则，适用于中药材生产企业（以下简称生产企业）生产中药材（含植物、动物药）的全过程。

第三条　生产企业应运用规范化管理和质量监控手段，保护野生药材资源和生态环境，坚持"最大持续产量"原则，实现资源的可持续利用。

第二章　产地生态环境

第四条　生产企业应按中药材产地适宜性优化原则，因地制宜，合理布局。

第五条　中药材产地的环境应符合国家相应标准：

空气应符合大气环境质量二级标准；土壤应符合土壤质量二级标准；灌溉水应符合农田灌溉水质量标准；药用动物饮用水应符合生活饮用水质量标准。

第六条　药用动物养殖企业应满足动物种群对生态因子的需求及与生活、繁殖等相适应的条件。

第三章　种质和繁殖材料

第七条　对养殖、栽培或野生采集的药用动植物，应准确鉴定其物种，包括亚种、变种或品种，记录其中文名及学名。

第八条　种子、菌种和繁殖材料在生产、储运过程中应实行检验和检疫制度以保证质量和防止病虫害及杂草的传播；防止伪劣种子、菌种和繁殖材料的交易与传播。

第九条　应按动物习性进行药用动物的引种及驯化。捕捉和运输时应避免动物机体和精神损伤。引种动物必须严格检疫，并进行一定时间的隔离、观察。

第十条　加强中药材良种选育、配种工作，建立良种繁育基地，保护药用动植物种质资源。

第四章　栽培与养殖管理

第一节　药用植物栽培管理

第十一条　根据药用植物生长发育要求，确定栽培适宜区域，并制定相应的种植规程。

第十二条　根据药用植物的营养特点及土壤的供肥能力，确定施肥种类、时间和数量，施用肥料的种类以有机肥为主，根据不同药用植物物种生长发育的需要有限度地使用化学肥料。

第十三条　允许施用经充分腐熟达到无害化卫生标准的农家肥。禁止施用城市生活垃圾、工业垃圾及医院垃圾和粪便。

第十四条　根据药用植物不同生长发育时期的需水规律及气候条件、土壤水分状况，适时、合理灌溉和排水，保持土壤的良好通气条件。

第十五条　根据药用植物生长发育特性和不同的药用部位，加强田间管理，及时采取打顶、摘蕾、整枝修剪、覆盖遮阳等栽培措施，调控植株生长发育，提高药材产量，保持质量稳定。

第十六条　药用植物病虫害的防治应采取综合防治策略。如必须施用农药时，应按照《中华人民共和国农药管理条例》的规定，采用最小有效剂量并选用高效、低毒、低残留农药，以降低农药残留和重金属污染，保护生态环境。

第二节　药用动物养殖管理

第十七条　根据药用动物生存环境、食性、行为特点及对环境的适应能力等，确定相应的养殖方式和方法，制定相应的养殖规程和管理制度。

第十八条　根据药用动物的季节活动、昼夜活动规律及不同生长周期和生理特点，科学配制饲料，定时定量投喂。适时适量地补充精料、维生素、矿物质及其他必要的添加剂，不得添加激素、类激素等添加剂。饲料及添加剂应无污染。

第十九条　药用动物养殖应视季节、气温、通气等情况，确定给水的时间及次数。草食动物应尽可能通过多食青绿多汁的饲料补充水分。

第二十条　根据药用动物栖息、行为等特性，建造具有一定空间的固定场所及必要的安全设施。

第二十一条　养殖环境应保持清洁卫生，建立消毒制度，并选用适当消毒剂对动物的生活场所、设备等进行定期消毒。加强对进入养殖场所人员的管理。

第二十二条　药用动物的疫病防治，应以预防为主，定期接种疫苗。

第二十三条　合理划分养殖区，对群饲药用动物要有适当密度。发现患病动物，应及时隔离。传染病患动物应处死，火化或深埋。

第二十四条　根据养殖计划和育种需要，确定动物群的组成与结构，适时周转。

第二十五条　禁止将中毒、感染疫病的药用动物加工成中药材。

第五章　采收与初加工

第二十六条　野生或半野生药用动植物的采集应坚持"最大持续产量"原则，应有计划地进行野生抚育、轮采与封育，以利生物的繁衍与资源的更新。

第二十七条　根据产品质量及植物单位面积产量或动物养殖数量，并参考传统采收经验等因素确定适宜的采收时间（包括采收期、采收年限）和方法。

第二十八条　采收机械、器具应保持清洁、无污染，存放在无虫鼠害和禽畜的干燥场所。

第二十九条　采收及初加工过程中应尽可能排除非药用部分及异物，特别是杂草及有毒物质，剔除破损、腐烂变质的部分。

第三十条　药用部分采收后，经过拣选、清洗、切制或修整等适宜的加工，需干燥的应采用适宜的方法和技术迅速干燥，并控制温度和湿度，使中药材不受污染，有效成分不被破坏。

第三十一条　鲜用药材可采用冷藏、砂藏、罐贮、生物保鲜等适宜的保鲜方法，尽可能不使用保鲜剂和防腐剂。如必须使用时，应符合国家对食品添加剂的有关规定。

第三十二条　加工场地应清洁、通风，具有遮阳、防雨和防鼠、虫及禽畜的设施。

第三十三条　地道药材应按传统方法进行加工。如有改动，应提供充分试验数据，不得影响药材质量。

第六章　包装、运输与贮藏

第三十四条　包装前应再次检查并清除劣质品及异物。包装应按标准操作规程操作，并有批包装记录，其内容应包括品名、规格、产地、批号、重量、包装工号、包装日期等。

第三十五条　所使用的包装材料应是无污染、清洁、干燥、无破损，并符合药材质量要求。

第三十六条　在每件药材包装上，应注明品名、规格、产地、批号、包装日期、生产单位，并附有质量合格的标志。

第三十七条　易破碎的药材应装在坚固的箱盒内；毒性、麻醉性、贵细药材应使用特殊包装，并应贴上相应的标记。

第三十八条　药材批量运输时，不应与其它有毒、有害、易串味物质混装。运载容器应具有较好的通气性，以保持干燥，并应有防潮措施。

第三十九条　药材仓库应通风、干燥、避光，必要时安装空调及除湿设备，并具有防鼠、虫、禽畜的措施。地面应整洁、无缝隙、易清洁。

药材应存放在货架上，与墙壁保持足够距离，防止虫蛀、霉变、腐烂、泛油等现象发生，并定期检查。

在应用传统贮藏方法的同时，应注意选用现代贮藏保管新技术、新设备。

第七章　质量管理

第四十条　生产企业应设有质量管理部门，负责中药材生产全过程的监督管理和质量监控，并应配备与药材生产规模、品种检验要求相适应的人员、场所、仪器和设备。

第四十一条　质量管理部门的主要职责：

（一）负责环境监测、卫生管理；

（二）负责生产资料、包装材料及药材的检验，并出具检验报告；

（三）负责制订培训计划，并监督实施；

（四）负责制定和管理质量文件，并对生产、包装、检验等各种原始记录进行管理。

第四十二条　药材包装前，质量检验部门应对每批药材，按中药材国家标准或经审核批准的中药材标准进行检验。检验项目应至少包括药材性状与鉴别、杂质、水分、灰分与酸不溶性灰分、浸出物、指标性成分或有效成分含量。农药残留量、重金属及微生物限度均应符合国家标准和有关规定。

第四十三条　检验报告应由检验人员、质量检验部门负责人签章。检验报告应存档。

第四十四条　不合格的中药材不得出厂和销售。

第八章　人员和设备

第四十五条　生产企业的技术负责人应有药学或农学、畜牧学等相关专业的大专以上学历，并有药材生产实践经验。

第四十六条　质量管理部门负责人应有大专以上学历，并有药材质量管理经验。

第四十七条　从事中药材生产的人员均应具有基本的中药学、农学或畜牧学常识，并经生产技术、安全及卫生学知识培训。从事田间工作的人员应熟悉栽培技术，特别是农药的施用及防护技术；从事养殖的人员应熟悉养殖技术。

第四十八条　从事加工、包装、检验人员应定期进行健康检查，患有传染病、皮肤病或外伤性疾病等不得从事直接接触药材的工作。生产企业应配备专人负责环境卫生及个人卫生检查。

第四十九条　对从事中药材生产的有关人员应按本规范要求，定期培训与考核。

第五十条　中药材产地应设有厕所或盥洗室，排出物不应对环境及产品造成污染。

第五十一条　生产企业生产和检验用的仪器、仪表、量具、衡器等其适用范围和精密度应符合生产和检验的要求，有明显的状态标志，并定期校验。

第九章　文件管理

第五十二条　生产企业应有生产管理、质量管理等标准操作规程。

第五十三条　每种中药材的生产全过程均应详细记录，必要时可附照片或图像。

记录应包括：

（一）种子、菌种和繁殖材料的来源。

（二）生产技术与过程：

1. 药用植物播种的时间、量及面积；育苗、移栽以及肥料的种类、施用时间、施用量、施用方法；农药中包括杀虫剂、杀菌剂及除莠剂的种类、施用量、施用时间和方法等。

2. 药用动物养殖日志、周转计划、选配种记录、产仔或产卵记录、病例病志、死亡报告书、死亡登记表、检免疫统计表、饲料配合表、饲料消耗记录、谱系登记表、后裔鉴定表等。

3. 药用部分的采收时间、采收量、鲜重和加工、干燥、干燥减重、运输、贮藏等。

4. 气象资料及小气候的记录等。

5. 药材的质量评价：药材性状及各项检测的记录。

第五十四条　　所有原始记录、生产计划及执行情况、合同及协议书等均应存档，至少保存 5 年。档案资料应有专人保管。

第十章　附　则

第五十五条　本规范所用术语：

（一）中药材指药用植物、动物的药用部分采收后经产地初加工形成的原料药材。

（二）中药材生产企业指具有一定规模、按一定程序进行药用植物栽培或动物养殖、药材初加工、包装、储存等生产过程的单位。

（三）最大持续产量即不危害生态环境，可持续生产（采收）的最大产量。

（四）地道药材指传统中药材中具有特定的种质、特定的产区或用特定的生产技术和加工方法所生产的中药材。

（五）种子、菌种和繁殖材料是指植物（含菌物）可供繁殖用的器官、组织、细胞等；菌物的菌丝、子实体等；动物的种物、仔、卵等。

（六）病虫害综合防治是从生物与环境整体观点出发，本着预防为主的指导思想和安全、有效、经济、简便的原则，因地制宜，合理运用生物的、农业的、化学的方法及其他有效生态手段，把病虫的危害控制在经济阈值以下，以达到提高经济效益和生态效益之目的。

（七）半野生药用动植物指野生或逸为野生的药用动植物辅以适当人工抚育和中耕、除草、施肥或喂料等管理的动植物种群。

第五十六条　本规范由国家药品监督管理局负责解释。

第五十七条　本规范自 2002 年 6 月 1 日起施行。

附录4 中药材生产质量管理规范认证
检查评定标准(试行)

1. 根据《中药材生产质量管理规范(试行)》(简称中药材GAP),制定本认证检查评定标准。

2. 中药材GAP认证检查项目共104项,其中关键项目(条款号前加"＊")19项,一般项目85项(其中植物类药材78项,关键项目15项,一般项目63项)。关键项目不合格则称为严重缺陷,一般项目不合格则称为一般缺陷。

3. 根据申请认证品种确定相应的检查项目。

4. 评定结果:

项　目		结　果
严重缺陷	一般缺陷	
0	≤20%	通过GAP认证
0	>20%	不通过GAP认证
≥1项	0	

条款	检查内容
301	生产企业是否对申报品种制定了保护野生药材资源、生态环境和持续利用的实施方案
＊0401	生产企业是否按产地适宜性优化原则,因地制宜,合理布局,选定和建立生产区域,种植区域的环境生态条件是否与动植物生物学和生态学特性相对应
501	中药材产地空气是否符合国家大气环境质量二级标准
＊0502	中药材产地土壤是否符合国家土壤质量二级标准
503	应根据种植品种生产周期确定土壤质量检测周期,一般每4年检测一次
＊0504	中药材灌溉水是否符合国家农田灌溉水质量标准
505	应定期对灌溉水进行检测,至少每年检测一次
＊0506	药用动物饮用水是否符合生活饮用水质量标准

续表1

条款	检查内容
507	饮用水至少每年检测一次
601	药用动物养殖是否满足动物种群对生态因子的需求及与生活、繁殖等相适应的条件
*0701	对养殖、栽培或野生采集的药用动植物，是否准确鉴定其物种（包括亚种、变种或品种、中文名及学名等）
801	种子种苗、菌种等繁殖材料是否制定检验及检疫制度，在生产、储运过程中是否进行检验及检疫，并出具报告书
802	是否有防止伪劣种子种苗、菌种等繁殖材料的交易与传播的管理制度和有效措施
803	是否根据具体品种情况制定药用植物种子种苗、菌种等繁殖材料的生产管理制度和操作规程
901	是否按动物习性进行药用动物的引种及驯化
902	在捕捉和运输动物时，是否有防止预防或避免动物机体和精神损伤的有效措施及方法
903	引种动物是否由检疫机构检疫，并出具检疫报告书。引种动物是否进行一定时间的隔离、观察
*1001	是否进行中药材良种选育、配种工作，是否建立与生产规模相适应的良种繁育场所
*1101	是否根据药用植物生长发育要求制定相应的种植规程
1201	是否根据药用植物的营养特点及土壤的供肥能力，制定并实施施肥的标准操作规程（包括施肥种类、时间、方法和数量）
1202	施用肥料的种类是否以有机肥为主。若需使用化学肥料，是否制定有限度使用的岗位操作法或标准操作规程
1301	施用农家肥是否充分腐熟达到无害化卫生标准 *1302 禁止施用城市生产垃圾、工业垃圾及医院垃圾和粪便
1401	是否制定药用植物合理灌溉和排水的管理制度及标准操作规程，适时、合理灌溉和排水，保持土壤的良好通气条件
1501	是否根据药用植物不同生长发育特性和不同药用部位，制定药用植物田间管理制度及标准操作规程，加强田间管理，及时采取打顶、摘蕾、整枝修剪、覆盖遮荫等栽培措施，调控植株生长发育，提高药材产量，保持质量稳定
*1601	药用植物病虫害的防治是否采取综合防治策略

续表 2

条款	检查内容
*1602	药用植物如必须施用农药时，是否按照《中华人民共和国农药管理条例》的规定，采用最小有效剂量并选用高效、低毒、低残留农药，以降低农药残留和重金属污染，保护生态环境
*1701	是否根据药用动物生存环境、食性、行为特点及对环境的适应能力等，确定与药用动物相适应的养殖方式和方法
1702	是否制定药用动物的养殖规程和管理制度
1801	是否根据药用动物的季节活动、昼夜活动规律及不同生长周期的生理特点，科学配制饲料，制定药用动物定时定量投喂的标准操作规程
1802	药用动物是否适时适量地补充精料、维生素、矿物质及其他必要的添加剂
*1803	药用动物饲料不得添加激素、类激素等添加剂
1804	药用动物饲料及添加剂应无污染
1901	药用动物养殖是否根据季节、气温、通气等情况，确定给水的时间和次数
1902	草食动物是否尽可能通过多食青绿多汁的饲料补充水分
2001	是否根据药用动物栖息、行为等特性，建造具有一定空间的固定场所及必要的安全设施
2101	药用动物养殖环境是否保持清洁卫生
2102	是否建立消毒制度，并选用适当消毒剂对动物的生活场所、设备等进行定期消毒
2103	是否建立对出入养殖场所人员的管理制度
2201	是否建立药用动物疫病预防措施，定期接种疫苗
2301	是否合理划分养殖区，对群饲药用动物要有适当密度
2302	发现患病动物，是否及时隔离
2303	传染病患动物是否及时处死后，火化或深埋
2401	是否根据养殖计划和育种需要，确定动物群的组成与结构，适时周转
*2501	禁止将中毒、感染疫病及不明原因死亡的药用动物加工成中药材
2601	野生或半野生药用动植物的采集是否坚持"最大持续产量"原则，是否有计划地进行野生抚育、轮采与封育
*2701	是否根据产品质量及植物单位面积产量或动物养殖数量，并参考传统采收经验等因素确定适宜的采收时间（包括采收期、采收年限）

附录

续表3

条款	检查内容
2702	是否根据产品质量及植物单位面积产量或动物养殖数量，并参考传统采收经验等因素确定适宜的采收方法
2801	采收机械、器具是否保持清洁、无污染，是否存放在无虫鼠害和禽畜的清洁干燥场所
2901	采收及初加工过程中是否排除非药用部分及异物，特别是杂草及有毒物质，剔除破损、腐烂变质的部分
3001	药用部分采收后，是否按规定进行拣选、清洗、切制或修整等适宜的加工
3002	需干燥的中药材采收后，是否及时采用适宜的方法和技术进行干燥，控制湿度和温度，保证中药材不受污染、有效成分不被破坏
3101	鲜用中药材是否采用适宜的保鲜方法。如必须使用保鲜剂和防腐剂时，是否符合国家对食品添加剂的有关规定
3201	加工场地周围环境是否有污染源，是否清洁、通风，是否有满足中药材加工的必要设施，是否有遮阳、防雨、防鼠、防尘、防虫、防禽畜措施
3301	地道药材是否按传统方法进行初加工。如有改动，是否提供充分试验数据，证明其不影响中药材质量 3401 包装是否按标准操作规程操作
3402	包装前是否再次检查并清除劣质品及异物
3403	包装是否有批包装记录，其内容应包括品名、规格、产地、批号、重量、包装工号、包装日期等
3501	所使用的包装材料是否清洁、干燥、无污染、无破损，并符合中药材质量要求
3601	在每件中药材包装上，是否注明品名、规格、产地、批号、包装日期、生产单位、采收日期、贮藏条件、注意事项，并附有质量合格的标志
3701	易破碎的中药材是否装在坚固的箱盒内
*3702	毒性中药材、按麻醉药品管理的中药材是否使用特殊包装，是否有明显的规定标记
3801	中药材批量运输时，是否与其他有毒、有害、易串味物质混装
3802	运载容器是否具有较好的通气性，并有防潮措施
3901	是否制定仓储养护规程和管理制度

续表4

条款	检查内容
3902	中药材仓库是否保持清洁和通风、干燥、避光、防霉变。温度、湿度是否符合储存要求并具有防鼠、虫、禽畜的措施
3903	中药材仓库地面是否整洁、无缝隙、易清洁
3904	中药材存放是否与墙壁、地面保持足够距离，是否有虫蛀、霉变、腐烂、泛油等现象发生，并定期检查
3905	应用传统贮藏方法的同时，是否注意选用现代贮藏保管新技术、新设备
*4001	生产企业是否设有质量管理部门，负责中药材生产全过程的监督管理和质量监控
4002	是否配备与中药材生产规模、品种检验要求相适应的人员
4003	是否配备与中药材生产规模、品种检验要求相适应的场所、仪器和设备
4101	质量管理部门是否履行环境监测、卫生管理的职责
4102	质量管理部门是否履行对生产资料、包装材料及中药材的检验，并出具检验报告书
4103	质量管理部门是否履行制定培训计划并监督实施的职责
4104	质量管理部门是否履行制定和管理质量文件，并对生产、包装、检验、留样等各种原始记录进行管理的职责
*4201	中药材包装前，质量检验部门是否对每批中药材，按国家标准或经审核批准的中药材标准进行检验
4202	检验项目至少包括中药材性状与鉴别、杂质、水分、灰分与酸不溶性灰分、浸出物、指标性成分或有效成分含量
*4203	中药材农药残留量、微生物限度、重金属含量等是否符合国家标准和有关规定
4204	是否制定有采样标准操作规程
4205	是否设立留样观察室，并按规定进行留样
4301	检验报告是否由检验人员、质量检验部门负责人签章并存档
*4401	不合格的中药材不得出场和销售
4501	生产企业的技术负责人是否有相关专业的大专以上学历，并有中药材生产实践经验
4601	质量管理部门负责人是否有相关专业大专以上学历，并有中药材质量管理经验

附录

续表5

条款	检查内容
4701	从事中药材生产的人员是否具有基本的中药学、农学、林学或畜牧学常识，并经生产技术、安全及卫生学知识培训
4702	从事田间工作的人员是否熟悉栽培技术，特别是准确掌握农药的施用及防护技术
4703	从事养殖的人员是否熟悉养殖技术
4801	从事加工、包装、检验、仓储管理人员是否定期进行健康检查，至少每年一次。患有传染病、皮肤病或外伤性疾病等的人员不得从事直接接触中药材的工作
4802	是否配备专人负责环境卫生及个人卫生检查
4901	对从事中药材生产的有关人员是否定期培训与考核
5001	中药材产地是否设有厕所或盥洗室，排出物是否对环境及产品造成污染
5101	生产和检验用的仪器、仪表、量具、衡器等其适用范围和精密度是否符合生产和检验的要求
5102	检验用的仪器、仪表、量具、衡器等是否有明显的状态标志，并定期校验
5201	生产管理、质量管理等标准操作规程是否完整合理
5301	每种中药材的生产全过程均是否详细记录，必要时可附照片或图像
5302	记录是否包括种子、菌种和繁殖材料的来源
5303	记录是否包括药用植物的播种时间、数量及面积；育苗、移栽以及肥料的种类、施用时间、施用量、施用方法；农药（包括杀虫剂、杀菌剂及除莠剂）的种类、施用量、施用时间和方法等
5304	记录是否包括药用动物养殖日志、周转计划、选配种记录、产仔或产卵记录、病例病志、死亡报告书、死亡登记表、检免疫统计表、饲料配合表、饲料消耗记录、谱系登记表、后裔鉴定表等
5305	记录是否包括药用部分的采收时间、采收量、鲜重和加工、干燥、干燥减重、运输、贮藏等
5306	记录是否包括气象资料及小气候等
5307	记录是否包括中药材的质量评价（中药材性状及各项检测）
5401	所有原始记录、生产计划及执行情况、合同及协议书等是否存档，至少保存至采收或初加工后5年
5402	档案资料是否有专人保管

附录5　药用植物及制剂进出口绿色行业标准

Green Trade Standards of Importing & Exporting Medicinalplants & Preparations

《药用植物及制剂进出口绿色行业标准》是中华人民共和国对外经济贸易活动中，药用植物及其制剂进出口的重要质量标准之一。适用于药用植物原料及制剂的进出口品质检验。

本标准第四章为强制性内容，其余部分为推荐性内容。

本标准自 2001 年 7 月 1 日实施。

本标准由中华人民共和国对外贸易经济合作部发布并归口管理。

本标准由中国医药保健品进出口商会负责解释。

本标准由中国医药保健品进出口商会、中国医学科学院药用植物研究所、北京大学公共卫生学院、中国药品生物制品检定所、天津达仁堂制药厂负责起草。

本标准主要起草人：关立忠、陈建民、张宝旭、高天兵、徐晓阳。

1. 范围

本标准规定了药用植物及制剂的绿色品质标准，包括药用植物原料、饮片、提取物，及其制剂等的质量标准及检验方法。

本标准适用于药用植物原料及制剂的进出口品质检验。

2. 术语

2.1　绿色药用植物及制剂

系指经检测符合特定标准的药用植物及其制剂。经专门机构认定，许可使用绿色标志。

2.2　植物药

系指用于医疗、保健目的的植物原料和植物提取物。

2.3　植物药制剂

系指经初步加工，以及提取纯化植物原料而成的制剂。

3. 引用标准

下列标准包含的条文，通过本标准中引用而构成本标准的条文。本标准出版时，所示版本均为有效。所有标准都会被修订，使用本标准的各方应探讨使用下列最新版本的可能性。

3.1 中华人民共和国药典 2000 版一部：附录Ⅸ E 重金属检测方法

3.2 GB/T 5009.12—1996 食品中铅的测定方法（原子吸收光谱法）

3.3 GB/T 5009.15—1996 食品中镉的测定方法（原子吸收光谱法）

3.4 GB/T 5009.17—1996 食品中总汞的测定方法（冷原子吸收光谱法）（测汞仪法）

3.5 GB/T 5009.13—1996 食品中铜的测定方法（原子吸收光谱法）

3.6 GB/T 5009.11—1996 食品中总砷的测定方法

3.7 SN 0339—95 出口茶叶中黄曲霉毒素 B_1 的检验方法

3.8 中华人民共和国药典 2000 版一部：附录Ⅸ Q 有机氯农药残留量测定法（附录 60）

3.9 中华人民共和国药典 2000 版一部：附录 Ⅹ Ⅲ C 微生物限度检查法

4. 限量指标

4.1 重金属及砷盐

4.1.1 重金属总量≤20.0 mg/kg

4.1.2 铅（Pb）≤5.0 mg/kg

4.1.3 镉（Cd）≤0.3 mg/kg

4.1.4 汞（Hg）≤0.2 mg/kg

4.1.5 铜（Cu）≤20.0 mg/kg

4.1.6 砷（As）≤2.0 mg/kg

4.2 黄曲霉素含量

4.2.1 黄曲霉毒素 B_1（Aflatoxin）≤5 μg/kg（暂定）

4.3 农药残留量

4.3.1 六六六（BHC）≤0.1 mg/kg

4.3.2 DDT≤0.1 mg/kg

4.3.3 五氯硝基苯（PCNB）≤0.1 mg/kg

4.3.4 艾氏剂（Aldrin）≤0.02 mg/kg

4.4 微生物限度：个/g，个/mL

参照中华人民共和国药典（2000 年版）规定执行（注射剂除外）。

4.5 除以上标准外，其他质量应符合中华人民共和国药典（2000 年）规定（如要求）。

5. 检测方法

5.1 指标检验

5.1.1 重金属总量：中华人民共和国药典 2000 版一部：附录ⅨE 重金属检测方法

5.1.2 铅：GB/T 5009.12—1996 食品中铅的测定方法（原子吸收光谱法）

5.1.3 镉：GB/T 5009.15—1996 食品中镉的测定方法（原子吸收光谱法）

5.1.4 总汞：GB/T 5009.17—1996 食品中总汞的测定方法（冷原子吸收光谱法）（测汞仪法）

5.1.5 铜：GB/T 5009.13—1996 食品中铜的测定方法（原子吸收光谱法）

5.1.6 总砷：GB/T 5009.11—1996 食品中总砷的测定方法

5.1.7 黄曲霉毒素 B1（暂定）：SN 0339—95 出口茶叶中黄曲霉毒素 B1 检验方法

5.1.8 中华人民共和国药典 2000 版一部：附录ⅨQ 有机氯农药残留量测定法（附录 60）

5.1.9 中华人民共和国药典 2000 版一部：附录ⅩⅢC 微生物限度检查法

5.2 其他理化检验

5.2.1 按中华人民共和国药典（2000 年版）规定执行。

6. 检测规则

6.1 进出口产品需按本标准经指定检验机构检验合格后，方可申请使用药用植物及制剂进出口绿色标志。

6.2 交收检验

6.2.1 交收检验取样方法及取样量参照中华人民共和国药典（2000 年版）有关规定执行。

6.2.2 交收检验项目，除上述标准指标外，还要检验理化指标（如要求）。

6.3 型式检验

6.3.1 对企业常年进出口的品牌产品和地产植物药材经指定检验机构化验，在规定的时间内药品质量稳定又有规范的药品质量保证体系，型式检验每半（壹）年进行一次，有下列情况之一，应进行复验。

A. 更改原料产地。

B. 配方及工艺有较大变化时。

C. 产品长期停产或停止出口后，恢复生产或出口时。

6.3.2 型式检验项目及取样同交收检验

6.4　判定原则

检验结果全部符合本标准者，为绿色标准产品。否则，在该批次中抽取两份样品复验一次。若复验结果仍有一项不符合本标准规定，则判定该批产品为不符合绿色标准产品。

6.5　检验仲裁

对检验结果发生争议，由中国进出口商品检验技术研究所或中国药品生物制品检定所进行检验仲裁。

7. 包装、标志、运输和贮存

7.1　包装容器应该用干燥、清洁、无异味以及不影响品质的材料制成。包装要牢固、密封、防潮，能保护品质。包装材料应易回收、易降解。

7.2　标志

产品标签使用中国药用植物及制剂进出口绿色标志，具体执行应遵照中国医药保健品进出口商会有关规定。

7.3　运输

运输工具必须清洁、干燥、无异味、无污染，运输中应防雨、防潮、防曝晒、防污染，严禁与可能污染其品质的货物混装运输。

7.4　贮存

产品应贮存在清洁、干燥、阴凉、通风、无异味的专用仓库中。

附录6　中华人民共和国农业部公告

第 199 号　　2002 年 6 月 5 日

为从源头上解决农产品尤其是蔬菜、水果、茶叶的农药残留超标问题，我部在对甲胺磷等 5 种高毒有机磷农药加强登记管理的基础上，又停止受理一批高毒、剧毒农药的登记申请，撤销一批高毒农药在一些作物上的登记。现公布国家明令禁止使用的农药和不得在蔬菜、果树、茶叶、中草药材上使用的高毒农药品种清单。

一　国家明令禁止使用的农药

六六六（HCH），滴滴涕（DDT），毒杀芬（camphechlor），二溴氯丙烷（dibromochloropane），杀虫脒（chlordimeform），二溴乙烷（EDB），除草醚（nitrofen），艾氏剂（aldrin），狄氏剂（dieldrin），汞制剂（Mercurycompounds），砷（arsena）、铅（acetate）类，敌枯双，氟乙酰胺（fluoroacetamide），甘氟（gliftor），毒鼠强（tetramine），氟乙酸钠（so d iumfluoroacetate），毒鼠硅（silatrane）。

二　在蔬菜、果树、茶叶、中草药材上不得使用和限制使用的农药

甲胺磷（methamidophos），甲基对硫磷（parathion－methyl），对硫磷（parathion），久效磷（monocrotophos），磷胺（phosphamidon），甲拌磷（phorate），甲基异柳磷（isofenphos－methyl），特丁硫磷（terbufos），甲基硫环磷（phosfolan－methyl），治螟磷（sulfotep），内吸磷（demeton），克百威（carbofuran），涕灭威（aldicarb），灭线磷（ethoprophos），硫环磷（phosfolan），蝇毒磷（coumaphos），地虫硫磷（fonofos），氯唑磷（isazofos），苯线磷（fenamiphos）19 种高毒农药不得用于蔬菜、果树、茶叶、中草药材上。三氯杀螨醇（dicofol），氰戊菊酯（fenvalerate）不得用于茶树上。任何农药产品都不得超出农药登记批准的使用范围使用。

各级农业部门要加大对高毒农药的监管力度，按照《农药管理条例》的有关规定，对违法生产、经营国家明令禁止使用的农药的行为，以及违法在果树、蔬菜、茶叶、中草药材上使用不得使用或限用农药的行为，予以严厉打击。各地要做好宣传教育工作，引导农药生产者、经营者和使用者生产、推广和使用安全、高效、经济的农药，促进农药品种结构调整步伐，促进无公害农产品生产发展。

参考文献

[1]陈美玲,杨栓群.滋补保健价值的珍贵中药材[M].郑州:河南科学技术出版社,2004.

[2]窦晓利,王梓烨.乌鸡养殖技术[J].特种经济动植物,2004,7(9):7-8.

[3]邓银才.林麝的人工养殖与取香技术[J].特种经济动植物,2003,6(10):9-11.

[4]郭巧生主编.药用植物栽培学[M].北京:高等教育出版社,2004.

[5]郭巧生.半夏不同居3种化学成分的动态比较研究[J].中国中药杂志,2001,26(5):296-299.

[6]国家药典委员会.中华人民共和国药典[M].北京:化学工业出版社,2005.

[7]韩 强,李映丽.四种柴胡地上部分黄酮成分比较[J].西北药学杂志,1996,24(4):154-155.

[8]郝新民.黄姜优良品种引进与规范化种植技术研究项目通过省级鉴定[J].甘肃科学学报,2008,20(1).

[9]胡小荣,孙雨珍,陈 辉,等.柴胡种子发芽条件及TTC生活力测定方法的研究[J].种子技术,1998,27(3)28-29.

[10]孔令武,孙海峰.现代实用中药材栽培养殖技术[M].北京:人民卫生出版社,2000.

[11]兰 进,徐锦堂,陈向东编著.天麻栽培技术百问百答[M].北京:中国农业出版社,2006.

[12]李 明.如何正确使用畜禽驱虫药物[J].农村实用技术,2008,10.

[13]李 世,郭学鉴,苏淑欣,等.黄精野生变家种高产高效栽培技术研究[J].中国中药杂志,1997,22(7):398-401.

[14]李也实.柔毛淫羊藿化学成分研究[J].中草药,1992,23(1):8.

[15]刘肇帮,代晓阳.圈养林麝仔麝育成中一些问题的探讨[J].特种经济动植物,2005,8(8):8.

[16]沈康荣.黄姜开发与种植技术[M].武汉:湖北科学技术出版社,2005.

[17]孙 超,邹剑灵,钟 雁,等.淫羊藿3种植物引种栽培研究[J].中国中药杂志,2004,29(3):274-275.

[18]沈映君.中药药理学[M].北京:人民卫生出版社,2000.

[19] 田启建,赵　致. 黄精栽培技术研究进展[J]. 中国现代中药,2007,9(8):32-33,38.

[20] 谢碧霞,张美群. 野生植物资源开发利用学[M]. 北京:中国林业出版社,1995.

[21] 徐锦堂. 中国天麻栽培学[M]. 北京:北京医科大学、中国协和医科大学出版社联合出版,1993.

[22] 徐锦堂. 中国药用真菌学[M]. 北京:北京医科大学、中国协和医科大学联合出版社. 1997,1-836.

[23] 徐锦堂,冉砚珠编. 天麻栽培技术[M]. 北京:农业出版社,1987.

[24] 闫灵玲,韩绍庆主编. 杜仲、厚朴、黄柏高效栽培技术(新世纪富民工程丛书·药用植物栽培书系)[M]. 郑州:河南科学技术出版社,2004.

[25] 尹敏惠,姚荣林. 地珠半夏人工种植技术研究[J]. 楚雄师范学院学报,2009,24(3):76-80.

[26] 杨继祥. 药用植物栽培学[M]. 北京:中国农业出版社,1993.

[27] 杨运鹏,宋德超. 中国药用真菌[M]. 哈尔滨:黑龙江科学技术出版社,1981.

[28] 杨子龙,王世清,左　敏. 黄精高产栽培技术[J]. 安徽技术师范学院学报,2002,16(1):51-52.

[29] 张　成. 肉驴的冬季育肥[J]. 农村实用技术,2007,10(12):53.

[32] 张治国,严　霄,梁海曼,等. 延胡索的组织培养和生物碱产生[J]. 中国中药杂志,1987,12(4):11.

[31] 中国科学院西北植物研究所. 秦岭植物志(第三卷)[M]. 北京:科学出版社,1978.

[32] 中国科学院植物志编辑委员会. 中国植物志(第六卷第二分册)[M]. 北京:科学出版社,2000.

[33] 中国医学科学院药用植物资源开发研究所主编[M]. 中国药用植物栽培学[M]. 北京:农业出版社,1991.

[34] 周佩璋,王　丹,漆广成,等. 无公害葛根栽培技术[J]. 农业环境与发展,2004,21(6):30-31.